计算机基础教育规划教材
21 世纪高等院校计算机科学与技术规划教材

Visual FoxPro 8.0 设计教程

主　编　张吉春　刘　涛

副主编　王　强　郭施祎

编　者　王　强　郭施祎　张庆峰
孟文生　刘士彩　张　坤
田银花　宋宝龙

西北工业大学出版社

【内容简介】本书是计算机基础教育和高校计算机科学与技术规划教材，是面向对象的数据库管理系统实用读本，主要介绍数据库基本操作和数据库管理系统软件 Visual FoxPro 8.0 的相关知识，具体内容包括 Visual FoxPro 8.0 概述、数据与数据运算、数据库与表、查询与视图、报表与标签、表单设计与控件应用、面向过程的程序设计、菜单与工具栏、面向对象的程序设计、系统开发实例、Visual FoxPro 上机实验指导以及习题参考答案。

本书由浅入深、讲解细致、实例丰富，既可作为高等院校相关专业的教材，也可作为从事数据库应用开发技术人员的参考资料。

图书在版编目（CIP）数据

Visual FoxPro 8.0 设计教程/张吉春，刘涛主编. —西安：西北工业大学出版社，20011.3（2019.4 重印）

ISBN 978-7-5612-2999-6

Ⅰ. ①V… Ⅱ. ①张…②刘 Ⅲ. ①关系数据库—数据库管理系统，Visual FoxPro 8.0—教育设计—教材 Ⅳ. ①TP311.138

中国版本图书馆 CIP 数据核字（2011）第 013019 号

出版发行：西北工业大学出版社
通信地址：西安市友谊西路 127 号　邮编：710072
电　　话：(029) 88493844　88491757
网　　址：www.nwpup.com
电子邮箱：computer@nwpup.com
印 刷 者：陕西向阳印务有限公司
开　　本：787 mm×1 092 mm　1/16
印　　张：14.25
字　　数：382 千字
版　　次：2011 年 3 月第 1 版　　2019 年 4 月第 3 次印刷
定　　价：32.00 元

前　言

Visual FoxPro 8.0 是 Microsoft 公司新推出的关系数据库管理系统及面向对象和可视化数据库应用系统开发工具。它具有良好的性能、功能完备的工具、极其友好的用户界面、简单的数据存取方式、良好的兼容性、真正的可编译性、独一无二的跨平台技术和较强的安全性，是目前最实用的数据库管理系统软件之一。

本书通过大量的实例，深入浅出地讲解了数据库的基本知识、面向对象程序设计的基本要领和编程方法。全书共分 11 章。第 1 章介绍 Visual FoxPro 8.0 的基础知识，包括数据库系统的基本概念和 Visual FoxPro 8.0 的功能、特点、运行环境、用户界面、配置等内容；第 2 章介绍数据与数据运算；第 3 章介绍数据库应用与数据表的操作；第 4 章介绍查询与视图的概念和应用；第 5 章介绍表报与标签的创建及应用；第 6 章介绍表单设计与控件应用，包括表单的创建、添加表单控件以及美化表单等；第 7 章介绍面向过程的程序设计基础与应用；第 8 章介绍 Visual FoxPro 8.0 的菜单和工具栏设计；第 9 章介绍面向对象的程序设计，包括可视化程序设计和软件开发概述；第 10 章是系统开发实例，通过一个小型图书管理系统的设计过程，描述了数据库应用和设计的一般步骤；第 11 章为上机实验指导，从应用角度，通过讲、练结合达到巩固知识的目的。

本书 1～10 章配有习题，书末附有答案，便于读者练习、自学。全书在编排上注意依据教学特点，突出重点，删繁就简，力求通俗易懂、简洁实用。

本书可作为高等院校相关专业的教材，也可作为从事数据库应用开发技术人员的参考资料。

本书由张吉春（山东科技大学）、刘涛（青岛科技大学）担任主编；山东科技大学王强、郭施祎担任副主编；其中第 1，7，8 章由王强编写；第 2 章由张庆峰（山东科技大学）编写；第 3 章由刘士彩（临沂师范学院）编写；第 4 章由孟文生（山东科技大学）编写；第 5 章由张坤（山东科技大学）编写；第 6 章由田银花（山东科技大学）编写；第 10，11 章由郭施祎编写；第 9 章由宋宝龙（山东科技大学）编写；全书由张吉春和刘涛通审并核定章节习题及参考答案。

本书在编写过程中，参阅了一些专家和同行的专著、教材，在此一并表示感谢！

由于水平有限，书中难免有不足之处，敬请广大读者批评指正。

编　者

2010 年 11 月

目　录

第1章 Visual FoxPro 8.0概述

【本章主要内容】

数据库系统的基本概念，Visual FoxPro 8.0的功能和特点，Visual FoxPro 8.0的运行环境，用户界面简介，Visual FoxPro 8.0的基本配置，项目管理器及使用，Visual FoxPro 8.0性能指标，Visual FoxPro 8.0文件组成。

【学习导引】

- 了解：数据库系统的基本概念，Visual FoxPro 8.0的功能和特点、运行环境、性能指标、文件组成。
- 掌握：用户界面和项目管理器的基本操作。

1.1 Visual FoxPro概述

Visual FoxPro（简称 VFP）的前身是美国的关系数据库产品公司 Fox Software 的数据库产品 FoxBASE。Microsoft公司于1998年推出了新一代数据库管理系统，即Visual FoxPro 6.0，该版本全面支持Internet和Intranet应用，并且增强了和其他产品之间的协作能力。

2003年Microsoft公司又推出了Visual FoxPro 8.0及其中文版。

与VFP以前的版本相比，中文版Visual FoxPro 8.0（兼容经典版Visual FoxPro 6.0）的主要应用扩展包括以下几个方面。

1. 扩大了对SQL语言的支持

SQL语言是关系数据库的标准语言，其查询语句不仅功能强大，而且使用灵活。

2. 大量使用可视化的界面操作工具

VFP提供的向导（Wizard）、设计器（Designer）和生成器（Builder）等界面操作工具达40种之多。它们普遍采用图形界面，能帮助用户以简单的操作快速完成各种查询和设计任务。

3. 通过OLE实现应用集成

“对象链接与嵌入”（Object Linking Embedding，OLE）是美国微软公司开发的一项重要技术。通过这种技术，VFP可与包括Word，Excel在内的微软的其他应用软件共享数据。例如在不退出VFP环境的情况下，用户就可在VFP的表单（或窗体）中链接其他软件中的对象，直接对这些对象进行编辑。在通过必要的格式转换后，用户可在VFP与其他软件间进行数据的输入与输出。VFP还能提供自动的OLE控制，用户借助于这种控制，甚至能通过VFP的编程来运行其他软件，让它们完成诸如计算、绘图等功能，实现应用的集成。

4. 支持网络应用

VFP既适用于单机环境，又适用于网络环境。其网络功能主要包括：

（1）支持客户机/服务器结构，既可访问本地计算机，又支持对服务器的浏览。

（2）对于来自本地、远程或多个数据库表的异种数据，VFP 可支持用户通过本地或远程视图访问与使用，并在需要时更新表中的数据。

（3）在多用户环境中，VFP 还允许建立事务处理程序来控制对数据的共享，包括支持用户共享数据，或限制部分用户访问某些数据等。

1.2 数据库系统的基本概念

数据库系统是指计算机系统引入数据库后的系统构成，是一个具有管理数据库功能的计算机软硬件综合系统。具体地说，它主要包括计算机硬件、操作系统、数据库、数据库管理系统和建立在该数据库之上的相关软件、数据库管理员和用户等组成部分。

1.2.1 数据、信息与数据处理

1．数据

数据是数据库中存储的基本对象，其定义如下：描述事物的符号记录称为数据。描述事物的符号可以是数字，也可以是文字、图形、图像、声音、语言等，数据有多种表现形式，它们都可以经过数字化后存入计算机。

2．信息

信息是经过加工的数据，这种数据对人类社会实践和生产及经营活动能产生决策性影响。

数据与信息之间的关系可以表示为

信息=数据+处理

3．数据处理

数据处理是指对各种类型的数据进行收集、存储、分类、计算、加工、检索和传输的过程。数据处理也可以称为信息处理，利用计算机技术、数据库技术等技术手段，提取有效的信息资源，为进一步分析、管理、决策提供依据。

1.2.2 数据库系统

数据库系统是将所有的数据集中到一个数据库中，形成一个数据中心，实行统一规划、集中管理，用户通过数据库管理系统（Database Management System，DBMS）来使用数据库中的数据。

1．计算机管理数据的 3 个阶段

（1）自由管理阶段。20 世纪 50 年代中期以前，计算机主要用于科学计算，还没有专门用于管理数据的软件。数据与计算或处理它们的程序在一起。如果数据的类型、格式、数量或输入输出方式改变了，程序也必须作相应的修改，数据与程序不具有独立性。一个程序中的数据，其他程序不能使用，因此，各程序之间存在大量的重复数据，被称为数据冗余。

（2）文件管理阶段。20 世纪 50 年代后期至 60 年代，计算机开始大量地用于管理中的数据处理工作。在软件方面，出现了高级语言和操作系统。操作系统中的文件系统是专门管理外存储器的数据管理软件。程序和数据可以分别存储为程序文件和数据文件，因而程序与数据有了一定的独立性。常

用的高级语言 FORTRAN，BASIC，C 等都支持使用数据文件。这个阶段称为文件系统阶段。

文件系统阶段对数据的管理虽然有了长足的进步，但是，一些根本性问题并没有得到解决。例如，数据冗余度大，同一数据项在多个文件中重复出现；缺乏数据独立性，数据文件只是为了满足专门需要而设计的，供某一特定应用程序使用，数据和程序相互依赖；数据无集中管理，各个文件没有统一管理机制，无法相互联系，各自为政，其安全性与完整性无法保证。诸如此类的问题造成了文件系统管理的低效率、高成本，促使人们研究新的数据管理技术。

（3）数据库管理阶段。从 20 世纪 60 年代后期开始，随着社会信息量的迅速增长，需要计算机管理的数据量急剧增长，文件系统越来越不能适应管理大量数据的需要。同时，人们对数据共享的需求日益增强。计算机技术的迅猛发展，特别是大容量磁盘开始使用，在这种社会需求和技术成熟的条件下，数据库技术应运而生，使得数据管理技术进入崭新的数据库系统阶段。

数据库系统克服了文件系统的种种弊端，它能够有效地储存和管理大量的数据，使数据得到充分共享，使数据冗余大大减少，使数据与应用程序彼此独立，并提供数据的安全性和完整性统一机制（数据的安全性是指防止数据被窃取和失密，数据的完整性是指数据的正确性和一致性）。用户可以以命令方式或程序方式对数据库进行操作，方便而高效。数据库系统的优越性使其得到迅速发展和广泛应用。从大型机到微型机，从 UNIX 到 Windows，推出了许多成熟的数据库管理软件，如 Oracle，Sybase，FoxBASE，FoxPro 和 Visual FoxPro，等等。今天，数据库系统已成为计算机数据管理的主要方式，而由文件系统支持的数据文件，仅在数据量较小的场合下使用。

计算机网络技术的迅速发展为数据库提供了更好的运行环境，使数据库系统从集中式发展到分布式。所谓集中和分布是对数据存放地点而言的。分布式数据库把数据分散存储在网络的多个节点上，各个节点上的计算机可以利用网络通信功能访问其他节点上的数据库资源。例如，一个银行有众多储户。如果所有储户的数据都存放在一个集中式数据库中，所有储户存款、取款时都要访问这个数据库，数据传输量必然很大。如果使用分布式数据库，将众多储户的数据分散存储在离各自住所较近的储蓄所，则大多数储户就可以就近存取，仅有少量数据需要远程调用，从而大大减少了网上的数据传输量，提高了运行效率。

值得一提的是，近年来，智能数据库的研究取得了可喜的进展。传统数据库存储的数据都是已知的事实，智能数据库除了存储已知的事实外，还能存储用于逻辑推理的规则，故又称为“基于规则的数据库”（rule-based database）。例如，某智能数据库中存有“科长领导科员”的规则，如果同时存有“甲是科长”“乙是科员”等数据，它就能够推理得出“甲领导乙”的新事实。随着人工智能逐步走向实用化，对智能数据库的研究日趋活跃。演绎数据库、专家数据库和知识库系统等都属于智能数据库的范畴。

2．数据库系统的特点

（1）数据的结构化。数据库中的数据是有结构的，这种结构是由数据库管理系统所支持的数据模型表现出来的。数据库系统不仅可以表示事物内部各数据项之间的联系，而且可以表示事物与事物之间的联系。

（2）数据共享。数据共享就是数据库中的数据可以被多个用户、多种应用访问，存储在数据库中的数据能作出多种组合，以最优方式满足不同用户需要，这是数据库系统最重要的特点。

（3）数据独立性。数据库的数据独立包括两个方面：

1）物理数据独立。数据的存储格式和组织方法改变时，不影响数据库的逻辑结构，从而不影响应用程序。

2）逻辑数据独立。数据库逻辑结构的变化（如数据定义的修改、数据间联系的变更等）不影响用户的应用程序。

（4）可控冗余度。数据冗余是指数据的重复。由于数据库中的数据被集中管理，统一组织、定义和存储，可以避免不必要的冗余，因而也避免了数据的不一致性。数据集中统一管理，与程序独立，通过 DBMS 操纵，实现共享，具有可控冗余度。

3．数据库系统的基本概念

（1）数据库。数据库指长期存储在计算机内有组织的、可共享的数据集合。

（2）数据库系统。它的学科含义是指研究、开发、建立、维护和应用数据库系统所涉及的理论、方法、技术所构成的学科。一个数据库系统，可分为数据库与数据库管理系统两个部分。数据库系统的用户是指使用和访问数据库中数据的人，有以下 4 种：①数据库设计者；②数据库管理员；③应用程序设计者；④普通用户。

（3）数据库管理系统。数据库管理系统是数据库系统的核心，是为数据库的建立、使用和维护而配置的软件。

（4）数据库应用系统。数据库应用系统指在计算机系统中引入数据库后构成的系统，一般由数据库、数据库管理系统、应用系统、数据库管理员和用户构成。

4．数据库管理系统的功能

数据库管理系统提供了用户和数据库之间的软件界面，使用户能更方便地操作数据库。数据库管理系统，应保证数据库的高效运行，以提高数据检索和修改的速度。数据库管理系统的功能主要包括以下 6 个方面：①定义数据；②处理数据；③数据库安全管理；④数据组织、存储和管理；⑤建立和维护数据库；⑥数据通信接口。

5．数据库管理系统的组成

数据库管理系统通常由以下 4 部分组成：①数据定义语言及其翻译处理程序；②数据操纵语言及其编译程序；③数据库运行控制程序；④实用程序。

1.2.3 关系型数据库

1．数据库的结构

数据库的结构可分为 3 种：层次型（Hierarchical）、网状型（Network）和关系型（Relational）。

（1）层次型数据库。层次型数据库的数据模型为层次模型，它是由一组通过链接互相联系在一起的记录组成的。

（2）网状型数据库。网状型数据库是基于网状模型建立的数据库系统，是使用网状结构表示实体类型及实体间联系的数据类型。

（3）关系型数据库。基于关系模型建立的数据库称之为关系型数据库，它是由一系列表格组成的，用表格来表达数据集，用主键(关系)来表达数据集之间的联系。

2．关系型数据库

关系模型是目前最重要、最常用的一种数据模型 。

（1）数据结构。一个关系模型的逻辑结构是一张二维表，它由行和列组成。每一行称为一个记录，每一列称为一个字段。

（2）数据操纵与完整性约束。关系数据模型的操纵主要包括查询、插入、删除和更新数据。这些操作必须满足关系的完整性约束条件。关系的完整性约束条件包括三大类：实体完整性、参照完整性和用户定义的完整性。

（3）存储结构。在关系数据模型中，实体及实体间的联系都用表来表示。在数据库的物理组织中，表以文件形式存储，每一个表通常对应一种文件结构。

（4）关系数据模型的优点。结构简单、清晰，用户易懂易用。关系模型的存取路径对用户透明，从而具有更高的数据独立性和更好的安全保密性，也简化了程序员的工作和数据库开发建立的工作。

（5）关系数据模型的缺点。关系数据模型中最主要的缺点是，由于存取路径对用户透明，查询效率往往不如非关系数据模型。

1.3　Visual FoxPro 8.0 的功能和特点

Visual FoxPro 8.0 同以前的数据库管理系统相比，具有更快速、更有效、更灵活的突出特点。它能够迅速而又简单地建立用户的数据库，从而方便地使用和管理数据；不仅支持客户/服务器(C/S)结构，还具有与其他软件（如 Excel，Word）共享数据和交换数据的能力。

1．Visual FoxPro 8.0 的新增功能

（1）一种类型的信息创建一个表，利用表存储相应的信息。

（2）可以定义各个表之间的关系。

（3）可以创建查询，搜索那些满足指定条件的记录，也可以根据需要对这些记录排序和分组，并根据查询结果创建报表、表及图形。

（4）使用视图，可以从一个或多个相关联的表中，按一定条件抽取一系列数据，并可以通过视图更新这些表中的数据；还可以使用视图从网上取得数据，从而收集或修改远程数据。

（5）可以创建表单来直接查看和管理表中的数据。

（6）可以创建一个报表来分析数据或将数据以特定的方式打印出来。

除此以外，Visual FoxPro 8.0 还具有以下新的特性：

（1）功能的增强。Visual FoxPro 8.0 版本新增了错误异常处理功能，提供了代码参考以使代码的输入更加智能化。同时提供了对象集合的本地支持，将事件和 Visual FoxPro 对象绑定在一起，并在工具箱里新增了根据个人喜好自定义的类、控件及 XML Web 服务。

（2）数据的高级支持。Visual FoxPro 8.0 新添了列表数据类型和一个鼠标适应器，并为用户新建子类增加了一个数据环境。当表单上的控件绑定到数据时，Visual FoxPro 8.0 更容易处理，并且可为一个字段的大小指定一个语句。

（3）智能客户端。在 Windows 成为人们所使用的主要操作系统时，Visual FoxPro 8.0 也不失时机地将其操作界面更好地和 Windows 操作系统融合在一起。

2．Visual FoxPro 8.0 的特点

Visual FoxPro 8.0 在实现上述功能时提供了各种向导，用户在操作时，只需按照向导所提供的步骤执行，使用起来非常方便。其主要特点如下：

（1）易于使用。可以在 Visual FoxPro 8.0 系统命令窗口使用命令和函数，也可以使用系统菜单选项直接操作和管理数据。

（2）可视化开发。Visual FoxPro 8.0 具有可视化环境，可视化环境使用方便，可以使开发人员直接看到工作是如何进行的，开发时间被缩短，调试也减少，维护也更容易。

（3）面向对象编程。Visual FoxPro 8.0 支持标准的面向对象的程序设计方式。

（4）应用向导和生成器。Visual FoxPro 8.0 包括一个完全面向对象的应用框架，这些框架能够给应用提供一整套的基本功能。

（5）Visual FoxPro 8.0 基础类。Visual FoxPro 8.0 提供大量已经预建并可重用的类，开发人员可以使用这些类或子类，可以扩充它们的功能。

（6）支持 OLE 拖放。

1.4 Visual FoxPro 8.0 的运行环境

安装 Visual FoxPro 8.0 系统，对计算机系统的性能最低要求如下。

1. 硬件环境

（1）CPU 至少为 Pentium 级的 IBM PC 兼容机。

（2）最小安装需要 200 MB 的硬盘空间，最大安装需要 400 MB。

（3）内存至少 256 MB 以上。

2. 软件环境

（1）Windows NT，Windows 2000，Windows XP 操作系统均可。

（2）浏览器为 Microsoft Internet Explorer 6.0 以上版本。

1.4.1 启动

安装好 Visual FoxPro 8.0 系统后，可以通过以下三种方法进行启动。

（1）依次单击“开始”，选择“程序”中的 Microsoft Visual FoxPro 8.0 命令。

（2）双击桌面上的 Microsoft Visual FoxPro 8.0 程序图标。

（3）双击 Visual FoxPro 8.0 的文件。

1.4.2 退出

当需要退出 Visual FoxPro 8.0 时，可采用以下几种方法：

（1）单击窗口右上角关闭按钮。

（2）双击窗口左上角按钮。

（3）单击菜单“文件”中的“退出”命令。

（4）按组合键 Alt+F4。

（5）在命令窗口中执行 Quit 命令。

1.4.3 Visual FoxPro 8.0 开发应用程序的方式

开发应用程序可以使用 4 中不同的方式：菜单方式、向导方式、命令方式、程序运行方式。

1．菜单方式

利用菜单创建应用程序是开发者采用的主要方法。实际上菜单方式包括对菜单栏、快捷键和工具栏的组合操作。开发过程中的每一步骤都得依赖菜单方式来完成，比如要打开一个已存在的项目，必须用到“文件”菜单中的“打开”项或者快捷键“Ctrl+0”。菜单操作直观易懂，是应用程序开发中常用的方式。

2．向导方式

Visual FoxPro 8.0为用户提供了很多具有实用价值的向导工具（Wizards），其基本思想是把一些复杂的功能分解为若干简单的步骤完成，每一步使用一个对话框，然后把这些较简单的对话框按适当的顺序组合在一起。向导方式的使用，使不熟悉Visual FoxPro 8.0命令的用户也能学会操作。只要回答向导提出的有关问题，通过有限的几个步骤就可以使用户轻松解决实际问题。

向导为交互式程序，能够帮助用户快速完成一般性的任务，如创建表单、设计报表格式和建立查询等。针对不同的应用问题，可以使用不同的向导工具。各向导的具体用法，将在后续章节中详细说明。

3．命令方式

Visual FoxPro 8.0是一种命令式语言系统。用户每发出一条命令，系统随即执行并完成一项任务。许多命令执行后会在屏幕上显示必要的反馈信息，包括执行结果或错误信息。这种方法直截了当，关键在于用户熟悉Visual FoxPro 8.0的命令及用法，由于要记忆大量的命令，对初学者来说不易掌握，因此这种方法仅适合用于程序员使用。另外由于操作命令输入的交互性和重复性，会限制执行速度。

4．程序运行方式

为了弥补命令方式的不足，在实际工作中常根据需要，将命令编辑成特定的序列，并将它们存入文件。用户需要时，只需通过有关命令调用程序文件即可自动执行相应操作。

1.5 用户界面

启动Visual FoxPro 8.0之后，屏幕显示Visual FoxPro 8.0集成环境。

1.5.1 Visual FoxPro 8.0窗口组成

系统窗口主要包含标题栏、菜单栏、命令窗口等，如图1.1所示。

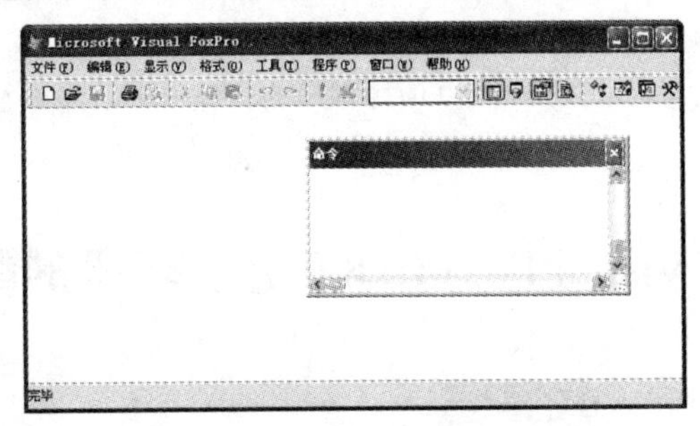

图1.1 Visual FoxPro 8.0窗口组成

1.5.2 菜单

1. 条形菜单

条形菜单是指屏幕上或窗口中一个水平放置的、由若干条形菜单项组成的菜单。条形菜单项由文件（File）、编辑（Edit）、显示（View）等菜单项组成。

2. 下拉式菜单

下拉式菜单指在屏幕或窗口中垂直放置的、由若干菜单项组成的菜单。

3. 快捷菜单

快捷菜单通常是通过右击当前对象而弹出的一种菜单，这种菜单的组成和下拉式菜单的结构相同，只是所处的位置不同而已。

1.5.3 工具栏

1. 常用工具栏

常用工具栏位于标题栏下面，是条形可浮动的。

2. 其他工具栏

Visual FoxPro 8.0 还提供了其他工具栏，如“数据库设计器”工具栏、“报表控件”工具栏、“窗体设计器”工具栏、“调色板”工具栏等。

1.5.4 向导、设计器和生成器

向导、设计器和生成器是 Visual FoxPro 8.0 提供的 3 类支持可视化设计的辅助工具。

1. 向导

向导是一种快捷的设计工具，可以帮助用户快速、方便地完成一般性的设计。向导实际上是一个交互程序，它通过一组对话框依次与用户对话，引导用户一步一步地进行设置，直到完成设计任务。

2. 设计器

设计器是一个比向导功能更强的重要设计工具。Visual FoxPro 8.0 提供了功能丰富的设计器，用做管理数据的工具，使用户可以轻松地创建并修改表、查询、数据库、报表和表单等，而且还可以把设计器创建的项组装到一个应用程序中。

3. 生成器

生成器的主要功能是在 Visual FoxPro 8.0 应用程序的构件中生成并加入某类控件。其中最常用的是“表达式生成器”。

1.6 Visual FoxPro 8.0 开发环境的配置

1.6.1 Visual FoxPro 8.0 的配置

在成功地安装了 Visual FoxPro 8.0 之后，需要设置开发环境。环境设置的内容包括主窗口标题、

默认目录、项目、编辑器、调试器及表单工具选项、临时文件存储、拖放字段对应的控件和其他选项。

Visual FoxPro 8.0 的配置决定了 Visual FoxPro 8.0 的外观和行为。例如可以建立 Visual FoxPro 8.0 所用文件的默认位置，指定如何在编辑窗口中显示源代码以及日期与时间的格式等。

要查看或更改环境设置，通常使用“选项”对话框。选择 Visual FoxPro 8.0 系统主菜单栏中的“工具”→“选项”菜单项，即可打开“选项”对话框，如图 1.2 所示。

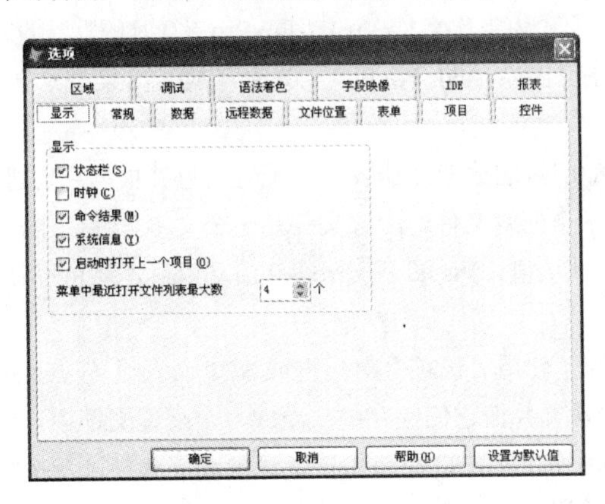

图 1.2　Visual FoxPro 8.0 的“选项”对话框

该对话框中各设置项含义如下：

（1）显示。界面选项，例如是否显示标题栏、时钟、命令结果或系统信息等。

（2）常规。数据输入与编程选项，例如设置警告声、是否自动填充新记录等。

（3）数据。表选项，例如是否使用索引强制唯一性，是否使用 Rushmore 优化等。

（4）远程数据。远程数据访问选项，例如连接超时限定值等。

（5）文件位置。改变系统默认文件存储位置。

（6）表单。表单设计器选项，例如所用的刻度单位、网格面积等。

（7）项目。项目管理器选项，例如是否使用向导等。

（8）控件。“表单控件”工具栏中的“查看类”按钮所提供的可视类库和 ActiveX 控件选项。

（9）区域。时间、日期、货币及数字的格式。

（10）调试。调试器显示和跟踪选项。

（11）语法着色。确定区分程序元素所用的字体和颜色。

（12）字段映像。确定从数据环境设计器、数据库设计器或项目管理器中向表单拖动表或字段时创建何种控件。

1.6.2　Visual FoxPro 8.0 的配置方式

配置 Visual FoxPro 8.0 既可以用交互式方法，也可以用编程的方法，甚至可以使 Visual FoxPro 8.0 启动时调用用户自建的配置文件。

（1）使用“选项”对话框。要查看或更改环境设置，可以使用“选项”对话框。

（2）保存设置。可以把在“选项”对话框中所作设置保存为在当前工作期有效或者是 Visual FoxPro 8.0 的默认设置。

（3）显示设置。运行 Visual FoxPro 之后，可以使用“选项”对话框或 DISPLAY STATUS 命令，也可以通过显示各个 SET 命令的值，检查环境设置。

（4）使用 SET 命令配置。建立配置设置的一个途径就是在应用程序启动时运行一系列 SET 命令。例如若要配置系统以使应用程序启动时在状态栏中显示一个时钟，则可以在命令窗口中输入以下命令：

SET CLOCK ON

（5）在注册表中配置。对 Visual FoxPro 8.0 配置所作的更改既可以是临时的（只在当前工作期有效）也可以是永久的（它们变为下次启动 Visual FoxPro 8.0 时的默认设置值）。如果是临时设置，那么它们保存在内存中并在退出 Visual FoxPro 8.0 时释放。如果是永久设置，那么它们将保存在 Windows 注册表中。

当启动 Visual FoxPro 8.0 时，它读取注册表中的配置信息并根据它们进行配置。读取注册表之后，Visual FoxPro 8.0 还会查找一个配置文件。配置文件是一个文本文件，用户可以在其中存储配置设置值来覆盖保存在注册表中的默认值。Visual FoxPro 8.0 启动以后，还可以使用“选项”对话框或 SET 命令进行附加的配置设定。

（6）使用配置文件。除了使用“选项”对话框或 SET 命令设置 Visual FoxPro 8.0 环境之外，用户还可以有选择地建立一些设置并把它们保存进一个或多个配置文件中。Visual FoxPro 8.0 配置文件是一个文本文件，可以在其中指定 SET 命令的值、设置系统变量以及执行命令或调用函数。Visual FoxPro 8.0 在启动时读取配置文件，建立设置以及执行文件中的命令。在配置文件中的设置将使“选项”对话框中（存储在 Windows 注册表中）的默认设置无效。

（7）创建配置文件。要创建一个配置文件，使用 Visual FoxPro 8.0 编辑器（或任何能够创建文本文件的编辑器）在安装 Visual FoxPro 8.0 的目录中创建一个文本文件即可。Visual FoxPro 的早期版本在启动目录中创建 Config.fpw 文件，并作为默认配置文件。用户可以创建任何程序文件，然后通过双击该文件或使用命令行参数以便用该文件启动 Visual FoxPro，这样可以使用该文件建立默认的设置和行为。

（8）指定配置文件。当 Visual FoxPro 8.0 启动时，用户可以通过命令或选项指定一个配置文件，或忽略所有配置文件，而允许 Visual FoxPro 8.0 使用它的默认设置。Visual FoxPro 8.0 加载一个配置文件以后，配置文件中的设置优先于“选项”对话框中所作的对应的默认设置。

1.7 项目管理器

Visual FoxPro 为用户提供了一个很好的工具——项目管理器。项目管理器使用目录树结构对各种文件进行分类管理，使文件更加清晰，并且具有强大的可视化功能。

1.7.1 创建项目文件

在管理应用系统内各文件前，必须先建立项目文件，而项目管理器会将应用系统包含哪些文件的信息存放在此项目文件内，以后只要通过项目管理器就可以将该文件打开，这样便可对各类文件进行维护、管理等操作。在建立项目文件后，Visual FoxPro 会在磁盘上产生两个必要的文件：

（1）项目文件。扩展名为.PJX，存储应用系统所包含各类文件的相关信息。

（2）项目说明文件。扩展名.PJT，用于储存项目文件的备注(Memo)数据。

首次启动 Visual FoxPro 8.0 后，项目管理器将创建一个新项目，这样既可以在该项目中添加已有的项目，也可以在其中创建新项目。创建新项目的具体操作步骤如下：

（1）单击菜单“文件”中的“新建”命令，或单击常用工具栏上的“新建”按钮， 将弹出“新建”对话框。

（2）选择“项目”单选按钮，单击“新建”按钮，将弹出一个 “创建”窗口。

（3）在“项目文件”文本框中输入要创建的项目文件名，单击“保存”按钮后，将弹出如图 1.3 所示的“项目管理器”对话框。

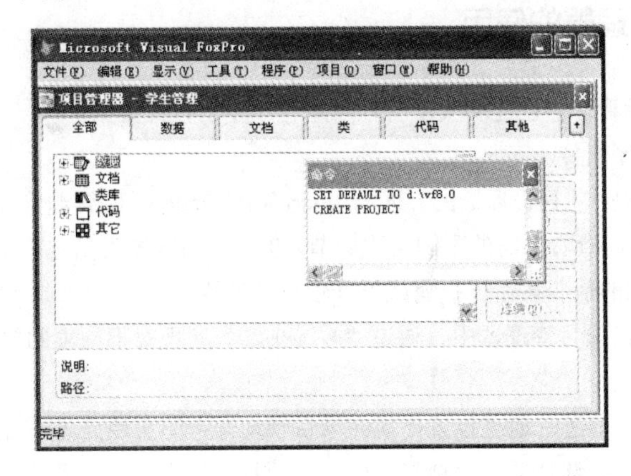

图 1.3　“项目管理器”对话框

1.7.2　项目管理器的界面

1．项目管理器的按钮

（1）新建。可以创建一个新文件或对象。

（2）添加。可以把已有的文件添加到项目中，该按钮与“项目”菜单中的“添加文件”命令作用相同。

（3）修改。可以在相应的设计器中打开选定项进行修改。

（4）浏览。可以在“浏览”窗口中打开一个表，以便浏览表中内容。

（5）运行。可以运行选定的查询、表单或程序。

（6）移去。可以从项目中移去选定文件或对象。Visual FoxPro 8.0 会询问是仅从项目中移去此文件还是同时将其从磁盘中删除。

（7）打开。可以打开选定的数据库文件。当选定的数据库文件打开后，该按钮变为“关闭”。

（8）关闭。可以关闭选定的数据库文件。当选定的数据库文件关闭后，该按钮变为“打开”。

（9）预览。可以在打印预览方式下显示选定的报表或标签文件内容。

（10）连编。可以连编一个项目或应用程序。

2．项目管理器的选项卡

项目管理器中的 6 个选项卡用来分类显示各项数据，为数据提供了一个组织良好的分层结构图。下面介绍几个常用的选项卡。

（1）“全部”选项卡。显示其他 5 个选项卡的全部内容。

（2）“数据”选项卡。包含了项目中的所有数据项：数据库、自由表、查询等。可以通过这 3 个数据项，访问项目管理器中的相关数据文件，如数据库表、视图、查询等。

（3）“文档”选项卡。包含了处理数据时的常用文档，如输入和查看数据的表单、打印和查询结果的报表及打印特殊格式数据的标签等。

（4）“类”选项卡。包含了与类相关的建立、修改、添加和移去等功能。

（5）“代码”选项卡。主要用于管理程序文件。

（6）“其他”选项卡。主要用于管理菜单、文本等类型的文件。

1.7.3 项目管理器的使用

用户可以借助项目管理器创建和集中管理应用程序中的任何数据。

（1）组织应用程序组件。

（2）使用树型结构。项目管理器的界面与 Microsoft Windows 的资源管理器类似，可以展开或折叠项目的大纲视图，从而查看所需的不同层次细节，也可以为容器类指定自定义的图标。还可以单击项目管理器选项卡右侧的箭头按钮，折叠或展开项目管理器。

（3）查看文件。在项目管理器中，通过“+”和“-”实现对不同项的展开和折叠，以便查看不同层次的项目信息。

（4）设置文件说明信息。通过设置出现在项目管理器中的文件描述，可以更简便地跟踪文件。

（5）编辑项目信息。选择菜单“项目”中的“项目信息”命令，可以查看相关的项目文件信息或编辑项目信息。

1.8 Visual FoxPro 8.0 的文件组成

Visual FoxPro 8.0 拥有多种类型的文件，它们以不同扩展名来标识和区别，分别表示其特定的内容和用途。

以下是 Visual FoxPro 8.0 中常见的文件类型，读者应重点掌握：

. DBF	表	. DBC	数据库	. CDX	复合索引
. DCT	数据库备注	. DCX	数据库索引	. FPT	表备注
. FRX	报表	. LBT	标签备注	. LBX	标签
. MNT	菜单备注	. MNX	菜单	. MPR	生成的菜单程序
. MPX	编译菜单程序	. PJT	项目备注	. SCX	表单文件
. PJX	项目文件	. PRG	程序	. QPR	查询程序
. SCT	表单备注	. EXE	可执行程序	. MEM	内存变量保存
. TXT	文本	. VCX	可视类库文件		

习 题 一

一、简答题

1. 什么是数据？什么是信息？二者有何区别和联系？
2. 数据库管理系统有哪些主要功能？

3．Visual FoxPro 8.0有哪些主要特点？

4．项目管理器的主要作用是什么？

二、填空题

1．数据模型主要有________、________和________3种。

2．项目文件的扩展名是________。

3．退出Visual FoxPro 8.0既可以用组合键________，也可在命令窗口中执行________命令。

第 2 章　数据与数据运算

【本章主要内容】

数据描述和数据类型，函数，运算符和表达式，Visual FoxPro 命令的一般格式。

【学习导引】

- 了解：数据描述的基本方法。
- 掌握：数据类型的定义，函数的定义和使用，运算符和表达式，Visual FoxPro 命令的一般格式。

2.1　数据描述和数据类型

Visual FoxPro 8.0 可以对数据进行分类，分别存储每一类型的数据，同时也可以将不同数据之间的联系存储进来，以获得综合性数据信息。

Visual FoxPro 中常量、变量、函数及表达式的常用数据类型有字符型、数值型、逻辑型、日期型、日期时间型、货币型和变体型等。

操作过程中一般只对相同类型的数据进行运算，在操作过程中必须时刻注意操作对象的类型。

2.1.1　常量

在 Visual FoxPro 程序中，操作过程中其值不发生变化的数据项称为常量。常量由常量名和常量值组成。

常量有以下几种数据类型。

1. 字符型 (Character)

字符型数据通常用来表示文本类型的信息，每个字符占用一个字节，最多可有 254 个字符，由中/英文字符、数字、空格和各种专用符号组成。

2. 数值型 (Numeric)

数值型数据是用来进行数学运算的整数或分数，由数字、小数点和正负号等组成，在内存中占 8 个字节。例如 135，10.47，－101 和 2.17E6 等。

3. 逻辑型 (Logic)

逻辑型数据只有“真”和“假”两个值，分别用.T.，.t.，.Y.，.y.（逻辑值真）和.F.，.f.，.N.，.n.（逻辑值假）表示逻辑运算的结果。

4. 日期型 (Date) 和日期时间型 (DateTime)

日期型数据常用大括号 { } 作为定界符。通常以“月/日/年”的形式来表示，如{^02/01/06}，占 8 个字节。

系统默认的“严格日期型格式”以{^yyyy-mm-dd}的形式来表示，格式中的符号^指该日期是严格的，表达一个确切的日期，它不受日期设置命令 SET DATE TO 和 SET CENTURY ON/OFF 的影响。格式中的“-”可用“/”来代替。

5．货币型 (Currency)

数字前加前置符号$表示货币型数据，如$121.67。货币型数据不用科学记数法表示，最多有 4 位小数，超过 4 位则 Visual FoxPro 自动调整为 4 位。货币型数据在内存中占 8 个字节。

2.1.2　变量

在命令操作和程序运行中其值可以发生变化的数据是变量。在 Visual FoxPro 中，变量不需要严格的定义，它通过赋给变量的值来识别变量的类型。

Visual FoxPro 中有两类变量：一是字段变量；另一类是内存变量。

1．字段变量

字段变量是指数据库表文件中定义好的每一字段，在数据表中的记录都是字段变量相应的值。

（1）备注型（Memo）。在表中使用，大小为 4 字节。

（2）浮点型（Float）。与数值型一样，数据为整数或小数，在内存中占 8 个字节，在表中占 20 个字节。

（3）双精度型（Double）。双精度浮点数大小占 8 个字节。

（4）通用型（General）。通用型数据用于存储 OLE 对象的数据，在表中占 4 个字节。

（5）整型（自动增长）(Integer（AutoIncrementing）)。可以为数据库容器表 (DBC) 或自由表指定自动增长字段值，在表中占 4 个字节。

（6）整型（Integer）。整数字段类型在表中以二进制存储，且只占用 4 个字节的空间，所以，整数字段类型比其他任意类型所需的内存都少，而且二进制值不需要作 ASCII 转换。

（7）字符型（二进制）(Character（Binary）)。字母数字型文本。

（8）备注型（二进制）(Memo（Binary）)。不定长的字母数字型文本。

（9）变体型（Variant）。变体型可以包含除固定长度串以外的任意 Visual FoxPro 数据类型，也可是特殊值 Empty，Error 和 NULL。一旦一个值保存在变体中，变体型的数据类型就是它所包含的值的数据类型，大小与相应的类型一致。

2．内存变量

内存变量是内存中的一个存储单元，独立于数据表文件。内存变量是独立于数据表文件而存在的变量，用来存储数据处理过程中所需要的常数、中间结果和最终结果。

（1）内存变量的赋值。内存变量是由赋值语句定义的，给内存变量赋值的常用命令有“=”，STORE，INPUT，WAIT，ACCEPT 等。内存变量的数据类型取决于赋值数据的类型，共分为 6 种类型，即字符型(C)、数值型(N)、逻辑型(L)、日期型(D)、日期时间型(T)和货币型(Y)。

格式 1：<变量>=<表达式>

功能：定义单个内存变量。

示例：在命令窗口输入以下命令：

a="你好"

b=12.34

格式 2：STORE <表达式> TO <内存变量名表>

功能：将表达式的值赋给多个内存变量。

示例：store 5*6 to a,b,c

（2）内存变量的显示。可以通过命令来显示目前已定义过的内存变量。

格式：LIST/DISP MEMO[LIKE<通配符>] [TO PRIN[PROM]/TO FILE<文件名>]

功能：LIST 命令在屏幕上一次显示所有变量；DISPLAY 命令则分屏显示数据，按任一键显示下一屏；如果语句中包含[TO PRINT]选项，则将结果输出到打印机上。

（3）内存变量的清除。可用 RELEASE 命令清除内存变量数据，语法格式如下：

RELEASE[ALL [LIKE/EXCEPT<结构>]] <内存变量表>

功能：如果语句中包含<内存变量表>，则仅清除清单中指定的内存变量；如果语句中包含 ALL [LIKE|EXCEPT<结构>]，则按如下条件清除内存变量：

1）ALL LIKE<结构>：表示把符合结构中所指定条件的所有内存变量清除。

2）ALL EXCEPT<结构>：表示把符合结构中所指定条件以外的所有内存变量清除。

3．数组变量

数组由一系列被称为元素的有序数据值构成，可以用序号引用这些元素，具有相同名称而下标不同。

（1）数组的定义。

格式：DECLARE/DIMENSION/PUBLIC<数组名 1>（<下标 1>[,<下标 2]）

[<数组名 2>（<下标 1>[,<下标 2>]）…]

功能：定义一维或二维数组。数组的下标从 1 开始。

（2）数组的使用。数组定义后，数组中每个元素就可以像内存变量一样使用。系统设定各数组元素的初始值为.F.，在执行赋值命令时，系统可以为各元素设定相应的类型，同一数组的不同元素，数据类型可以不一致。

1）数组元素的赋值方法与内存变量的赋值方法一样，常用 STORE 命令赋初值。

格式：STORE <表达式> TO <数组名>

<数组名>=<表达式>

功能：给数组中每个元素赋以相同的值。

2）用 SCATTER 把字段变量的值赋给数组。

格式：SCATTER[FIELDS<字段名表>]TO<数组名>

功能：将当前数据库表文件的当前记录特定字段变量的值赋给一组变量或数组。数组变量的类型与字段的类型一致。

3）用 COPY TO ARRAY 将当前选定表中的数据赋给数组。

格式：COPY TO ARRAY <数组名>

功能：指定数组名，将当前选定表中的数据复制到该数组中。

4）用 GATHER 命令来替换字段变量。格式：

格式：GATHER FROM<数组名>[FIELDS<字段名表>

[LIKE|EXCEPT<结构>][MEMO]]

说明：用数组元素的值顺序替换当前数据库表文件的当前记录各字段的值。

2.1.3　变量作用域

变量只有在运行应用程序时才会存在。所谓变量的作用域即某个变量在应用程序中的有效作用区间。

1．局部变量

格式：LOCAL<变量表>

功能：建立局部变量。

2．私有变量

格式：PRIVATE<变量表>

功能：PRIVATE 并不创建变量，它只在当前程序中隐藏变量，这些变量是在高层程序中声明的。

3．全局变量

格式：PUBLIC<变量表>

功能：指定一个或多个要初始化为或指定为全局变量的内存变量。

2.2　函　　数

函数是预先编制的程序模块，可以实现某项功能或完成某种运算。Visual FoxPro 的函数有两种：一种是系统函数，一种是自定义函数。

函数调用的语法格式为：

函数名（[参数列表]）

2.2.1　常用函数的使用

1．字符函数

（1）求子串函数 SUBSTR()，LEFT()，RIGHT()。

（2）宏代换函数&。

（3）删除字符串前导空格函数 LTRIM()。

（4）删除字符串尾部空格函数 RTRIM()/TRIM()。

（5）删除字符串前后空格函数 ALLTRIM()。

（6）子串位置检索函数 AT()。

（7）字符串替换函数 STUFF()。

（8）产生重复字符函数 REPLICATE()。

（9）求字符出现次数函数 OCCURS()。

2．日期时间函数

（1）时间函数 TIME()。

（2）日期函数 DATE()（返回当前系统日期）。

（3）年份函数 YEAR()。

（4）月份函数 MONTH()。

（5）日期函数 DAY()（返回指定日期的该月的天数）。

3. 数值运算函数

（1）取整函数 INT()，CEILING()，FLOOR()。

（2）取绝对值函数 ABS()。

（3）四舍五入函数 ROUND()。

（4）求余数函数 MOD()。

（5）求最大值函数 MAX()。

（6）求平方根函数 SQRT()。

（7）求指数函数 EXP()。

（8）求对数函数 LOG()。

4. 逻辑函数

逻辑函数主要用于对表达式进行测试判断，若表达式为真，则输出结果为.T.；若表达式为假，则输出结果为.F.。

（1）BETWEEN()：判断表达式是否在上下限之间。

（2）EMPTY()：判断表达式是否为空。

（3）TYPE()：测试表达式类型。

（4）IIF()：快速表达式判断。

（5）INLIST()：判断表达式是否匹配。

5. 类型转换函数

（1）UPPER()/LOWER()：大小写转换函数。

（2）STR()：数值型转换成字符型函数。

（3）VAL()：字符型转换成数值函数。

（4）CTOD()：字符转换成日期型函数。

（5）DTOC()：日期型转换成字符型函数。

2.2.2 用户自定义函数

用户自定义函数是由用户建立、可返回值的代码，包括过程和函数等。

1. 用户自定义过程

Visual FoxPro 中，过程的语法格式如下：

```
PROCEDURE<过程名>
[PARAMETERS 变量 1[，变量 2]，...]
COMMAND
RETURN [表达式]
ENDPROC
```

2. 用户自定义函数

函数的基本语法格式如下：

```
FUNCTION <函数名>
[PARAMETERS 变量1[，变量2]，...]
COMMAND
RETURN [表达式]
ENDFUNC
```

2.3　运算符和表达式

运算符是对相同类型的数据进行运算操作的符号，用运算符将常量、变量和函数等数据连接起来的式子称为表达式。需要注意的是，同种类型的数据才可以进行运算。

2.3.1　算术运算符和表达式

1．算术运算符

算术运算符对表达式进行算术运算，产生数值型、货币型等结果。它包括以下6种运算符：

+（加法运算），－（减法运算），*（乘法运算），/（除法运算），**或^（乘方运算），()（优先运算）。

2．运算规则

表达式的主要运算规则如下：

（1）各运算符运算的优先顺序与一般的算术规则相同。

（2）先乘除，后加减，乘方优先于乘除，函数优先于乘方，圆括号的优先级别最高。

（3）同级运算时，从左至右依次运算。

3．书写规则

表达式的主要书写规则如下：

（1）表达式的字符须写在同一水平线上，每个字符占一格。

（2）表达式中涉及的常量表示、变量命名以及引用的函数要符合Visual FoxPro的规定，以利于程序的识别。

（3）合理应用各运算符，保证运算顺序的正确性。

2.3.2　字符运算符和表达式

字符运算符用来对两个字符型数据进行包含及连接运算。

（1）$（包含运算符）。用于表示两个字符串之间的包含与被包含的关系。参与运算的数据只能是字符型的，结果是逻辑值。

格式：<字符串1>$<字符串2>

功能：如果<字符串1>被包含在<字符串2>中时其结果为真（.T.），否则为假（.F.）。

（2）+（字符串连接运算符）。该运算符是完全连接运算符，用于把两个或两个以上字符串连接成一个新的字符串。

（3）－（压缩空格运算符）。该运算符是不完全连接运算符，先去掉第一个字符串后部的空格，再连接两个字符表达式，并把字符串 1 末尾的空格放到新生成字符串的尾部。

2.3.3 日期和时间运算符及表达式

日期和时间表达式是指含有日期型或日期时间型数据的表达式，返回日期时间型常量。其运算符只有“+”和“－”两种，共 6 种语法格式。

格式 1：<日期型数据>+<天数>　　<天数>+<日期型数据>

功能：结果是将来的某个日期。

格式 2：<日期型数据>－<天数>

功能：结果是过去的某个日期。

格式 3：<日期型数据 1>－<日期型数据 2>

功能：结果是两个日期之间相差的天数。

格式 4：<日期时间型数据>+<秒数>　　<秒数>+<日期时间型数据>

功能：结果是若干秒后的某个日期时间。

格式 5：<日期时间型数据>－<秒数>

功能：结果是若干秒前的某个日期时间。

格式 6：<日期时间型数据 1>－<日期时间型数据 2>

功能：结果是两个日期之间相差的秒数。

2.3.4 逻辑运算符和表达式

逻辑运算符对一个或两个逻辑型表达式进行逻辑运算，返回逻辑型常量。它包括四种运算符：

.AND.（逻辑与），.OR.（逻辑或），()（括号），.NOT.（逻辑非）。

其运算规则：

（1）括号最优先，其次逻辑非优于逻辑与，逻辑与优于逻辑或。

（2）逻辑运算符和算术运算符一样都可以使用括号来改变操作运算的先后顺序。

（3）逻辑表达式实际上是一种判断条件，条件成立则表达式值为.T.；条件不成立则表达式值为.F.。

（4）.NOT.对运算的逻辑表达式取相反值。

（5）.OR.连接的两个逻辑表达式的值只要有一个为. T .，结果就为. T .，只有两个值都为.F.，结果才为. F .。

（6）.AND.则要两个逻辑值同时正时结果才为.T.，否则为.F.。

2.4 Visual FoxPro 命令

Visual FoxPro 中的各种操作，既可以通过命令文件、菜单的方式完成，也可以通过单个命令的方式完成。无论使用哪种操作，都是在执行 Visual FoxPro 的相应命令。

2.4.1　命令的一般格式

命令通常由两部分组成：第一部分是命令动词，表示应该执行的操作；第二部分是若干短语，对操作提供某些限制性的说明。下面列出 Visual FoxPro 操作命令的一般语法格式：

命令动词[<范围>][<表达式表>][FOR<条件>][WHILE<条件>][TO FILE<文件名>/TO PRINTER/TO ARRAY<数组表>/TO<内存变量>][ALL[LIKE/EXCEPT<通配符>]][IN<别名>]

（1）命令动词是个英文动词，表示这个命令所要完成的操作。

（2）<范围> 表示对数据库表文件进行操作的记录范围。

（3）表达式可以是一个或多个由逗号分隔开的表达式，用来表示命令所进行操作的结果参数。

（4）FOR<条件>和 WHILE<条件>在 FOR 短语和 WHILE 短语中<条件>是一个逻辑表达式，它的值必须为真(.T.)或假(.F.)。

2.4.2　命令的书写规则

（1）任何一条命令必须以命令动词开头。后面的多个短语通常与顺序无关，但是必须符合命令格式的规定。一行只能写一条命令，以回车表示结束。

（2）用空格来分隔每条命令中的各个短语，如果两个短语之间有其他分界符，则空格可以省略。

（3）一条命令的最大长度是 254 个字符。一行写不下时，用续行符“;”在行末进行分行，并在下行连续书写。

（4）命令中的英文字母大小写可以混合使用。

（5）命令动词和子句中的短语可以用其前 4 个字母缩写表示。

（6）Microsoft Visual FoxPro 8.0 中的保留字包括函数、系统内存变量、属性、事件、方法、命令、菜单常数和子句。

用户在选择变量名、字段名和文件名时，应尽可能不使用系统中的命令动词和命令字，以免程序在运行中产生语法错误。不能用操作系统所规定的输出设备名作为文件名，也不能用 A 到 J 之间的单个字母作表名，以免与工作区名称冲突。

2.4.3　命令的运行方式

Visual FoxPro 有两种运行方式：命令方式和程序方式。

1．命令方式

命令方式即在 Visual FoxPro 的命令窗口中键入命令，按回车键立即执行，系统的主窗口区马上会显示执行的结果。

命令方式一般都在 Visual FoxPro 的命令窗口中进行的。

2．程序方式

程序方式先要通过命令 MODIFY COMMAND <命令文件名>建立特定的命令文件。建立时逐行键入命令，然后存入磁盘，由用户指定命令文件名，系统默认的扩展名是．PRG，然后由 DO 命令执行。

格式：DO <命令文件名>

功能：这种方式调用程序文件，系统将自动执行这一文件，将用户烦琐的介入减到最少。程序执行方式运行效率高，可以重复执行。

2.4.4 赋值命令 STORE

在程序中如果要使用变量，则必须在使用之前为变量设定一个初始值或改变它的现行值。赋值语句可以将指定的值赋给内存变量或对象的某个属性。

格式：STORE <表达式>TO<变量名列表>/<数组名列表>

功能：赋值命令 STORE 主要是给内存变量赋值，多个变量名之间通过逗号隔开。具体功能如下：

（1）建立内存变量，并给内存变量/数组赋初值。

（2）为已建立的内存变量/数组重新赋值。STORE 会用新值替换旧值。

（3）给一个变量或数组赋值时，可以用“=”可以代替 STORE 命令，简写为

<内存变量名>/<数组名>＝<表达式>

（4）对日期型内存变量赋值时，如果<表达式>是日期型常量，则必须用花括号“{}”括起来并在前面加上一个符号(^)，如果<表达式>是字符串，则必须用转换函数将其换为日期型。

示例：today={^2005/12/06}

today=CTOD(“12/06/2005”)

2.4.5 显示命令

格式：? | ?? <表达式>[[FUNCTION 参数][FONT 字体名[，字体大小]]…

功能：在屏幕上显示表达式的内容。

参数说明：

? 表达式：用于对表达式进行计算，然后新起一行显示计算结果，计算结果显示在 Visual FoxPro 主窗口或者活动的用户自定义窗口的下一行。

?? 表达式：计算并显示变量、表达式和常量的值，结果显示在 Visual FoxPro 主窗口、活动的用户定义窗口或者打印机当前行的当前位置上。

当？命令后面没有任何表达式时，输出一个空行。

该命令后可以跟多行参数，有 PICTURE 参数、V 参数、AT 参数、FONT 参数、STYLE 参数等。

习 题 二

一、简答题

1．举例说明 Visual FoxPro 的常量类型。

2．内存变量与字段变量的主要区别是什么？

3．Visual FoxPro 定义了哪几种类型的运算符和表达式？举例说明各运算符和表达式的使用。

二、填空题

1．“12.3”是______类型数据，“t”是______类型数据，0.00 是______类型数据，.y.是______类型数据，CTOD(“11/27/90”)是______类型数据。

2．常用字段变量类型有：________，________，_______，________。

3．定义含有6个元素的一维数组A1的命令是 ________________，定义含有3行5列的二维数组A2的命令是______________________。

4．将两个字符串连接成一个字符串的运算符有两个：____________和____________。其中是将第二个字符串直接连接到第一个字符串的后面。

三、计算题

1．计算下列函数值。

（1）LEN（“1203.4”）

（2）UPPER（“Y”）

（3）SUBSTR（“ABCDE”，2.9，1.1）

（4）INT（0.9）

（5）MOD（21，4）

（6）CTOD（“11/01/98”）

（7）STR（120.575，7，2）

（8）DTOC（CTOD（“01/01/97”））

2．计算下列表达式的值。

（1）.NOT.（（.F. .AND. .T.）.OR. .T.）

（2）CTOD（“10/10/90”）+1

（3）STR（123.456，7，2）+ “ABC”

（4）“ABC” <= “abc”

（5）“12” + “34” = “12” － “34”

第 3 章　数据库与表

【本章主要内容】

设计数据库，数据库文件的建立与维护，永久关系和参照完整性，数据共享，表的概念，建立自由表，维护和使用表，筛选记录，索引和排序。

【学习导引】

- 了解：关系表的永久关系和参照完整性，数据库数据的共享，表的概念，索引和排序的概念及操作。
- 掌握：数据库文件的建立与维护，建立、维护和使用表，筛选记录。

3.1　设计数据库

数据库提供了一个操作环境，用来组织和关联数据表和视图，不但可以存储数据的结构，而且可以创建表间关系、设置表中字段的合法性规则和默认值，还可以通过远程视图访问远程数据库、维护数据表记录的一致性与完整性等。

数据库文件的扩展名为.DBC，数据库备注文件的扩展名为.DCT，数据库索引文件的扩展名为.DCX。

1．分析数据需求

利用 Visual FoxPro 8.0 进行程序设计，首先要明确数据库的设计目的以及用户的基本要求，确定收集数据的范围，确定需要保存哪些主题的信息（表），以及每个主题需要保存哪些字段及其变化。

2．确定数据库表

确定数据库中需要的表是数据库设计过程中技巧性最强的一步。仔细研究用户的需要，确定从数据库中提取的信息，并把这些信息分成各种基本主题，每个主题都是一个独立的表。注意防止删除有用的信息，同一信息尽量只保存一次，这样将减少出错的可能性。

3．确定所需字段

①字段的唯一性；②字段的无关性；③使用主关键字段；④外部关键字段；⑤收集所需的全部信息；⑥以最小的逻辑单位存储信息。

4．确定关系

①一对一关系；②一对多关系；③多对多关系。

在 Visual FoxPro 8.0 中，用于分解多对多关系的表，称为纽带表。纽带表一般只包含它所连接的两个表的主关键字段，也可以包含其他信息。

5．完善设计

（1）字段。是否遗忘了字段？是否有需要的信息没包括进去？

（2）主关键字。是否为每个表选择了合适的主关键字？

（3）重复信息。是否在某个表中重复输入了同样的信息？

3.2　数据库文件的建立与维护

数据库文件的结构是固定的，它在建立数据库时由系统自动建立，并且在一般情况下数据库文件的记录由系统自动维护。但是，用户也可以用操作表的命令对其进行浏览和其他必要的操作。

3.2.1　建立数据库的方法

1．利用“数据库设计器”创建数据库

（1）打开项目管理器“学生管理”中的“数据”选项卡，选择“数据库”项，单击“新建”按钮，打开“新建数据库”对话框。

（2）在“新建数据库”对话框中，单击“新建数据库”按钮。此时系统会打开“创建”对话框。

（3）在“创建”对话框中选取好保存位置和保存类型（数据库），在“数据库名”右边的下拉框中，输入数据库文件名称“学生”。单击“保存”按钮，此时系统会显示数据库设计器。

（4）此时建立的数据库里面没有任何内容，是一个空的数据库。同时，屏幕上出现一个“数据库设计器”工具栏，如图3.1所示。

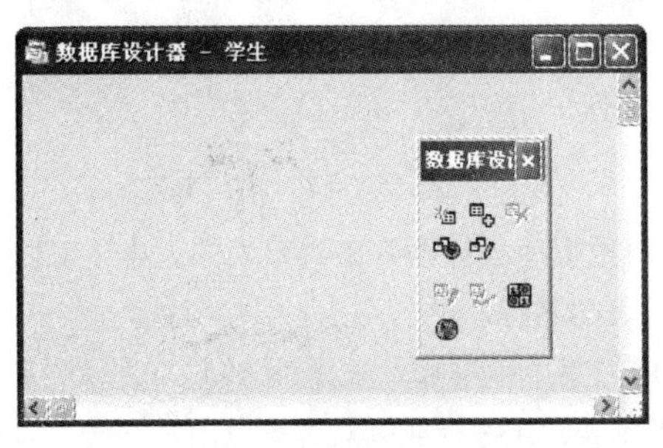

图3.1　数据库设计器

2．使用命令建立数据库

格式：CREATE DATABASE　[数据库名|?]

功能：创建一个数据库并以独占的方式打开它。

3.2.2　数据库操作

1．打开数据库

数据库建好之后，要对它进行操作，必须先打开它，具体方法有3种。

（1）在系统菜单中选择“文件”下拉菜单中的“打开”选项，在“打开”对话框中选取好搜寻位置和文件类型（如数据库），在数据库名文本框中，输入要打开的数据库名称或用鼠标直接选取。然后按“确定”按钮，数据库就被打开，出现数据库设计器。

（2）修改命令方式。

格式：MODIFY DATABASE [数据库名|?]

这种方法实际上是将数据库打开，并启动数据库设计器进行修改设计。

（3）在命令窗口使用命令。

格式：OPEN DATABASE [数据库名|?] [EXCLUSIVE]

2. 关闭数据库

（1）在项目管理器中选择要关闭的数据库，单击“关闭”按钮，或菜单“文件”中选择“关闭”命令，可以关闭一个已经打开的数据库。

（2）命令方式。

格式：CLOSE DATABASE

说明：CLOSE DATABASE 关闭当前数据库和它所有的表。

3. 在项目中添加/移去数据库

（1）添加数据库。

1）在“项目管理器”中的“数据”选项卡中选择“数据库”。

2）单击“添加”按钮，出现“打开”对话框。

3）选择要添加的数据库文件，单击“确定”按钮，所选数据库将被添加到项目中。

（2）移去或删除数据库。若要在“项目管理器”中移去或删除数据库，操作步骤如下：

1）在“项目管理器”中的“数据”选项卡中选择“数据库”。

2）单击“移去”按钮，出现一个询问对话框，再次单击“移去”按钮。

3）如果要删除项目中的数据库，则在出现的询问对话框中，单击“删除”按钮。可以将“项目管理器”中的数据库从磁盘上删除。

4. 查看数据库中的表

（1）展开或折叠表。在“数据库设计器”中调整表的大小，可以看到其中更多（或更少）的字段。也可以折叠视图，只显示表的名称。

（2）重排表。从“数据库”菜单中选择“重排”，弹出“重排表和视图”对话框，可以在“数据库设计器”中按不同的要求重排表，或按行或列对齐表以改进布局。也可以将表恢复为默认的高度和宽度。

（3）查找表。如果数据库中有许多表和视图，可以使用寻找命令快速找到指定的表或视图，即从“数据库”菜单中选择“查找对象”，再从“查找表或视图”对话框中选择需要的表。

（4）选择显示对象。如果只想显示表或某些视图，则从“数据库”菜单中选择“属性”，在“数据库属性”对话框中选择合适的显示选项。

5. 修改数据库结构

数据库文件中包含与数据库关联的表、视图、索引、标识、永久关系及连接，也保存了每个具有附加属性的表或视图字段的记录。另外还保存了一个单独的记录，保存数据库的存储过程。

6. 使用多个数据库

（1）打开多个数据库。通过“项目管理器”或从“文件”菜单中选择“打开”命令打开多个数据库。打开一个数据库后，表和表之间的关系就由存储在该数据库中的信息来控制。当打开多个数据库时，每个应用程序都以不同的数据库为基础，或者在一个应用程序中使用该应用程序之外的另一数据库中存储的信息。

（2）设置当前数据库。尽管可以同时打开多个数据库，但是只有一个可能成为当前数据库。用于操作数据库的命令和函数只对当前数据库有效。

7．数据库错误

数据库错误，也称“引擎错误”，指记录级事件代码运行时发生的错误。出错信息的具体内容与检测到该错误的数据库管理系统有关。若要产生对应用程序而言更具有针对性的出错信息，可用创建触发器的方法实现。

3.3　永久关系和参照完整性

Visual FoxPro 中，每张表既相互独立，又存在联系。一般将有联系的表放在同一个数据库中。建立关系的目的是把独立存放的表连接起来，以获得有联系的信息。

3.3.1　建立和编辑表间永久关系

1．主索引的建立

建立主索引的方法与建立侯选索引类似。

注意：每一个表仅能拥有一个主索引，而且只有数据库表能够创建主索引。

2．建立关系

在 Visual FoxPro 8.0 中，可以使用索引在数据库中建立关系，由此可以根据简单的索引表达式或复杂的索引表达式联系表。

建立关系的两个表的索引关键字表达式值必须相等。

建立关系后的两个表，其中一个是主表（Parent Table），另一个是子表（Child Table）。

主表中的索引必须是主索引或者是候选索引，而子表中的索引可以是主索引、候选索引或普通索引。可以将表之间的关系分为三类，即“一对多”“多对多”和“一对一”的关系。

以下是在“学生”数据库中建立“学生专业表(主表)”和“学生情况表（子表）”的一对多关系，如图 3.2 所示。

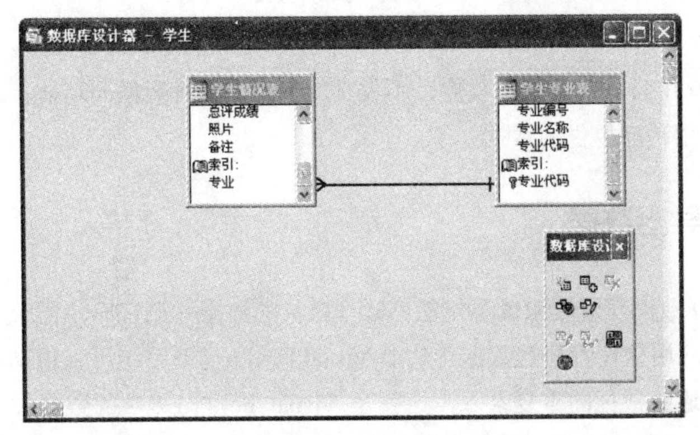

图 3.2　一对多关系表

3. 编辑关系

若要编辑表间关系，首先单击在表间关系连线，连线变成粗黑线，再在连线上右击，在弹出菜单上选择“编辑关系”命令，再在随后弹出的“Edit Relationship”对话框中编辑关系，如图 3.3 所示。

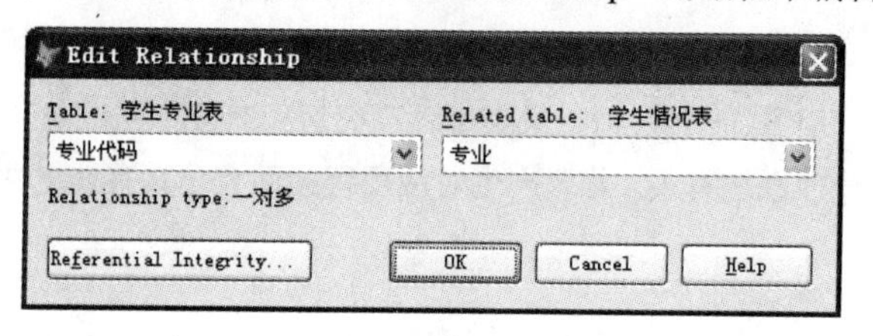

图 3.3 编辑关系

4. 删除关系

要删除两个表之间的关系连接，应首先单击需要删除的关系线，然后单击鼠标右键，在弹出的快捷菜单中选择“删除关系”命令即可。

此时“数据库设计器”中两个表之间的连接线会消失，表示已经删除了表间的连接。也可以先单击连接线，该连接线将会变粗，表示已经选中，再按 Delete 键删除连线。

3.3.2 参照完整性

1. 参照完整性

在永久关系的基础上可以设置表间的参照完整性规则。参照完整性是指不允许在相关数据表中引用不存在的记录。参照完整性应满足如下 3 个规则：

（1）级联。对父表中的主关键字段或候选关键字段的更改，会在相关的子表中反映出来。

（2）限制。即禁止更改父表中的主关键字段或候选关键字段中的值。

（3）忽略。即使在子表中有相关记录，仍允许更新父表中的记录。

2. 设置参照完整性

Visual FoxPro 8.0 使用用户自定义的字段级和记录级规则完成参照完整性规则。可使用“参照完整性设计器”来设置规则，控制如何在关系表中插入、更新或删除记录。

3.4 数 据 共 享

Visual FoxPro 8.0 作为一个数据库软件，不仅具有管理其本身数据的功能，还可以与其他应用程序集成，获得其他应用程序提供的数据。

3.4.1 导入/导出数据

Visual FoxPro 8.0 数据库管理系统不仅能够管理自身的数据并把它们转化成其他应用软件可使用的数据，还能把其他应用软件管理的数据转化成 Visual FoxPro 8.0 系统可以识别使用的数据，从而实现数据的高效使用，避免数据的重复录入，这就是 Visual FoxPro 8.0 的数据导入、导出功能。通过 Visual FoxPro 8.0 导入和导出数据，就实现了 Visual FoxPro 8.0 和其他应用程序之间数据的共享。共享的数据可以是文本文件、电子表格文件或表文件。

1. 导入数据

所谓导入数据，实际上是从另一个应用程序所用的文件中复制数据，然后在 Visual FoxPro 8.0 中形成新表，并利用源文件数据填充新表。此时，可以让 Visual FoxPro 8.0 定义新表结构，或者使用“导入向导”来指定表的结构。

导入数据的过程是先从源文件中复制数据，然后创建新表，并用源文件的数据填充该表。如果从 Excel 中复制数据创建 Visual FoxPro 8.0 表，导入数据后，就可以像使用其他任何 Visual FoxPro 8.0 中的表一样使用这个表中的数据。

导入数据之前，必须选择可导入的文件类型，并指定源文件和目标表的名称。

（1）可导入的文件类型。不是所有的文件都能够导入 Visual FoxPro 8.0 数据管理系统。可导入 Visual FoxPro 8.0 的文件类型如表 3.1 所示。

表 3.1 可导入 Visual FoxPro 8.0 的文件类型

文件类型	文件的扩展名	说 明
文本文件	.txt	
Excel	.Xls	Excel 表格。列转字段，行转记录
Lotus1-2-3	.wk3	列转字段，行转记录
Borland paradox	.db	Paradox 表

（2）使用“导入向导”导入数据。同前面介绍的创建数据表一样，Visual FoxPro 8.0 系统提供了导入向导功能。“导入向导”提出一系列问题，根据实际情况逐项回答，向导就可以利用源文件导入数据，创建新表。

举例：将如图 3.4 所示的电子表格中的数据通过使用 Visual FoxPro 8.0 导入向导，生成一个新的数据表。

职工工资表.xls

	A	B	C	D	E	F	G	H	I
1	3月份工资明细表								
2	序号	姓名	性别	职称	基本工资	补贴	应发工资	扣款	实发工资
3	9901001	赵三丰	男	教授	1420	474			
4	9901002	王振才	男	讲师	645	261			
5	9901003	马建民	男	副教授	960	380		500	
6	9901004	王 霞	女	讲师	645	267			
7	9901005	王建美	女	讲师	645	270			
8	9901006	王 磊	女	教授	1420	491			
9	9901007	艾晓敏	女	讲师	645	292			
10	9901008	刘方明	男	讲师	645	273		120	
11	9901009	刘大力	男	副教授	960	385			
12	9901010	刘国强	男	讲师	645	279			
13	9901011	刘凤昌	男	讲师	645	283			
14	9901012	刘国明	男	讲师	645	293		160	
15	9901013	孙海亭	女	讲师	645	282			
16	9901014	牟希雅	女	副教授	960	365			
17	9901015	张 英	女	讲师	645	276			
18									

Sheet1 / Sheet2 / Sheet3

图 3.4 职工工资表

操作步骤：

1）在“文件”菜单中选择“导入”命令项。弹出“导入”对话框，如图 3.5 所示。

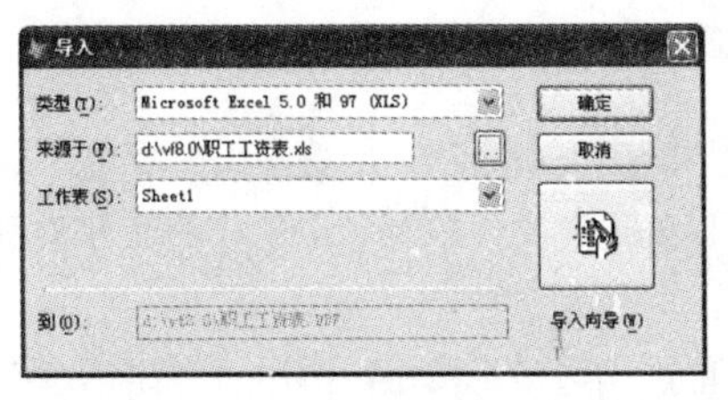

图 3.5 “导入”对话框

2）在“导入”对话框中单击“确定”按钮，系统启动“导入向导”对话框。导入向导的“数据识别"对话框用于选择导入文件的类型、指定源文件和目标表，比如目标表命名为"职工工资一览表"，一个新的数据表"职工工资一览表.DBF"就生成了。浏览结果如图 3.6 所示。

职工工资一览表

A	B	C	D	E	F	G	H	I
3月份工资明细表								
序号	姓名	性别	职称	基本工资	补贴	应发工资	扣款	实发工资
9901001	赵三丰	男	教授	1420	474			
9901002	王振才	男	讲师	645	261			
9901003	马建民	男	副教授	960	380		500	
9901004	王　霞	女	讲师	645	267			
9901005	王建美	女	讲师	645	270			
9901006	王　磊	女	教授	1420	491			
9901007	艾晓敏	女	讲师	645	292			
9901008	刘方明	男	讲师	645	273		120	
9901009	刘大力	男	副教授	960	385			
9901010	刘国强	男	讲师	645	279			
9901011	刘凤昌	男	讲师	645	283			
9901012	刘国明	男	讲师	645	293		160	
9901013	孙海亭	女	讲师	645	282			
9901014	牟希雅	女	副教授	960	365			
9901015	张　英	女	讲师	645	276			

图 3.6　职工工资一览表

（3）直接导入数据。除了使用向导功能将电子表格中的数据导入到一个数据表之外，Visual FoxPro 8.0 还提供了使用导入对话框直接把数据导入到数据表中的功能。这个过程中，系统先创建一个新表，连同表格中的标题和数据一起导入到新建的数据表中。

（4）追加数据。前面介绍了将数据导入到一个新表中，还可以把数据导入到一个已存在的数据表中，即将需要导入的数据追加到数据表原有的数据之后。要实现追加数据，可以通过"导入向导"或"追加来源选项"对话框完成。

2．导出数据

所谓导出数据，实际上是把数据从 Visual FoxPro 8.0 表中复制到其他应用程序所用的文件中。此时，可以选定源文件和目标文件，也可以指定要导出的字段、设置导出记录的范围和满足指定条件的记录。

（1）导出的文件类型。在 Visual FoxPro 8.0 中，导出数据文件的类型如表 3.2 所示。

表 3.2　文件类型表

文 件 类 型	文件的扩展名	说　　明
制表符分隔的文本文件	.txt	用制表符分隔每个字段的文本文件
逗号分隔的文本文件	.txt	用逗号分隔每个字段的文本文件
空格分隔的文本文件	.txt	用空格分隔每个字段的文本文件
Excel	.Xls	Excel 表格格式。字段转列，记录转行
Lotus1-2-3	.wk3	字段转变为列单元，记录转变成行单元
表	.dbf	VFP 6.0，VFP 8.0，FoxPro，FoxBase 表等

（2）导出数据。在导出数据操作中，既可以将表中的记录和字段全部导出，也可以指定其中一部分记录或字段，通过设定相应的筛选条件，导出满足条件的数据。

举例：通过数据导出功能，将学生情况表中总评成绩分超过 620 分的记录导出生成 Excel 格式的数据文件。

操作步骤：

1）单击"文件"菜单中的"导出"命令项，屏幕弹出"导出"对话框。

2）在"导出"对话框中可以确定源文件以及导出生成的文件类型、名称和保存目录，本例选择如图 3.7 所示。

3）在"导出"对话框中，单击"选项"按钮，弹出"导出选项"对话框，用于确定需要满足的导出条件，如图 3.8 所示。

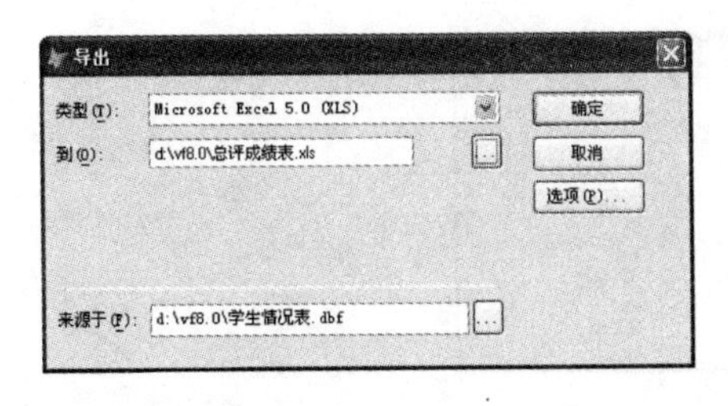

图 3.7 “导出”对话框

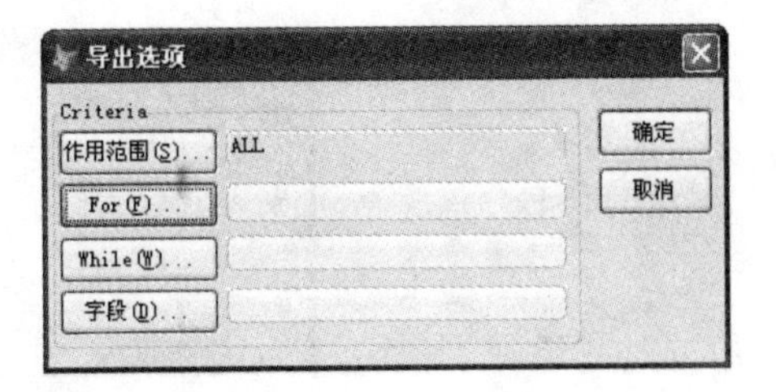

图 3.8 “导出选项”对话框

“导出选项”对话框中各选项含义如下：

- “作用范围”：单击该按钮，打开“作用范围”对话框，用来确定要导出的连续记录，如图 3.9 所示。

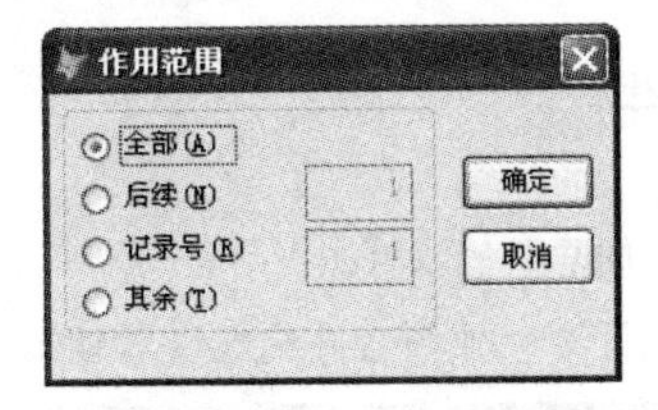

图 3.9 “作用范围”对话框

全部：是指导出数据表中的全部记录。

后续：是指导出从当前开始指定的记录数。

记录号：是指导出某一条记录。

其余：是指从当前记录到文件尾的所有记录。

- “For”：单击该按钮，打开“表达式生成器”对话框，用于确定需要导出的数据必须满足的条件。本例中要求总评成绩大于 620 分。设置如图 3.10 所示。
- “While”：导出连续满足条件的记录，直到遇到一条不满足的记录为止。
- “字段”：单击该按钮，打开“字段选择器”对话框，用于确定导出数据的字段及其次序，此处设置如图 3.11 所示。

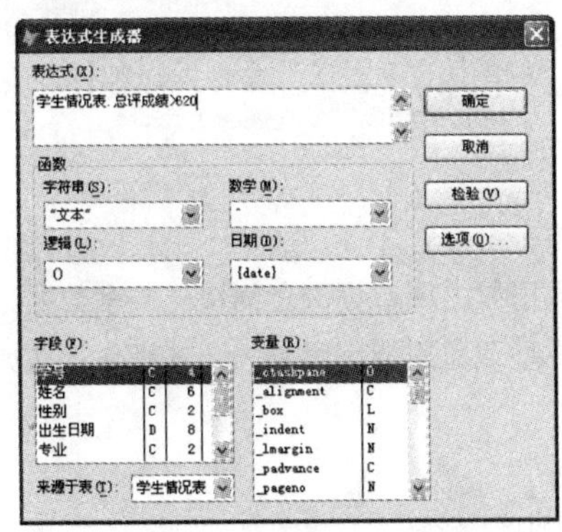

图 3.10 “表达式生成器”对话框

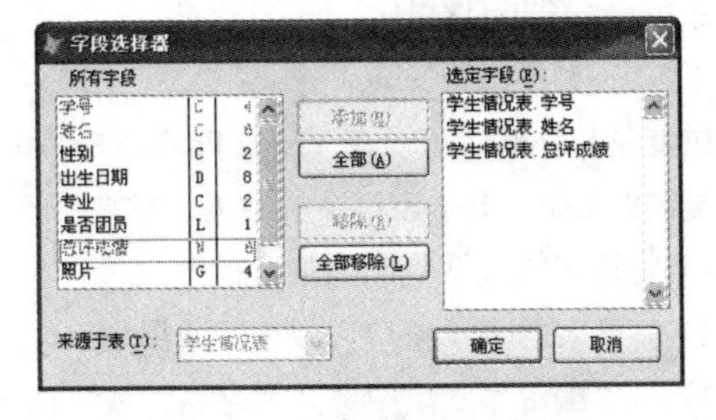

图 3.11 “字段选择器”对话框

4）在确定了导出记录的范围和条件之后，单击“确定”按钮，这时系统自动生成一个新文件，即“总评成绩表.xls”。通过 Microsoft Excel 应用软件打开“总评成绩表.xls”文件，如图 3.12 所示。

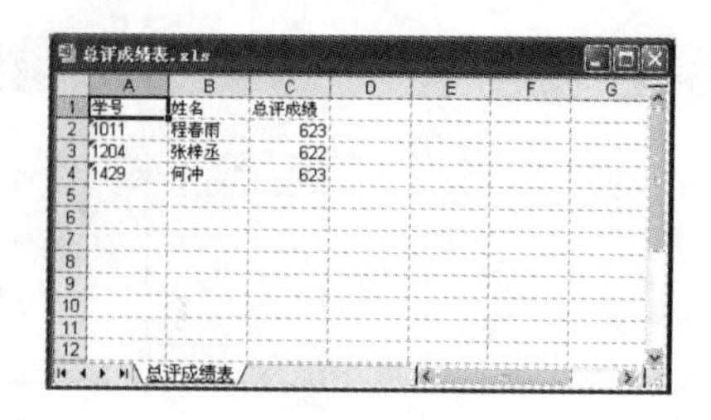

图 3.12　导出生成的 Excel 文件

由此可见，数据的导入和导出是一对相反的操作。导入是将其他类型的数据追加到数据表中，导出则是将数据表中的数据转换成其他类型文件格式的数据。在导出过程中，只要能熟练地应用导出条件，就可比较方便地导出记录。

3.4.2　创建邮件合并文件

（1）打开“工具”菜单中的“向导”子菜单。

（2）选择“邮件合并”命令，打开“邮件合并向导”对话框，如图 3.13 所示。

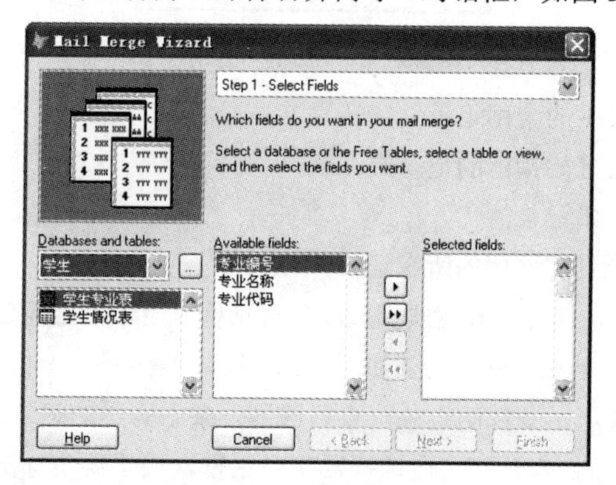

图 3.13　创建邮件合并文件

（3）按照向导中提示进行操作。

（4）如果已经安装了邮件程序，可以单击“文件”菜单中的“发送”命令发送邮件。

3.4.3　复制和粘贴

通过复制和粘贴，可以在 Visual FoxPro 8.0 和其他应用程序或数据源之间快速共享数据。例如，选定和复制的 Excel 电子表格中的数据，粘贴到表的备注型或通用型字段中去，其操作步骤如下：

（1）将选定的数据复制到粘贴板中。

（2）打开表的浏览窗口，双击其通用型字段。

（3）从“编辑”菜单中选择“粘贴”或“选择性粘贴”命令。

3.5　表 的 概 念

表是一组相关的数据按行和列排列的二维表格，表中的每一列称为一个字段，它对应表格中的数据项，每个数据项的名称称为字段名，通常表中第一行是一个表头，表头中每一列的值就是这个字段的名称。

字段的取值范围称为域，通常用字段描述表格实体在某一方面的属性。表格的字段名下的每一行称为记录（Record），它是字段的集合。

表以记录和字段的形式存储数据，是关系型数据库管理系统的基本结构，可以用于存储数据的结构及符合该结构规范的数据。表是 Visual FoxPro 8.0 中一种最重要的数据存储形式和组织形式。

1．表文件的定义

表文件的定义主要包括四方面的内容：

（1）文件名。表文件的主要标识，其扩展名为.dbf，若表中含有“备注型”或“通用型”字段，系统会自动建立该表的辅助文件，扩展名为.fpt。

（2）表结构。表头部分，是表的第一行，主要定义字段名、字段类型、字段宽度和小数位数等与字段相关的属性。

（3）记录。表文件中的除表头外的每一行称为一条记录，用于存储表的基本数据。

（4）字段。表中的每一列。它规定了数据的特征。

2．表的特征

表有以下的特征：

（1）表可以存储多条记录 每条记录可以有若干个字段，而且具有相同的字段结构（字段名、类型、顺序）。

（2）字段可以有不同类型，用于存储不同类型的数据。

（3）记录中每个字段的顺序与存储的数据无关。

（4）每条记录在表中的顺序与存储的数据无关。

在 Visual FoxPro 8.0 中，创建一个新表分为两个步骤：

（1）创建表结构，即说明表中含有哪些字段，每个字段包含哪些属性。

（2）按照表结构的定义向表中输入记录。

3.6　建立自由表

表以记录和字段的形式存储数据，是关系型数据库管理系统的基本结构，也是处理数据和建立关系型数据库及应用程序的基本单元。

3.6.1　建立表结构

创建表结构之前，先要设计好表的字段属性，每一个字段的基本属性包含了字段的名称、类型、宽度、小数位数及是否允许为空。

（1）字段名。必须以字母或汉字开头，可以包括字母、汉字、数字和下画线，自由表字段名的长度不要超过 10 个字符，数据库表字段名的长度不能超过 128 个字符。

（2）字段类型。字段的数据类型应该与该字段要存储的信息的类型匹配，Visual FoxPro 8.0 共支持 14 种不同的数据类型，这些类型可以是一段文字、一组数据、一个字符串、一副图像或一组自动增长的序数值。

（3）字段宽度。用于设置不同类型的字段的列宽度，设置列宽时应保证存放所需的信息。

（4）小数位。设置数值型或浮点型数据时，一般需要规定小数位数。

（5）使用 NULL（空）值。可以指定字段是否接受 NULL 值，它是一个不存在的值。NULL 值不等同于零或空格，也不能用于与某个值（包括 NULL 值本身）比较大小。

说明：在 Visual FoxPro 8.0 中，提供了 3 种创建新表对象的方法："表向导""表设计器"和"命令"。

1. 使用"表设计器"创建表

"表设计器"是 Visual FoxPro 8.0 中创建新表的常用工具，利用"表设计器"可以创建表的结构。创建表结构的具体步骤如下：

（1）打开"表设计器"。

1）在"文件"菜单中，单击"新建"命令，弹出"新建"对话框。

2）选中"表"单选按钮，单击"新建"图形按钮，弹出"创建"对话框，如图 3.14 所示。

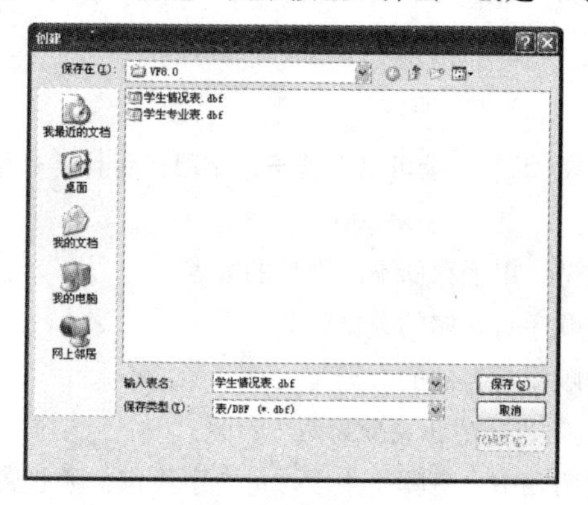

图 3.14 "创建"对话框

3）在"创建"对话框中，可以确定表的类型、名称和保存位置。

4）然后单击"保存"按钮，弹出如图 3.15 所示的"表设计器"对话框。单击"字段"下面的虚线文本框，等光标出现后，可输入字段名。

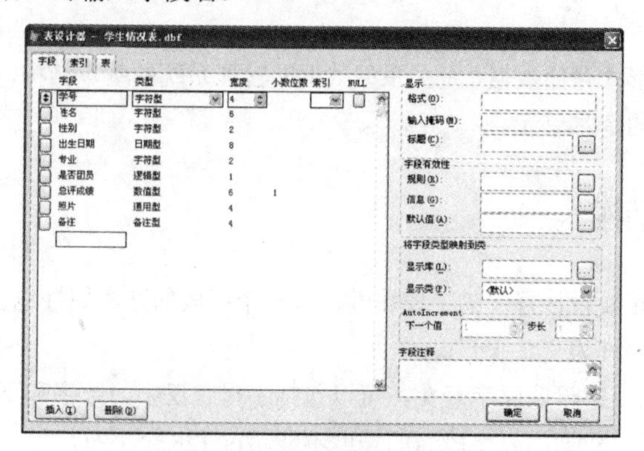

图 3.15 "表设计器"对话框

"表设计器"对话框有 3 个选项卡：字段、索引和表。对"字段"选项卡中各项说明如下：

- 字段：设置表中字段的名字，即字段变量名。
- 类型：选择该字段的数据类型，单击下拉箭头并从中选择一个数据类型。
- 宽度：指定字符型或数值型字段的宽度。另外一些字段的宽度是由系统规定的。
- 小数位数：若该字段变量是数值型的，则此项规定了它的小数是多少位，其中，小数点占字段宽度的一位。
- 索引：用于设置字段的普通索引，用以对记录进行排序。
- NULL：指定该字段是否接受 NULL 值。选定此项时，意味着该字段可以接受 NULL 值。使用 NULL 值的目的是为了解决在字段或记录里的信息目前还无法得到的情况。
- 移动按钮：位于字段名左侧的双箭头按钮，用户输入两行或更多行后，单击该按钮可改变字段在表中的顺序。
- “插入”按钮：在字段之前插入一个新字段。
- “删除”按钮：从表中删除选定的字段。

（2）定义字段。在表设计器中定义“学生情况表”的字段。

1）选择“表设计器”的“字段”选项卡，将光标放在“字段”下，输入第一个字段名“学号”，这时，旁边的“类型”“宽度”“小数位数”“索引”等对应栏均有默认显示。

2）单击“类型”下的下拉列表（默认的类型是“字符型”），打开可选择的数据类型列表，选择所需的数据类型。

3）然后再在“宽度”下输入所需宽度，可以直接选择后输入，也可以利用按钮修改。

4）若是数值型或浮点型数据，还可以输入小数位数。

5）如果要为某一字段设置索引，可以在“索引”下的下拉列表中选择一种排列方式。

6）若想要求字段接受 NULL 值，可以单击“NULL”按钮。

7）重复上述 2）～6）步的操作，依次设置下一字段，即可以在 Visual FoxPro 8.0 中创建一个新表的结构。

注意：创建完新表的表结构时，单击“确定”按钮，即可完成表结构的设计。

2．使用 Table Wizard 创建表

使用 Table Wizard 创建新表，按下列步骤进行操作：

（1）在“项目管理器”中选择“数据”选项卡，然后选中“自由表”。

（2）单击“新建”按钮，选择“表向导”图形按钮，打开 Table Wizard 对话框，如图 3.16 所示。

（3）选择样表、字段，如图 3.17 所示。

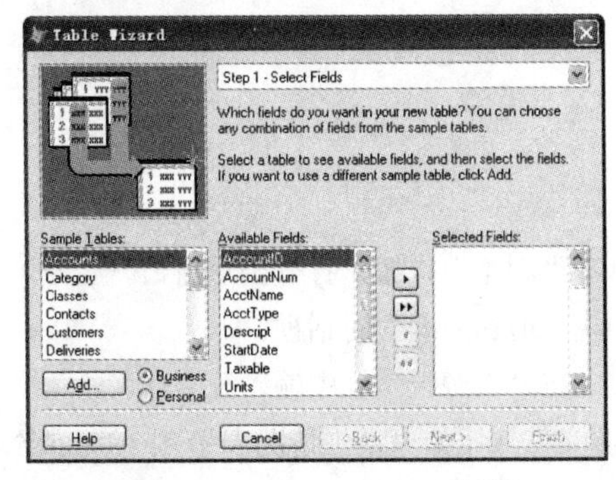

图 3.16　“Table Wizard”对话框

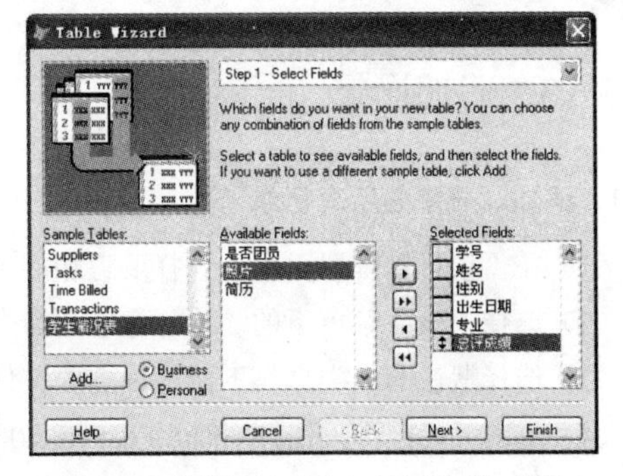

图 3.17　使用 Table Wizard 选择样表、字段

3．使用命令方式创建表

Visual FoxPro 8.0 提供了强大的可视化设计环境，学习和使用非常方便，但在进行程序设计时，会经常用到命令，命令可以让程序员的设计更专业化。对于表结构的创建，同样可以使用命令方式实现，其格式为：

CREATE TABLE /DBF 表名[NAME 长表名] [FREE]

(字段名 1 字段类型[(字段宽度[,小数位数])][NULL | NOT NULL][,字段名 2…])

注意：在 Visual FoxPro 8.0 中，如果想用命令方式改变表的结构，可以使用命令 MODIFY STRUCTURE 打开“表设计器”，然后进行修改。

另外，还可以利用命令方式：

CREATE [<文件名>/?]

该命令可以用于调用“表设计器”创建新表。

3.6.2 输入记录

1．在表创建好后输入数据

在 Visual FoxPro 8.0 中，建立好表结构，即可开始输入数据。此时从“显示”菜单中单击“浏览”或“编辑”命令，便会出现输入数据的编辑框。再从“显示”菜单中单击“追加方式”命令，可以输入每一个学生的数据。

注意：

（1）在输入数据时，字段的数据类型要与输入的数据类型相匹配。

（2）输入的内容满一字段时，光标会自动跳到下一字段，内容不够一字段但已完成该数据的输入时，可用 Tab 键或回车键将光标移到下一字段，还可以用鼠标单击选择其中的任一字段。

2．输入备注型和通用型字段

（1）要编辑某条记录的备注型(memo)字段时，双击 memo 或把光标移到 memo 处按 Ctrl+Home 组合键就可进入 memo 字段的输入窗口进行编辑。在编辑完成后，按 Ctrl+W 组合键就可以保存并退出 memo 字段的编辑窗口。

（2）当要编辑某条记录的通用型（gen）字段时，双击 gen 或把光标移到 gen 处按 Ctrl+Home 组合键就可进入 gen 字段的输入窗口进行编辑。

3.6.3 追加记录

1．追加源表中的所有记录

（1）在“项目管理器”中，选择要追加的表，单击“浏览”按钮，打开浏览窗口。

（2）选择“表”菜单下的“追加记录”命令，出现“追加来源”对话框。

（3）选择默认的“类型”下拉列表框中文件格式，在“来源于”框中输入源文件名。

（4）单击“确定”按钮，Visual FoxPro 8.0 就将源文件（比如“学生情况表”）中的记录添加到当前表中。

2. 有选择地追加源记录和字段

（1）选择追加字段。

1）在“追加来源选项”对话框中单击“字段”按钮。

2）打开“字段选择器”对话框，如图 3.18 所示，分别选择要追加的字段，双击该字段或单击“添加”按钮。

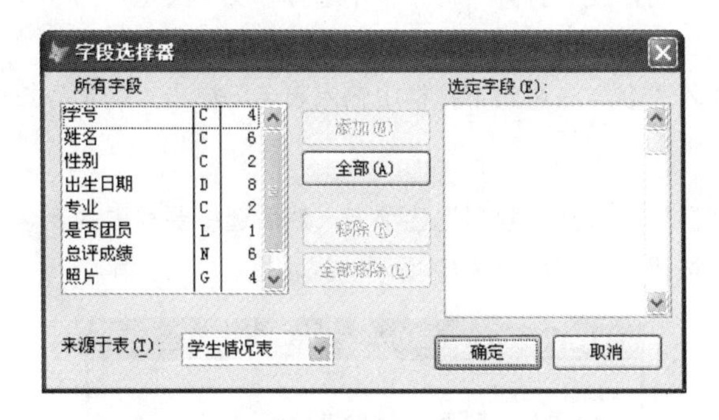

图 3.18　字段选择器

3）单击“确定”按钮返回“追加来源”对话框。再单击“确定”按钮即可完成操作。

（2）选择追加记录。

1）从“追加来源选项”对话框中单击“For”按钮。

2）打开“表达式生成器”对话框，输入要追加的记录的条件，单击“确定”按钮返回“追加来源选项”对话框。

3）单击“确定”按钮返回“追加来源”对话框。再单击“确定”按钮即可完成选择追加记录操作。

注意：

（1）“字段选择器”中选择的字段是当前表中的字段。

（2）“For”按钮右边的表达式中的字段必须同时存在于源文件和目标文件中。

（3）向表中成批追加记录时，其内容可以来自不同的源表，也可以从 Excel 表、Text 文件等不同类型的文件中追加。

3. 追加记录的命令

格式：APPEND [BLANK]

功能：在当前表的末尾追加一些新的记录。

若不选择 BLANK 项，则在 Visual FoxPro 8.0 界面中出现编辑窗口，以交互方式输入新记录。如果选择 BLANK，则在表末尾追加一条“空记录”，并不打开编辑窗口。以后可以用 EDIT，BROWSE，REPLACE 等命令在编辑窗口中向新记录添加内容。

4. 插入记录的命令

若要从表文件的中间插入新记录，就必须用 INSERT 命令。

格式：INSERT [BEFORE] [BLANK]

功能：在打开表的指定位置插入新的记录。

3.6.4 将自由表添加到项目中

1．在项目中添加自由表

（1）在“项目管理器”中选择“数据”选项卡，然后选中“自由表”。

（2）单击“添加”按钮，在“打开”对话框中选择“文件类型”为“表（*.dbf)”，再从“查找范围”中查到要添加的表，并单击该表，即可完成操作。

（3）也可以在“输入表名”右边的下拉框中输入表名，单击“确定”按钮。

2．移去/删除表

（1）在“项目管理器”中选择“数据”选项卡，然后选中要移去的表。

（2）单击“移去”按钮，出现如图 3.19 所示的提示框。

图 3.19　移去/删除表提示框

（3）若要从磁盘中删除表文件，则单击“删除”按钮。若单击“移去”按钮，则将表从项目中移去。

3.7 维护和使用表

一个数据库管理系统应该能让用户很方便地维护和使用表中的数据。在 Visual FoxPro 8.0 中用户可以采取多种方法维护和使用表中的数据，主要包括编辑、修改、浏览等。

3.7.1 打开和关闭表

1．打开表

表的打开可以通过菜单方式，也可以通过命令方式来进行，还可以在“项目管理器”中打开。

2．表的关闭

关闭一个表有许多种方式，若在工作区中打开一个表，原先在此工作区中打开的表就自动关闭。

3．工作区

在实际应用过程中，数据操作往往要涉及多个表，每一个打开的表在内存中分配一个存储区域用于存储表的相关信息，这个存储区域被称为工作区。

（1）工作区的选择。若想同时打开多个表，必须先选择工作区。

在 Visual FoxPro 中规定工作区编号是 1～32 767，其中，前 10 个工作区有固定的名称，对应的字符分别是 A～J，后面的工作区用数字表示。

（2）多工作区操作的特点。

1）每个工作区同一时刻只能打开一个表。

2）不论使用多少个工作区，只有一个当前工作区，在当前工作区中打开的表是当前表。Visual FoxPro 启动后，默认 1 号工作区为当前工作区。

3）每个工作区为打开的表设置一个记录指针，各个工作区表的记录指针在一般情况下各自独立移动，互不干扰。

（3）最小号工作区。同时打开多个表，有时会搞不清楚哪些工作区已经打开表。为了避免工作区使用混乱，建议每次都在未被占用的最小号工作区中打开表。

（4）引用在其他工作区中打开的表。在表名后加上分隔符“.”或“->”操作符，然后再加字段名，即可引用其他工作区中打开的表的字段。若要引用的表是用别名打开的，也可以使用别名。例如，学生情况表.学号，XX.姓名，综合测评.学号。

3.7.2　修改表结构

1．字段修改

在“表设计器”中选择要修改的字段后，直接按要求修改。

2．插入字段

若在“学生情况表”表中字段“是否团员”之前插入一个“奖学金”字段，其操作步骤如下：

（1）在“项目管理器”中选“数据”，然后选“学生情况表”表。

（2）单击“修改”按钮，在“表设计器”中选择“是否团员”字段后，单击“插入”按钮。

（3）将出现的“新字段”改为“奖学金”，然后将字段类型改为“数值”，宽度为“4”，小数位数为“1”。

（4）单击“确定”按钮，在弹出的对话框中选择“是”即可。

3．删除字段

若在表中删除字段，其操作步骤如下：

（1）在“项目管理器”中选“数据”，然后选中“学生情况表”表。

（2）单击“修改”按钮，在“表设计器”中选择“奖学金”字段后，单击“删除”按钮。

（3）单击“确定”按钮，在弹出的对话框中选择“是”即可。

4．改变字段顺序

在“表设计器”中位于字段名左侧有双箭头按钮，当输入两个或更多个字段后，用此按钮可以通过在列表内上下移动某一行，来改变字段在表中的顺序。单击“确定”按钮，在弹出的对话框中选择“是”即可。

3.7.3　浏览表

1．用菜单打开“浏览”窗口

用菜单打开“浏览”窗口的具体操作步骤如下：

（1）单击菜单“文件”中的“打开”命令，弹出“打开”对话框。

（2）选择要打开的表，如“学生情况表”文件，单击“确定”按钮。

（3）单击菜单“显示”中的“浏览”命令，用户可以对其记录进行查看。

（4）对于备注型与通用型数据的浏览，可以双击该字段，在打开的窗口中会显示备注型与通用型字段的内容。

2．改变“浏览”窗口

在 Visual FoxPro 中，可以按照不同的需求定制“浏览”窗口，可以重新安排列的位置、改变列的宽度、显示或隐藏网格线及拆分“浏览”窗口等。

（1）改变行高和列宽。当鼠标位于列标头区的两列之间时，鼠标变成左右方向的双箭头，这时拖动鼠标可以改变浏览窗口的列宽。当鼠标位于行标头区的第一行和第二行之间时，鼠标变成上下方向的双箭头，这时拖动鼠标可以改变“浏览”窗口的行高。

（2）调整列的排序。在“浏览”窗口中可以使用鼠标把某一列移动到新的位置，从而改变字段在“浏览”窗口中的排列顺序：将鼠标移动到列标头区的某列上，鼠标变成向下的箭头，这时拖动鼠标可以改变的这一列的位置。

注意：改变浏览窗口的列宽和列的排列顺序不会影响表的实际结构。

（3）打开或关闭网格线。单击菜单“显示”中的“网格线”命令可以显示或隐藏“浏览”窗口中的网格线。

（4）拆分浏览窗口。用“浏览”和“编辑”方式都可以输入数据，也可以用鼠标指向“浏览”窗口左下角的黑框（拆分条），让鼠标变成双箭头，然后拖动，可以同时查看“浏览”和“编辑”两种方式。

在默认情况下，两个窗口是链接的，即在一个窗口选择了不同记录，会反映到另一个窗口中。取消菜单“表”中的“链接分区”的选中状态，即可中断两个窗口的联系。

3．定位记录

在“浏览”窗口中有一条记录前有一个黑三角标志，这条记录就是“当前记录”。对于任何一个打开表，只有一条记录是“当前记录”。为了浏览记录，可以使用光标定位的方法，指定当前记录。定位当前记录的方法很多，比如在“浏览”窗口中单击某一条记录，可以使它变成当前记录。

在 Visual FoxPro 8.0 窗口中，浏览“学生情况表”，选择“表”菜单中的“转到记录”子菜单。“转到记录”子菜单包含 6 条命令，它们的功能介绍如下：

（1）第一个：将当前记录定位于表的第一条记录上。

（2）最后一个：将当前记录定位于表的最后一条记录上。

（3）下一个：将当前记录定位于原当前记录的下一条记录上。

（4）上一个：将当前记录定位于原当前记录的上一条记录上。

（5）记录号：将当前记录定位于指定的记录号的记录上。

（6）定位：将当前记录定位于符合指定条件的记录上。

如果需要查找符合某一条件的记录，可以利用“定位”命令来将记录指针定位于符合条件的记录上，操作步骤如下：

（1）选择“定位”命令。

（2）在“定位记录”对话框的“作用范围”列表框中选择操作范围。

（3）在 For 框中输入定位条件表达式，或利用“…”按钮打开“表达式生成器”对话框，在“表达式生成器”对话框中构造定位条件。

（4）单击“定位”按钮，返回“浏览”窗口，可以看到当前记录定位于满足指定条件的记录上。

3.7.4　维护表

1．修改记录

修改表中记录内容，只需找到要修改的字段所在的单元格，输入需要的内容即可。既可以在“浏览”窗口中修改，也可以在“编辑”窗口中修改。若要修改某个记录的内容，先将记录指针指向该记录，然后修改该记录中不同类型字段的值。

2．删除记录

删除记录一般分两步进行，先对要删除的记录做逻辑删除标记，然后再对已做删除标记的记录做物理删除。已做逻辑删除标记的记录还可以进行还原。

（1）逻辑删除记录。在“浏览”窗口中，每条记录前的小方块就是该记录的删除标记条。如果某些记录的删除标记条变成了黑色，即意味着这些记录已做了删除标记。此时，系统就不能对这些记录进行任何操作，但这些记录仍然保存在表中。对已做了删除标记的记录，用户既可以将其彻底删除，也可以将其恢复。

（2）物理删除记录。若要将已做了删除标记的记录真正地从表中删除，应该从“表”菜单中选择“彻底删除”命令，在弹出的“移去已删除记录”对话框中单击“是”按钮，即可将记录从表中彻底删除，也可以在“命令”窗口中使用PACK命令。

3．还原记录

记录被打上逻辑删除标记时，它们仍然存在于磁盘上。这时，可以撤消删除标记，恢复原来的状态。单击记录前面的逻辑删除标记，使其恢复原来的状态，即撤消删除标记。也可以单击“表”菜单中的“恢复记录”命令还原记录，具体操作与“删除记录”命令相似。

3.7.5　常用表命令

1．显示表结构的命令

格式：LIST STRUCTURE [TO PRINT | 文件名]
　　　DISPLAY STRUCTURE [TO PRINT | 文件名]

功能：显示表结构的文件名、记录数、最后修改日期、每个字段定义的属性及记录总字节数。

2．显示表记录的命令

（1）LIST命令。

格式：LIST [<范围>] [[FIELDS] <表达式表>] [FOR <条件>]
　　　[WHILE <条件>][OFF] [TO PRINT | 文件名]

功能：用于在VFP主窗口中显示满足规定条件的全体或部分记录。

（2）DIASP命令。

格式：DISP[<范围>] [[FIELDS] <表达式表>] [FOR <条件>]
　　　[WHILE <条件>][OFF] [TO PRINT | 文件名]

功能：用于在 VFP 主窗口中显示满足规定条件的全体或部分记录。

注意：以上两个命令的区别在于，当省却<范围>时，DIASP 命令只显示当前一个记录。

3．其他建立表的命令

（1）COPY STRUCTURE 命令。

格式：COPY STRUCTURE TO <新表文件名> [FIELDS <字段名表>]

功能：复制当前表的结构到指定文件，生成无记录的新表文件。

（2）COPY 命令。

格式：COPY TO <新文件名> [<范围>] [FIELDS <字段名表>]
[FOR <条件>] [WHILE <条件>]

功能：复制当前表的部分或全部结构及数据到指定表。

4．修改表结构的命令

格式：MODIFY STRUCTURE

功能：打开表设计器，显示当前表结构，并可以直接修改表结构。

5．记录指针的定位命令

（1）绝对移动命令。

格式：GO/GOTO [RECORD] <数值表达式>
GO/GOTO TOP/BOTTOM

功能：第一条命令都是把记录指针指向指定的记录。

（2）相对移动命令。

格式：SKIP [<数值表达式>]

功能：将记录指针当前记录向前或向后移动，移动的记录数等于<数值表达式>的值。<数值表达式>的值大于 0 时向前移动，<数值表达式>的值小于 0 时向后移动。<数值表达式>缺省时，记录指针向前移动一条记录。

6．记录删除命令

（1）逻辑删除命令。

格式：DELETE [<范围>] [WHILE<条件＞] [FOR<条件＞]

功能：将当前文件中要删除的记录打上删除标记。

（2）恢复表中逻辑删除的命令。

格式：RECALL [<范围>] [WHILE<条件＞] [FOR<条件＞]

功能：还原当前表文件中打上逻辑删除标记的记录。

（3）物理删除命令。

格式：PACK

功能：物理删除当前表文件中打上逻辑删除标记的记录，删除之后不能恢复。

（4）删除表中的所有记录的命令。

格式：ZAP

功能：物理删除当前表文件中所有记录，只保留表结构，删除之后不能恢复。

7．修改记录的命令

（1）EDIT 命令。

格式：EDIT [FIELDS <字段名表>] [WHILE <逻辑表达式>]
　　　　[FOR <逻辑表达式>]

功能：用来编辑修改当前表中记录的内容，若缺省选择项，则从当前记录开始顺序修改记录。

（2）浏览修改命令。

格式：BROWSE　[FIELDS <字段名表>] [FOR <逻辑表达式>]

功能：以浏览窗口的方式显示表的内容，并对窗口内的数据进行浏览和修改等操作。

（3）REPLACE…WITH 命令。

格式：REPLACE [<范围>] <字段 1> WITH <表达式 1> [ADDITIVE]
　　　　[，<字段 2> WITH <表达式 2> [ADDITIVE] …]
　　　　[FOR <条件>] [WHILE <条件>]

功能：用来替换打开表中指定数据。该命令可以在不打开任何编辑窗口的情况下直接对表进行字段值的修改和替换。

8．顺序查找记录命令

顺序查找记录是按一定的条件对记录进行定位。

格式：LOCATE　FOR 逻辑表达式 [范围]
　　　　…
　　　　CONTINUE

功能：LOCATE FOR 在找到符合条件的第一条记录以后，就停止查找，而 CONTINUE 命令则告诉系统继续往下查找符合条件的记录。

3.8　筛 选 记 录

在表中选择数据是常见的操作，LIST 等命令都可包含 FOR 和 FIELDS 字句，用来选择记录和字段。但是，使用命令子句来实现数据选择仅在执行该命令时生效一次。使用过滤器和字段表等逻辑表的好处是，一旦将表设置逻辑表后，则对该表执行任何操作时一直有效，直到撤消逻辑表为止。

3.8.1　用过滤器限制记录

建立过滤器的操作步骤如下：

（1）打开“学生情况表”的浏览窗口。

（2）单击菜单“表”中的“属性”命令，弹出“工作区属性”对话框。

（3）在“数据过滤器”框中输入过滤表达式或通过“表达式生成器”构造过滤表达式。

（4）单击“确定”按钮。

3.8.2　筛选字段

如果只想将符合条件的字段显示出来，则可按如下步骤进行：

（1）在“工作区属性”对话框中“允许访问”框内，选中“由字段筛选器指定的字段”选项，然后单击“字段筛选”按钮，弹出“字段选择器”对话框。

（2）分别选择“学号”“姓名”“专业”和“总评成绩”四个字段到“选定字段”栏内。

（3）单击“确定”按钮，返回“工作区属性”对话框。

（4）单击“确定”按钮，重新打开浏览窗口即可出现字段筛选结果。

3.9 索引和排序

排序和索引都能改变记录输出顺序，排序还能决定记录的存取顺序。用 LIST 等命令显示表时通常按输入的先后排列输出。若要以另一种顺序来输出记录，则需对表进行排序或索引。

3.9.1 索引

1. 索引的概念

表记录一般是按照其输入的顺序进行显示的。在处理表记录时，通常是按照表中记录的存储顺序进行。为了提高表中记录的查询速度，在表中快速准确地查找特定信息，Visual FoxPro 8.0 中设计了一种根据某些字段值为表建立一个具有逻辑顺序的索引文件。

索引实际上是根据关键字的值进行逻辑排序的一组记录指针，而关键字则是用来标识一个记录的字段或表达式。索引并没有改变表中所存储数据的顺序，它只改变 Visual FoxPro 8.0 读取每条记录的顺序，从而确定记录的处理顺序。

2. 索引类型

（1）主索引。主索引(Primary Index)只有在数据库表中存在，自由表是不能创建主索引的。主索引是能够唯一地确定数据表中一条记录的字段或字段组合表达式。每一个数据表都只能建立一个主索引来代表该表的关键字。在 Visual FoxPro 8.0 中，数据库的主键和主索引并未直接分开，因此当建立了主索引时也就同时建立了该数据表的主键。

（2）候选索引。候选索引(Candidate Index)可以用来替代数据表中的主索引键，一个表可以建立多个候选索引，产生候选索引的字段允许使用 Null 值。在数据库表和自由表中均可以为每个表建立多个候选索引。

（3）普通索引。普通索引(Regular Index)是系统默认的索引类型。Visual FoxPro 8.0 对指定为普通索引的字段不要求具有数据的唯一性。表记录排序时，会把关键字段值相同的记录排列在一起，并按自然顺序排列。一个表中可以创建多个普通索引，这是最基本的索引方式。

3. 索引的建立

（1）使用“表设计器”建立索引。

1）打开“学生情况表”的“表设计器”的“表”选项卡。

2）单击“索引”选项卡，设置字段为普通索引（默认值）。

3）单击“确定”按钮。

（2）使用命令创建索引。

1）建立独立索引文件。

格式：INDEX　ON　<索引表达式> TO　<索引文件名>

2）建立普通索引。

格式：INDEX ON<索引表达式> TAG <索引标识> Of <索引文件名>

[FOR<筛选表达式>][ASCENDING l DESCENDING]

[UNIQUE | CANDIDATE] [ADDITIVE]

4．索引的修改、插入和删除

对于不用的索引标识，如果不及时从复合索引文件中删除，那么在复合索引文件打开时，Visual FoxPro 8.0 系统会花费时间来维护这些无用的索引标识。因此，为了提高系统效率，需要及时清理无用的索引标记和 IDX 索引文件。

（1）通过“表设计器”修改、插入和删除索引标识。

1）打开“表设计器”对话框，选择“索引”选项卡。

2）在选项卡中所列的索引列表中选择要删除的索引名，单击“确定”按钮。

3）开始索引的修改、插入和删除。

①修改：单击要修改项，然后加以内容。

②删除：单击“删除”按钮，即将所选择的索引删除。

③插入：选择要插入的索引所在的位置，单击“插入”按钮，然后输入或选择索引名、类型索引表达式及筛选表达式等。

（2）通过 DELETE　TAG 命令删除标识。

格式：DELETE　TAG　索引标识名 |　ALL

功能：“DELETE　TAG 索引标识名”只是删除索引文件中的一个索引。DELETE TAG ALL 则删除所有的索引。

（3）删除独立索引文件命令。

格式：DELETE　FILE　独立索引文件名

5．用索引给表排序

用索引对表进行排序的操作步骤如下：

（1）打开表的浏览窗口。

（2）单击菜单“表”中的“属性”命令，屏幕出现“工作区属性”对话框。

（3）在“工作区属性”对话框的“索引顺序”下的下拉列表框中选择索引。

（4）单击“确定”按钮。

6．索引文件的打开与关闭

结构复合索引文件和对应的数据库表一起被打开或关闭，所以无须对其进行单独打开操作。

3.9.2　利用 SORT 命令排序

若采用 SORT 命令排序 Visual FoxPro 8.0 将生成一个按某个字段值顺序排序的新表，但不改变原表的记录顺序。

格式：SORT TO <新表文件名> ON <字段 1>[/A|/D] [,<字段 2>[/A|/D][/C]…] [<范围>][FOR<条件>][WHILE<条件>][FILEDS 字段名表]

功能：生成一个按字段值顺序排序的新表。

注意：

（1）排序只能按字段值进行排序，排序字段由 ON 子句指定。

（2）排序可以是降序（/D），也可以是升序（/A），系统默认为升序，若选/C，则排序时不区分大小写。

（3）排序可以进行筛选，筛选由[<范围>]、[FOR<条件>][WHILE<条件>]子句实现。

（4）排序也可以进行投影，投影由 FIELDS 子句实现。

习 题 三

一、简答题

1．项目文件包含哪些内容？如何创建用户自己的管理目录？

2．项目中的自由表与数据库表有何区别？二者如何转换？

二、写出下面的逻辑表达式。假设有如下字段变量：年龄、性别、职称、工作日期和婚否。

1．年龄大于 30 岁小于 50 岁。

2．年龄大于 40 岁的男讲师。

3．1986 年以前参加工作的女职工。

4．没有结婚的女职工。

三、写出下面逻辑表达式的逻辑值。设：年龄=24，性别=“女”，婚否=.F.，职称=“助教”，工资=930.70。

1．年龄>30.OR.工资<1050.AND..NOT.职称=“讲师”。

2．(年龄>30.OR.工资<950).AND..NOT.职称=“讲师”。

3．年龄>25 .AND..NOT.性别=“男”。

4．.NOT.婚否.AND.性别=“女”。

四、选择题

1．数据库表字段的默认值保存在（ ）文件中。

A．表　　B．数据库　　C．项目　　D．表的索引

2．要控制两个表中数据的完整性和一致性可以设置“参照完整性”，要求这两个表（ ）。

A．是同一个数据库中的两个表　　B．不同数据库中的两个表

C．两个自由表　　D．一个是数据库表，另一个是自由表

3．对于向数据库添加表，以下说法不正确的是（ ）。

A．可以将一个自由表添加到数据库中

B．可以将一个数据库表直接添加到另一个数据库中

C．可以在项目管理器中将自由表拖放到数据库中使它成为数据库表

D．将一个数据库表从一个数据库移至另一个数据库，则必须先使其成为自由表

4．在 VFP 的字段类型中，不包括（ ）。

A．图像型　　B．逻辑型　　C．通用型　　D．货币型

5．为表增加字段，应使用命令（ ）。

A．APPE　　B．MODI STRU　　C．INSE　　D．EDIT

6．若当前数据库中有200个记录，当前记录号是8，执行命令LIST NEXT 5的结果是（　）。

A．显示第5号记录的内容　　B．显示1至5号记录的内容

C．显示8号记录的5个字段　　D．显示从8号开始以下5条记录的内容

7．在人事表文件中要显示所有姓王(姓名)的职工的记录，应使用命令（　）。

A．LIST FOR 姓名="王**"　　B．LIST FOR STR(姓名,1,2)="王"

C．LOCA FOR 姓名= "王"　　D．LIST FOR SUBS(姓名,1,2)= "王"

第 4 章　查询与视图

【本章主要内容】

基本概念；查询，视图，结构化查询语言 SQL。

【学习导引】

- 了解：查询和视图的概念，结构化查询语言 SQL 及其应用。
- 掌握：查询的基本操作，视图的基本操作。

4.1　基 本 概 念

在创建了表以后，要对表中的数据进行处理。查询和视图是对表中数据进行检索的重要工具，查询和视图可以向一个数据库发出检索的请求，使用一些条件提取特定的记录。

1．查询

查询是一种相对独立且功能强大、结果多样的数据库资源，利用查询可以实现对数据库中数据的浏览、筛选、排序、检索、统计及加工等操作。查询文件是以应用程序的方式存放在磁盘上的独立文件，其扩展名为.QPR。

2．视图

视图是从一个或几个基本表或视图中导出的虚拟表，它是数据库的一部分。视图可以引用本地的、远程的或带参数的表或视图，并且可以更新，将更新的数据返回到原始的数据源中。

3．查询和视图的比较

（1）视图可用于更新数据源，通过视图将数据的更新值发回数据源表，查询只是查看数据。

（2）视图存在于数据库中，不是独立的文件。它依赖于某一数据库和数据表而存在，而查询是独立于数据库之外的程序文件。

（3）查询文件可以定制查询结果，可以输出到浏览窗口、临时表、表、屏幕及文本文件和打印机。视图只有浏览窗口一种输出方式。

4.2　查　　询

查询是按照指定条件在表中查找所需的记录。创建查询常用的方法有查询向导、查询设计器，也可以直接编写 SELECT-SQL 语句。

4.2.1　利用向导建立查询

1．利用“查询向导”建立查询

“查询向导”可以引导用户快速设计一个查询。在 Visual FoxPro 8.0 中，将询问从哪些表或视图中检索信息，可以根据对一系列提问的回答与选择建立查询。

（1）在“项目管理器”中，选择“数据”选项卡中的“查询”，然后单击“新建”按钮，打开“新建查询”对话框。

（2）单击“新建查询”对话框中的“查询向导”按钮，弹出对话框，如图4.1所示。

（3）单击“确定”按钮，弹出Step1-Select fields对话框，在Database and Tables框中，选择“学生情况表”中的部分字段，添加到Select fields框中。再选择“学生专业表”，如图4.2所示。

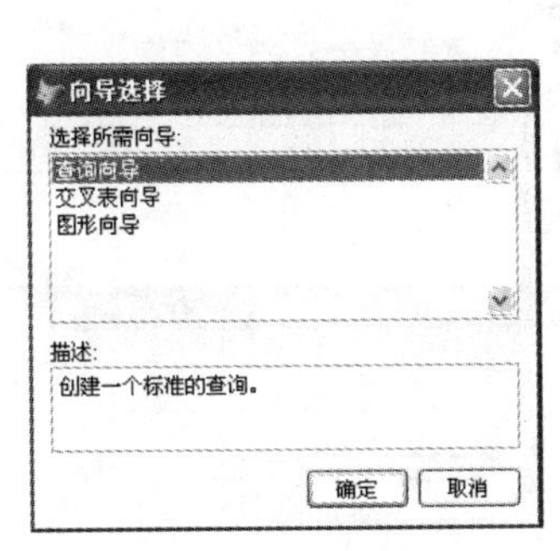

图4.1　向导选择

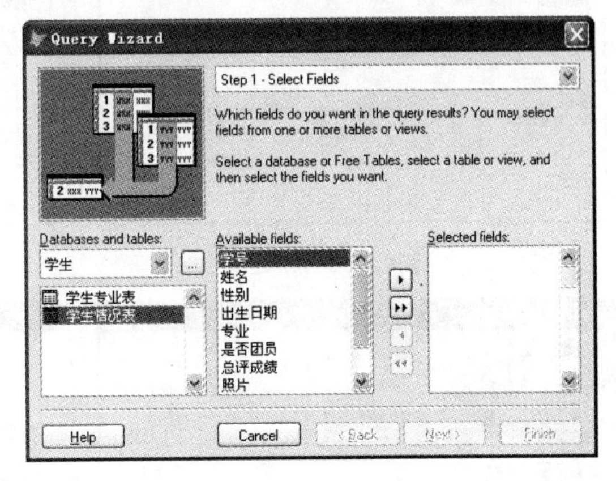

图4.2　添加表和字段

（4）单击Next按钮，弹出Wizard Selection对话框的Step2-Relate Tables对话框。从关系列表中选择匹配字段建立两个表间的关系。根据分析选择“专业-专业代码”字段，然后单击Add按钮，如图4.3所示。

（5）单击Next按钮，弹出Wizard Selection对话框的Step2a-Inlude Records对话框，如图4.4所示。选择Only matching rows选项。

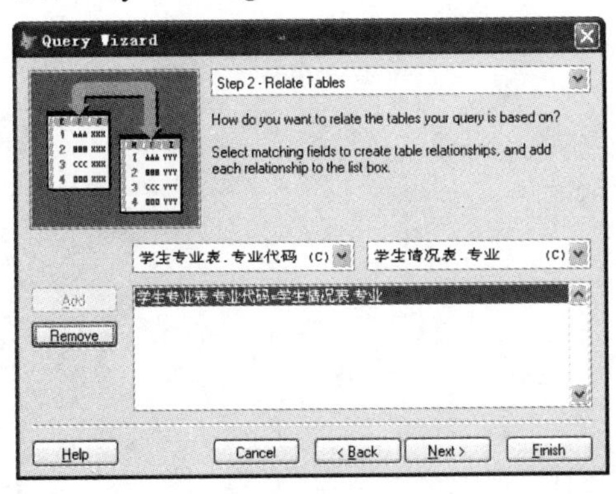

图4.3　建立关联

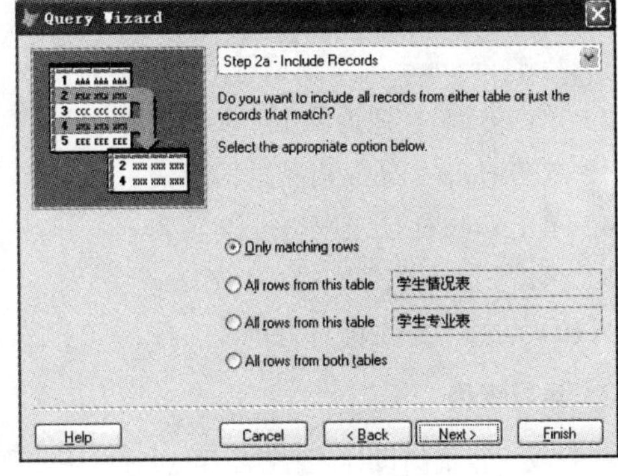

图4.4　确认匹配记录

（6）单击Next按钮，弹出Wizard Selection对话框的Step3-Filter Records对话框，如图4.5所示。

（7）单击Next按钮，弹出Wizard Selection对话框的Step4.Sort Records对话框，如图4.6所示。

（8）单击Next按钮，弹出Wizard Selection对话框的Step4a-Limit Records对话框，如图4.7所示。

（9）单击Next按钮，弹出Wizard Selection对话框的Step5-Finish对话框，如图4.8所示。选择

Save query 项，单击 Finish 按钮，将弹出“另存为”对话框，输入文件名“学生信息查询”，单击“保存”按钮。该文件将保存在当前文件夹。

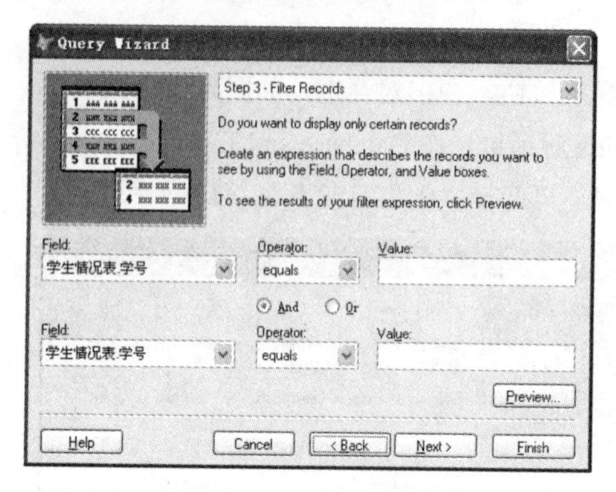

图 4.5　筛选记录

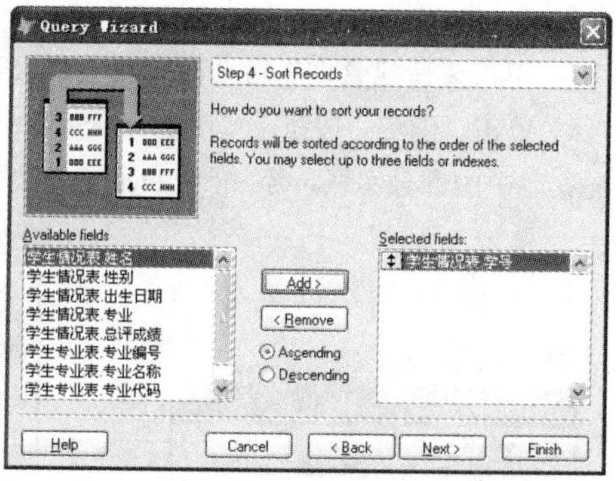

图 4.6　排序记录

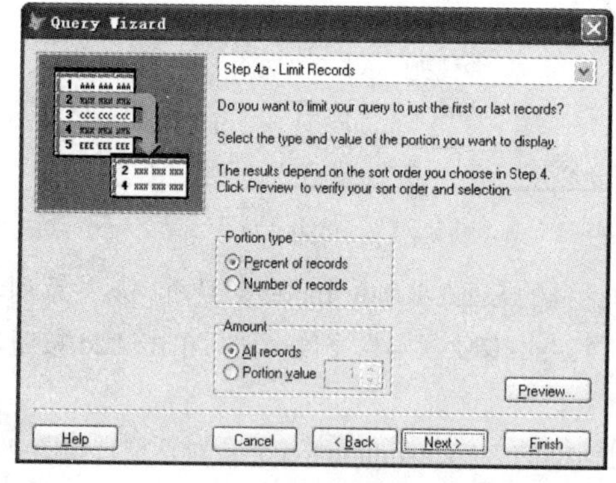

图 4.7　限制记录

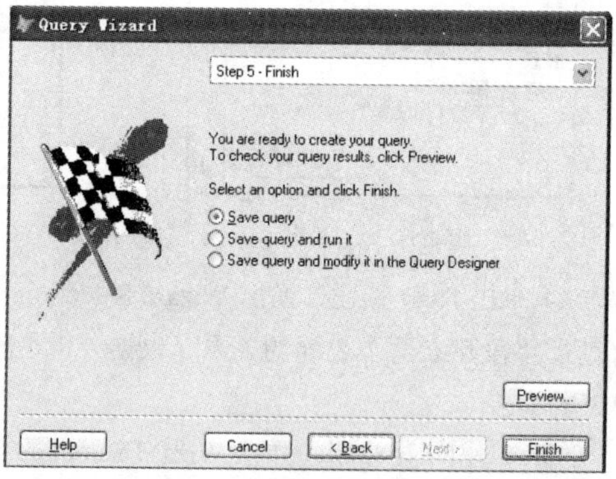

图 4.8　完成

在前面的步骤中，也可以随时执行以下操作：

1）单击 Preview 按钮预览每一步的即时结果。

2）单击 Back 按钮返回上一步进行修改。

3）单击 Help 按钮获得帮助信息。

4）单击 Cancel 按钮取消操作。

5）单击 Finish 按钮，完成操作。

（10）运行“学生信息查询”文件。

2. 运行查询

在完成了查询的设计工作后，可通过以下步骤运行查询：

（1）选择“项目管理器”中“数据”选项卡中的“查询”项。

（2）选定查询文件的名称。

（3）单击“运行”按钮，查询结果即可输出。

4.2.2　利用设计器创建和修改查询

1. 查询设计器

“查询设计器”窗口（见图 4.9）主要由以下几部分组成：

（1）上半部。“查询设计器”窗口上半部是数据表窗口，用来显示将被查询的数据表，每一个数据表用带有字段的窗口表示。连接数据表字段间的线条表示两数据表将来在查询时会作“连接”(Join)动作。

（2）下半部。“查询设计器”窗口下半部是一个由 6 个选项卡组成的“页框”，这 6 个选项卡分别为

Fields(字段)　　　　Join(连接)
Filter(筛选)　　　　Order By(排序依据)
Group By(分组依据)　　　　Miscellaneous(杂项)

（3）“查询设计器”工具栏。

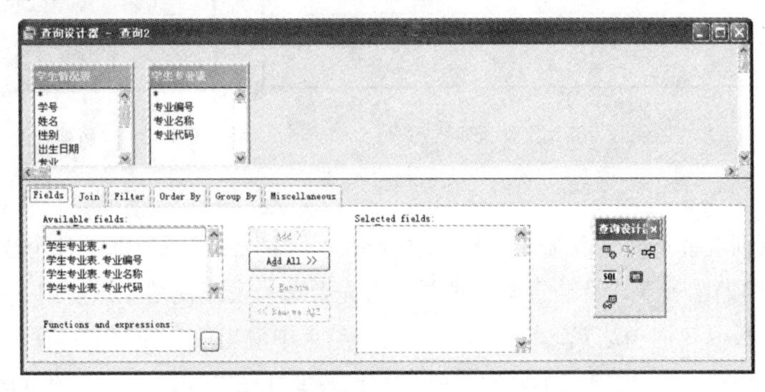

图 4.9　添加表到“查询设计器”窗口

2. 查询设计器的基本操作

当用户需要比较复杂的查询结果时，可以使用“查询设计器”来设计查询。使用“查询设计器”可以灵活方便地设计各种查询。

（1）打开查询文件：在“项目管理器”的“查询”列表中，找到要打开的查询文件，选择操作项中的“修改”，即可打开指定的查询文件，如图 4.10 所示。

（2）添加查询文件：同样利用“项目管理器”，在其操作项中选择“添加”，即可在添加列表中选择用户要添加的查询文件，如图 4.11 所示。

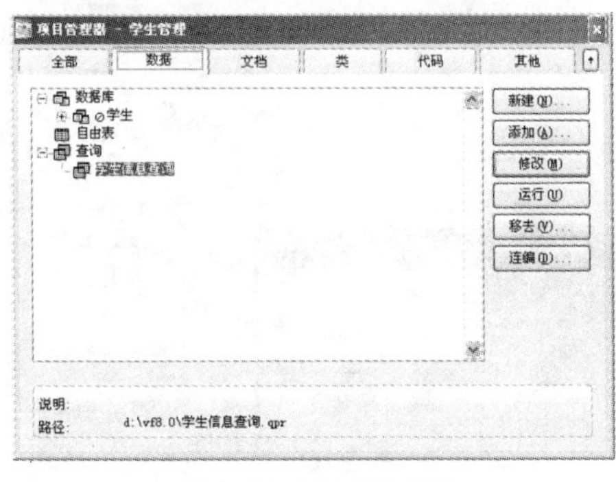

图 4.10　打开查询文件　　　　图 4.11　添加查询文件

（3）执行查询文件：在“项目管理器”的“查询”列表中，找到要执行的查询文件，选择操作项中的“运行”，即可执行指定的查询文件，如图 4.12 所示。

（4）利用“查询设计器”新建查询文件：新建查询文件最常用的有三种方法：

1）命令方式：在“命令”窗口键入“CREAT QUERY”命令。

2）菜单方式：选择“文件“→“新建”命令，在弹出得到“新建”对话框中选择“查询”。

3）在“项目管理器”中选择“查询”，然后单击“新建”，在弹出的“新建查询”对话框中单击“新建文件”按钮，如图 4.13 所示。

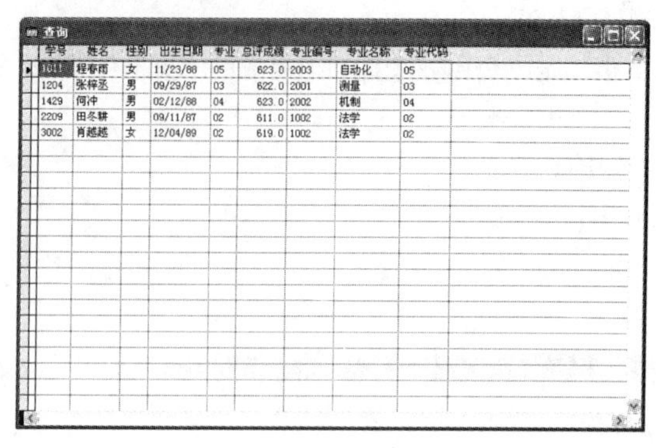

学号	姓名	性别	出生日期	专业	总评成绩	专业编号	专业名称	专业代码
1011	程春雨	女	11/23/88	05	623.0	2003	自动化	05
1204	张梓丞	男	09/29/87	03	622.0	2001	测量	03
1429	何冲	男	02/12/88	04	623.0	2002	机制	04
2209	田冬耕	男	09/11/87	02	611.0	1002	法学	02
3002	肖越越	女	12/04/89	02	619.0	1002	法学	02

图 4.12　查询文件执行结果

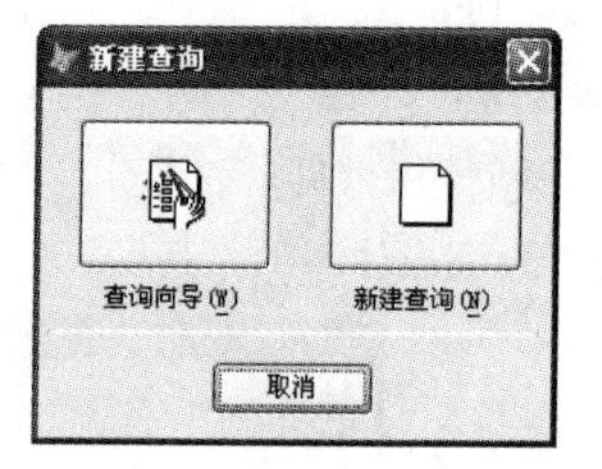

图 4.13　“新建查询”对话框

3．定制查询

以下通过对查询进行不断修改来详细介绍“查询设计器”窗口下半部中各个选项的设置方法。

（1）Fields(字段)选项卡。设计查询文件时，首先要选择表或视图，然后用 Fields 选项卡来设置要输出的字段、函数或其他表达式，即选择要在查询结果中输出的字段。

（2）Join 选项卡。Join 选项卡主要用来确定数据表或视图之间进行查询设计时的连接条件。

（3）Filter(筛选)选项卡。Filter 选项卡主要用来指定选取记录的条件，以便选取要查询的记录。

（4）Order By (排序)选项卡。Order By 选项卡是用来指定字段、函数或其他表达式来当作数据表的排序依据的，以便让查询的结果以某一顺序排列。

（5）Group By (分组)选项卡。Group By 选项卡用来指定字段、函数或其他表达式来当作数据表的分组依据，以便在查询的结果中作分组统计或选取单个字段内容相同的记录。

（6）Miscellaneous (杂项)选项卡。Miscellaneous 选项卡用来设置是否要对重复记录进行筛选，同时是否对查询结果的个数(返回个数的最大数目或最大百分比)作限制，另外也可以帮助用户完成分类统计的交叉数据表。

4.2.3　查询的输出去向

查询的输出去向如图 4.14 所示。

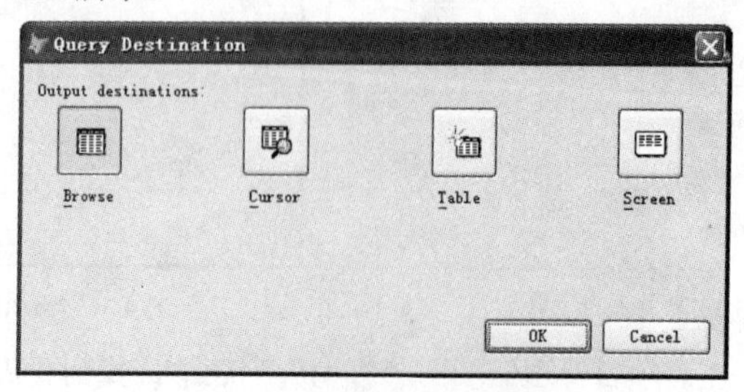

图 4.14　设置查询的输出去向

（1）Browse 按钮是默认项，即在“浏览”窗口中显示查询结果，这是系统的默认设置。

（2）Cursor（临时表）项：将查询结果保存在一个临时表内。对于多次查询的结果可以放在不同的临时表内。

（3）Table(表)项：将查询结果以图形方式显示出来，并可以将其保存在磁盘中。

（4）Screen(屏幕)项：将查询结果显示于 Visual FoxPro 8.0 的主窗口或当前活动窗口中。

4.2.4 利用向导建立图形

示例：利用“学生情况表”中数据建立“图形”形式的文件。

（1）单击“新建查询”对话框中的“查询向导”按钮，弹出 Wizard Selection 对话框。

（2）选择 Graph Wizard 选项在 Microsoft Graph 中创建一个显示 Visual FoxPro 表数据的图形。

（3）单击 OK 按钮，弹出 Graph Wizard 对话框的 Step1-Select fields 对话框，在 Database and Tables 框中，选择“学生情况表”中的部分字段，添加到 Select fields 框中，如图 4.15 所示。

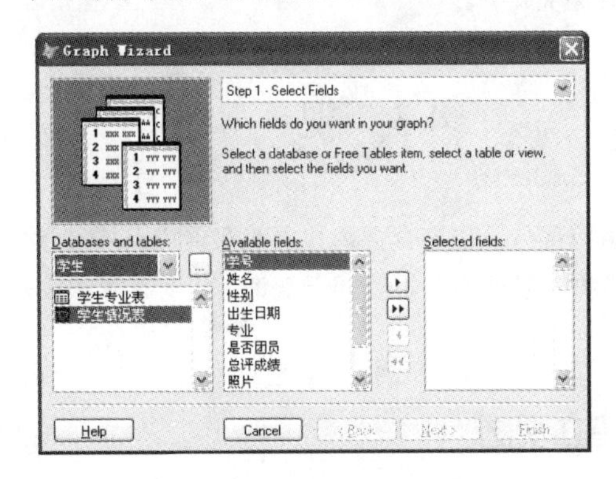

图 4.15 利用“学生情况表”建立图形

（4）单击 Next 按钮，弹出 Graph Wizard 对话框的 Step2-Defing Layout 对话框。拖动字符型字段“姓名”到 Axis(坐标轴)文本框中，将数值型字段“总评成绩”拖动到 Data Series(数据系列)中去，如图 4.16 所示。

（5）单击 Next 按钮，弹出 Graph Wizard 对话框的 Step3-Select Graph Style 对话框，选择“三维柱型图”，如图 4.17 所示。

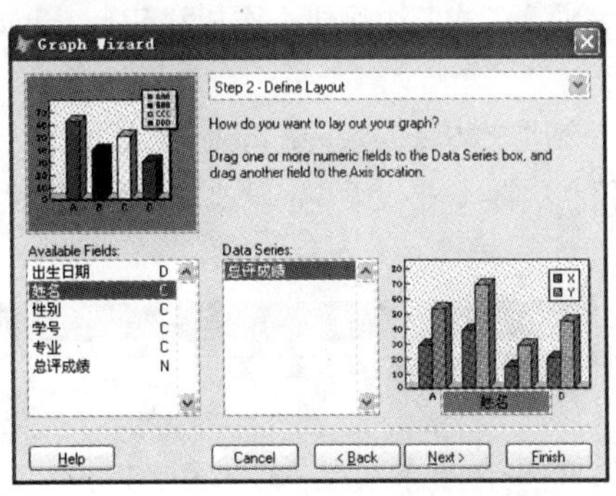

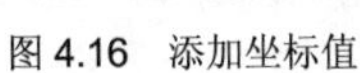
图 4.16 添加坐标值

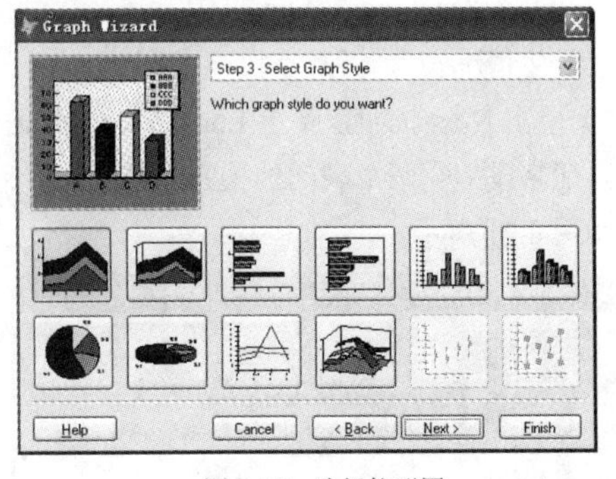

图 4.17 选择柱形图

（6）单击 Next 按钮，弹出 Graph Wizard 对话框的 Step4.Finish 对话框，输入名称或默认名称，保存完成，如图 4.18 所示。

（7）选择 Save Graph to a form 项，单击 Finish 按钮，将弹出“另存为”对话框，在 Save Graph in 右边的框中输入“学生情况表成绩图示”作为文件名，单击“保存”按钮。该文件将保存在当前文件夹，同时“图形”文件显示结果，如图 4.19 所示。

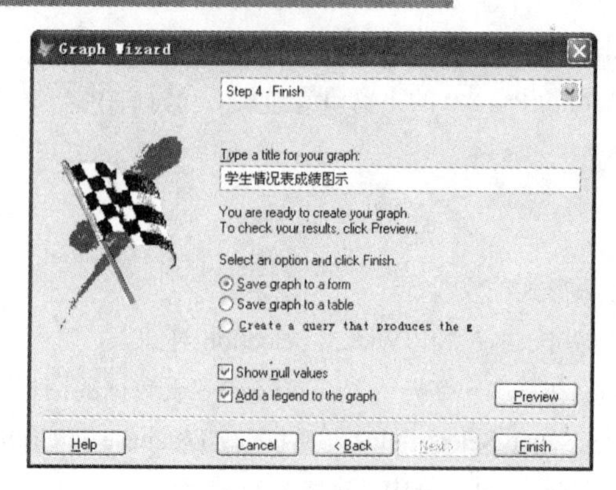

图 4.18　保存完成

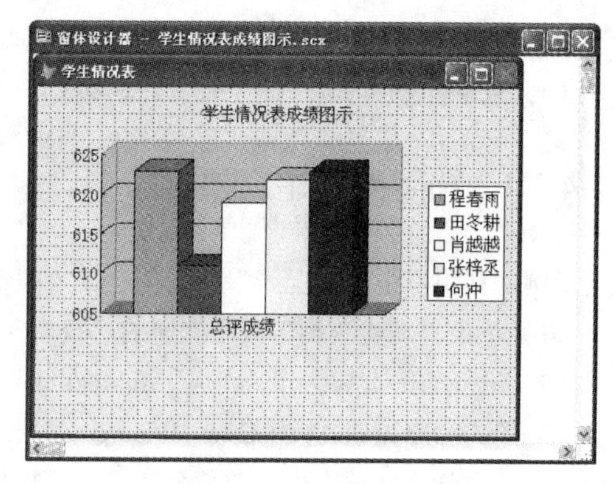

图 4.19　柱形图结果

4.3　视　　图

视图是数据库的一个组成部分，它兼有查询和表的双重特点。像查询一样，可以用来从一张或多张相关联的表中提取有用数据，但视图并不等同于查询，查询不能修改表中的数据，而视图可以修改表中的数据。

4.3.1　利用向导建立视图

1. 利用“本地视图向导”创建视图

示例：创建名为“学生学习情况”的视图。

（1）在“项目管理器”中，选择“数据”选项卡片中的“本地视图”，然后单击“新建”按钮，打开“新建本地视图”对话框。

（2）单击“新建视图”对话框中的“视图向导”按钮，弹出 Local View Wizard 的 Step1-Select fields 对话框，在 Database and Tables 框中，选择“学生专业表”中三个字段，添加到 Select fields 框中。再选择“学生情况表”，添加字段，如图 4.20 所示。

（3）单击 Next 按钮，弹出 Local View Wizard 对话框的 Step2-Relate Tables 对话框。从关系列表中选择匹配字段建立两个表间的关系。根据分析利用“专业-专业代码”字段建立联系，然后单击 Add 按钮，如图 4.21 所示。

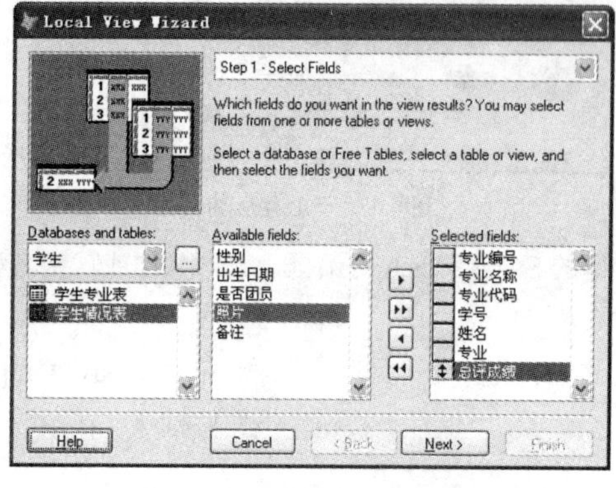

图 4.20　“视图向导”选择字段

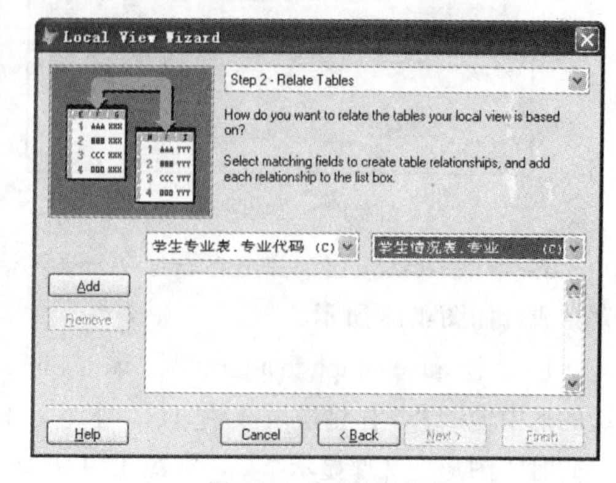

图 4.21　为表建立关联

（4）单击 Next 按钮，弹出 Local View Wizard 对话框的 Step2a-Inlude Records 对话框，如图 4.22 所示，选择 Only matching rows 选项。

（5）单击 Next 按钮，弹出 Local View Wizard 对话框的 Step3-Filter Records 对话框，如图 4.23 所示。

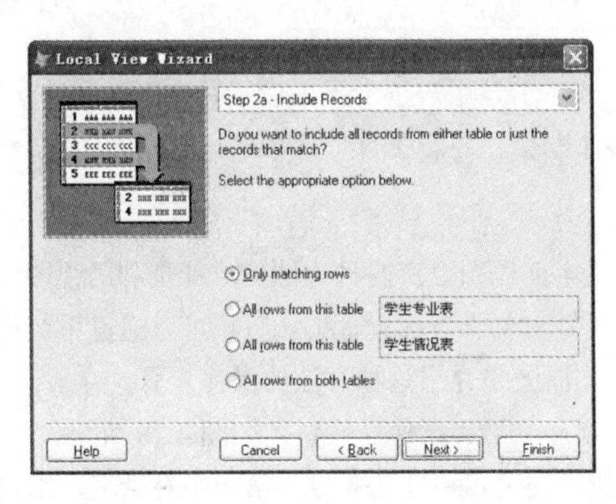

图 4.22　确定关联字段的匹配方式

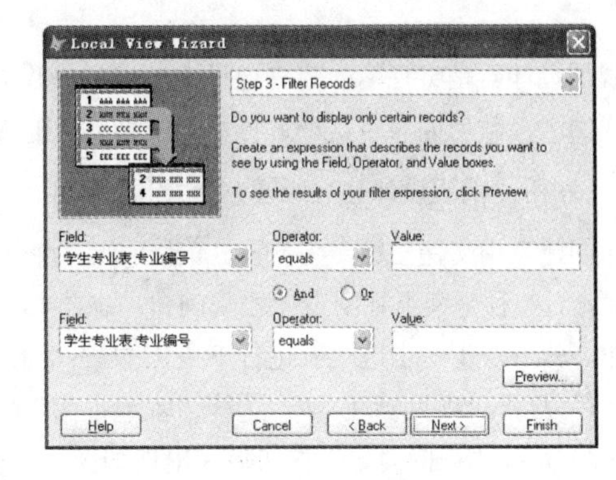

图 4.23　筛选字段

（6）单击 Next 按钮，弹出 Local View Wizard 对话框的 Step4.Sort Records 对话框，如图 4.24 所示。

（7）单击 Next 按钮，弹出 Local View Wizard 对话框的 Step4a-Limit Records 对话框，如图 4.25 所示。

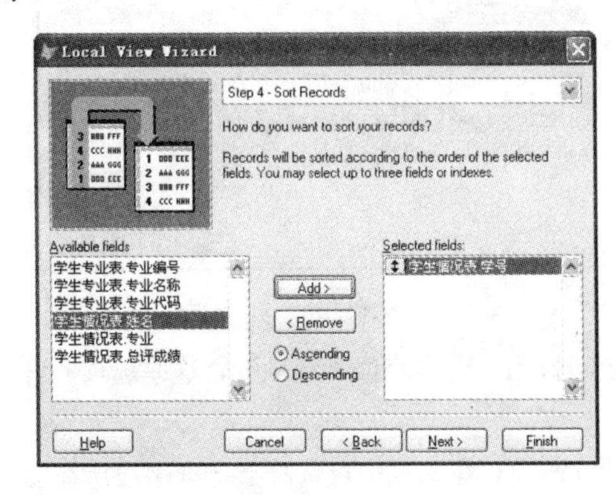

图 4.24　排序记录

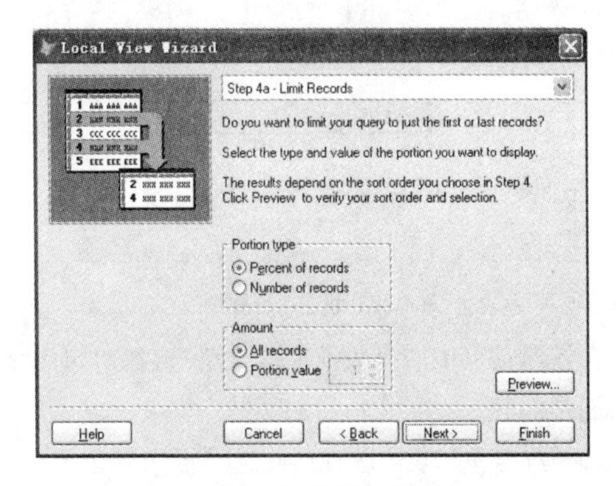

图 4.25　限制记录

（8）单击 Next 按钮，弹出 Local View Wizard 对话框的 Step5-Finish 对话框，如图 4.26 所示。

（9）选择 Save local view and browse 项，单击 Finish 按钮，将弹出 View Name 对话框，输入视图名“学生学习情况”，如图 4.27 所示。

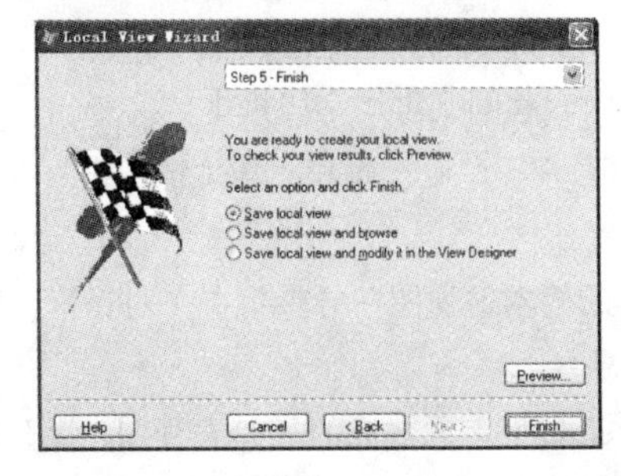

图 4.26　完成

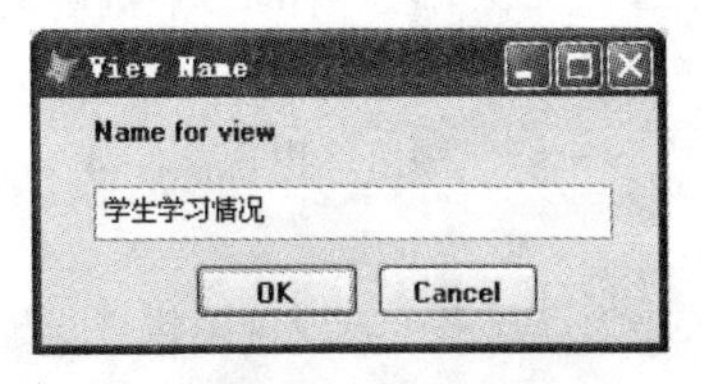

图 4.27　定义名称

2．使用视图

视图创建之后，存储于数据库中，可以在数据库中打开、关闭、修改、浏览视图。

4.3.2 利用设计器创建和修改视图

视图设计器是将视图的建立通过选项卡的操作方式，引导用户按步骤地设置并完成视图的创建，该方式的大多数功能与“查询设计器”类似，只是多了一个“更新条件”选项卡。

1．利用“视图设计器”新建本地视图

与创建查询文件一样，在 Visual FoxPro 8.0 中创建本地视图也有两种方法，一种是利用视图向导来创建，另一种是利用视图设计器来创建，前者主要是针对初学者而设计的，用户可以通过系统提供的操作步骤，一步一步地跟着进行下去，非常详细。下面就来介绍这种方法的操作步骤。

（1）打开“项目管理器”，选择“本地视图”选项，单击“新建”按钮，如图 4.28 所示。

（2）选择“视图向导”按钮后，出现如图 4.29 所示的“本地视图向导”第一个对话框，用来选择字段。

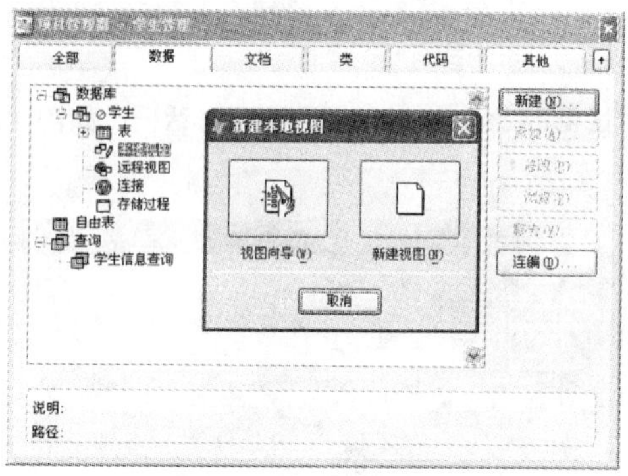

图 4.28 新建本地视图

图 4.29 “本地视图向导”对话框（一）

在该对话框中有“数据库和表”选项、“可用字段”选项、“选定字段”选项等，这些选项的含义及功能是：

1）“数据库和表”选项：此选项框中列出了所有的库和表，在此框中可选择要选取字段所在的数据库和表。例如，学生中的学生专业表、学生情况表等。

2）“可用字段”选项：此选项框中列出了某个已选定表中包含的所有字段名称。

3）右箭头：表示将某个表中的字段添加到选定字段的选项框中。

4）左箭头：表示将某个已选定字段移回到可用字段选项框中。

5）双右箭头：表示将选定的某个表中的所有字段全部添加到选定字段框中。

6）双左箭头：表示将已选定的字段框中的全部内容移回到可用字段框中。

本例选定了“学生专业表”中的专业编号、专业名称、专业代码和“学生情况表”中的学号、姓名、专业和总评成绩。

（3）单击“下一步”按钮，出现如图 4.30 所示的“本地视图向导”第二个对话框，用来为表建立关系。

这一步主要是为选择多个表或视图建立匹配关系，如果上面建立的是单表视图，就不会出现这个对话框，跳到下一步。图 4.30 所示的是建立两表中的姓名作为匹配字段，并选择它们相等关系。

（4）单击“下一步”按钮，出现如图4.31所示的“本地视图向导”第三个对话框，用来确定关联字段的匹配方式。对话框中有四个单选项，它们是：

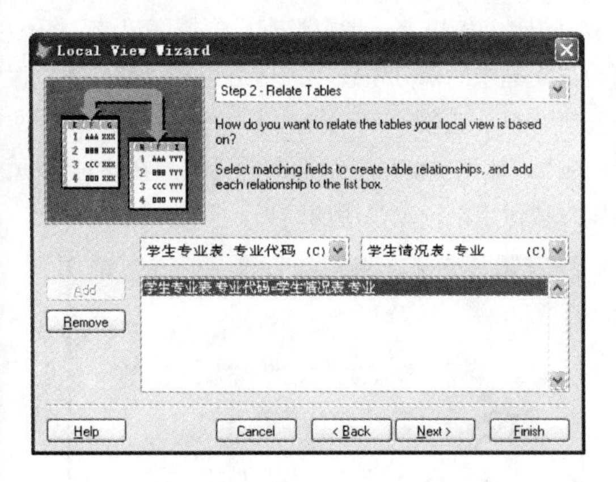

图4.30　“本地视图向导”对话框（二）

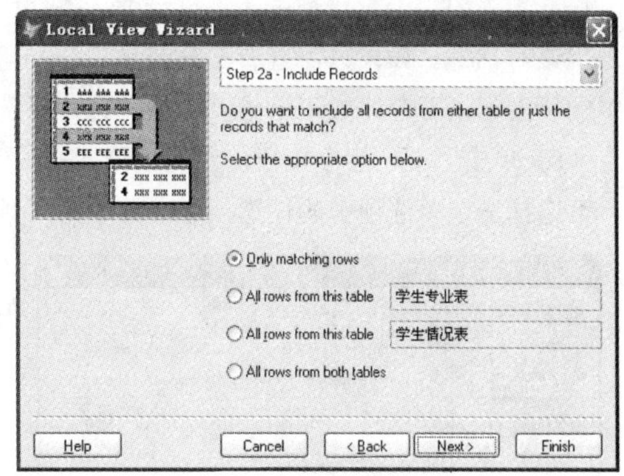

图4.31　“本地视图向导”对话框（三）

1）“仅包含匹配的行”，则表示视图只显示匹配的记录。

2）显示“职工工资”表中所有的记录行。

3）显示“职工人事档案表”中所有的记录行。

4）显示两表中所有的记录行。

系统的默认值是仅显示匹配的记录行。

（5）单击“下一步”按钮，出现如图4.32所示的“本地视图向导”第四个对话框，用来筛选记录。

在“学生情况表”字段选项中，可以选择某个字段作为筛选记录的字段，例如，选择“总评成绩”字段，在“操作符”框中可以选择关系符，它们有：等于、不等于、大于、小于、为空、为NULL、包含、包含在…中、在…之间、小于或等于、大于或等于。在“值”框中可输入具体的值，例如，选择总评成绩字段，操作符为大于，值为400。

同样在“学生专业表”也可输入不同的字段和操作符，两个字段之间的逻辑符是“与”和“或”。

（6）单击“下一步”按钮，出现如图4.33所示的“本地视图向导”第五个对话框，用来排序记录。

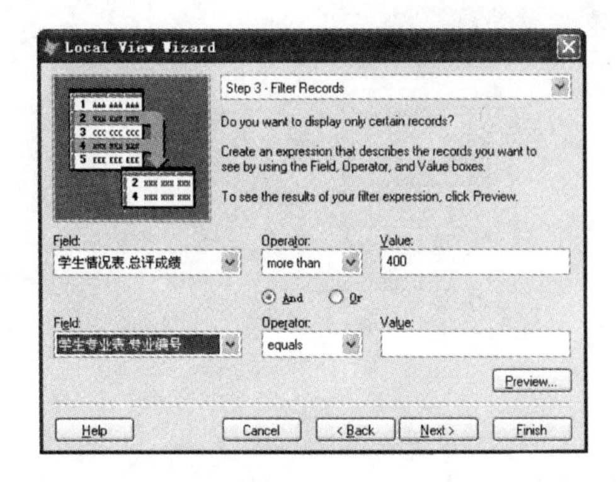

图4.32　“本地视图向导”对话框（四）

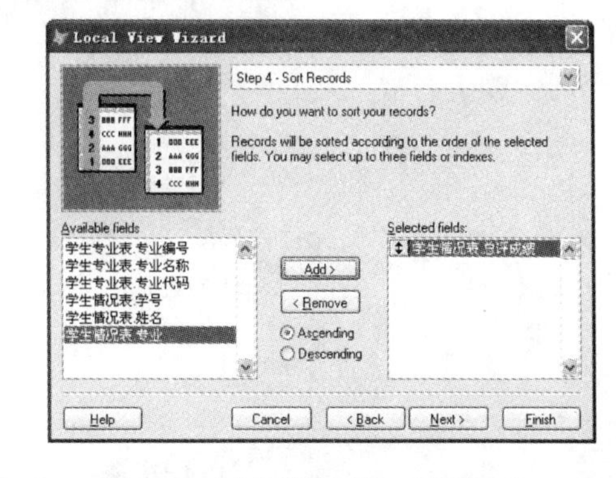

图4.33　“本地视图向导”对话框（五）

在该对话框中，可以根据需要选择某个字段作为排序的关键字，用于排序的字段最多可选三个，选中“升序”或“降序”单选按钮。

（7）单击“下一步”按钮，出现如图 4.34 所示的“本地视图向导”第六个对话框，用来限制记录。

这一步主要用于设置是否显示符合筛选条件的所有记录，如果上一步中没有设置排序记录，将不会出现该对话框。如果只需查看部分记录，选择“数量”框中的部分值选项，然后选择“部分类型”框中的所占记录百分比或记录号。当然，也可以选择所有记录选项。

（8）单击“下一步”按钮，出现如图 4.35 所示的“本地视图向导”第七个对话框，在该对话框中，可选择三个单选项中的任意一个，并单击“预览”按钮用来预览视图的结果。

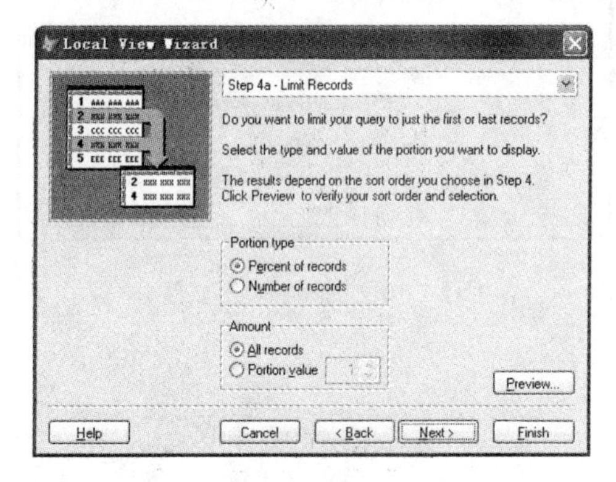

图 4.34　“本地视图向导”对话框（六）

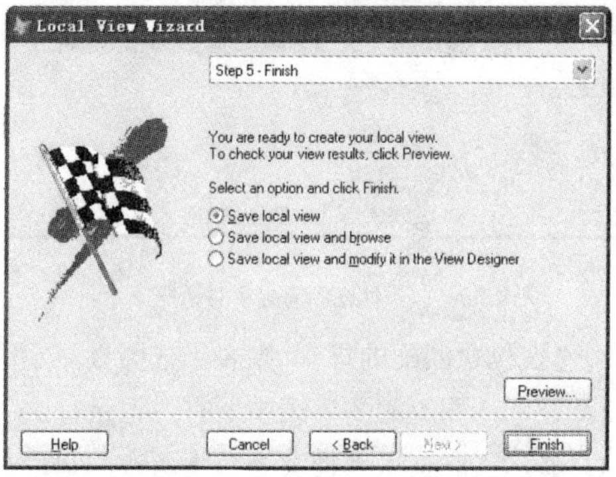

图 4.35　“本地视图向导”对话框（七）

（9）单击“完成”按钮，出现如图 4.36 所示的对话框，输入视图名称，例如，输入总评成绩视图，并单击“OK”按钮即可。

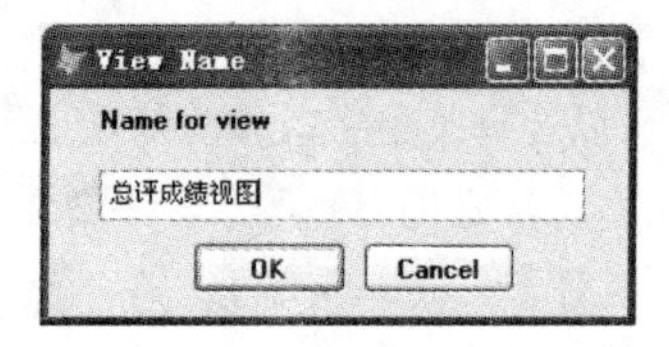

图 4.36　“本地视图向导”对话框（八）

2. 在“视图设计器”中使用视图

在项目管理器下的“本地视图”选项上可以看到如图 4.37 所示的“总评成绩视图”。

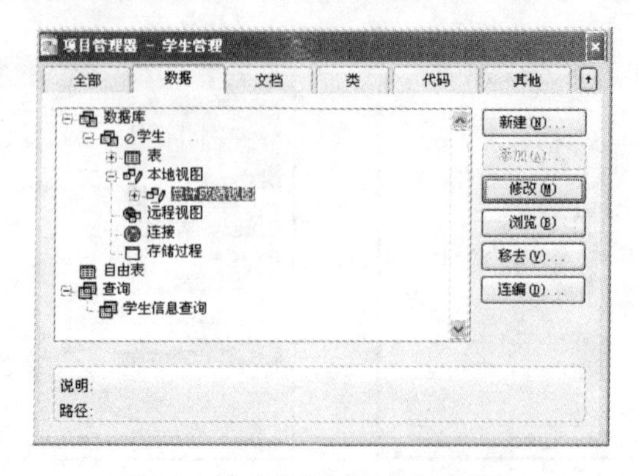

图 4.37　查看项目管理器“本地视图”

单击“浏览”按钮可以查看视图的内容，单击“修改”按钮可弹出“视图设计器”窗口，如图 4.38 所示，用户可通过“视图设计器”进行各种修改。修改的方法与查询设计器方法相同。

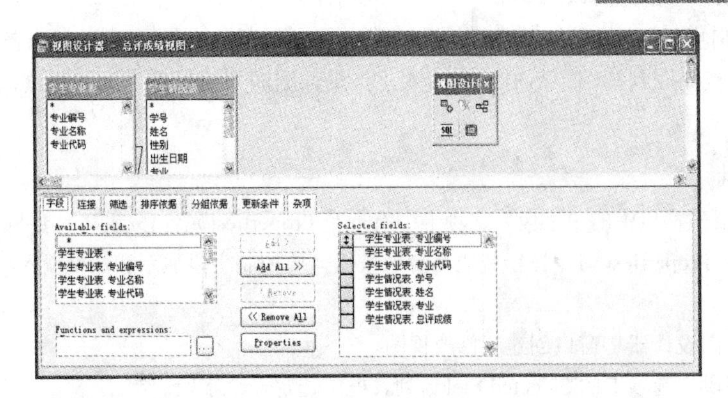

图 4.38　“视图设计器”窗口

4.3.3　更新数据

1．“更新条件”选项卡的使用

视图的最大特点在于能用视图更新数据源，这也是建立视图与建立查询的主要区别，也是视图的重点所在。在视图设计器中使用本地或远程视图更新数据，打开“更新条件”选项卡如图 4.39 所示。

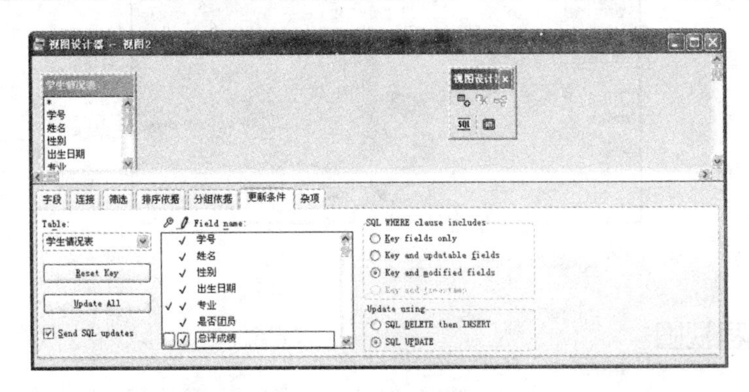

图 4.39　“更新条件”选项卡

“更新条件”选项卡选项包括如下内容：

（1）使表可更新。如果希望在表上所作的修改能回送到源表中，需要设置“发送 SOL 更新”选项，且至少设置一个关键字段来使用这个选项。如果选择的表中有一个主关键字段并且已在“字段”选项卡中，则“视图设计器”自动使用表中的该主关键字段作为视图的关键字段。

（2）设计主关键字段和更新字段。当在“视图设计器”中首次打开一个表时，“更新条件”选项卡会显示表中哪些字段被定义为关键字段。Visual FoxPro 8.0 用这些关键字段来唯一标识那些已在本地修改过的远程表中的更新字段。在指定更新字段时，通常选定某些特定的字段更新，若使表中的任何字段都是可更新的，则要求表中必须有已定义的关键字段。如果字段未标注为可更新的，用户可以在表单中或浏览窗口中修改这些字段，但修改的值不会返回到远程表中。

（3）控制如何检查更新冲突。如果在一个多用户环境中工作，服务器上的数据也可以被别的用户访问，也许别的用户也在试图更新远程服务器上的记录。为了让 Visual FoxPro 8.0 检查用视图操作的数据在更新之前是否被别的用户修改过，可使用“更新条件”选项卡上的选项。

在“更新条件”选项卡中，“SQL WHERE 子句包括”框中的选项可以帮助管理遇到多用户访问同一数据时应如何更新记录。在允许更新之前，Visual FoxPro 8.0 先检查远程数据源表中的指定字段，看看它们在记录被提取到视图中后有没有改变，如果数据源中的这些记录被修改，就不允许更新操作。

2. 定制视图

“视图设计器”窗口中的“字段”选项卡中有一个 Properties(属性)按钮，只要 Selected Fields 列表框中有一个值，Properties 命令按钮就成为有效按钮。要控制字段显示和数据输入，可以按如下方法操作：

（1）在“视图设计器”窗口创建或修改视图。

（2）在“字段”选项卡的 Selected Fields 列表框中选定一个字段。

（3）单击 Properties 命令按钮，打开“视图字段属性”对话框，如图 4.40 所示。

（4）在“视图字段属性”对话框中，进行有效性规则、注释和显示内容等设置。

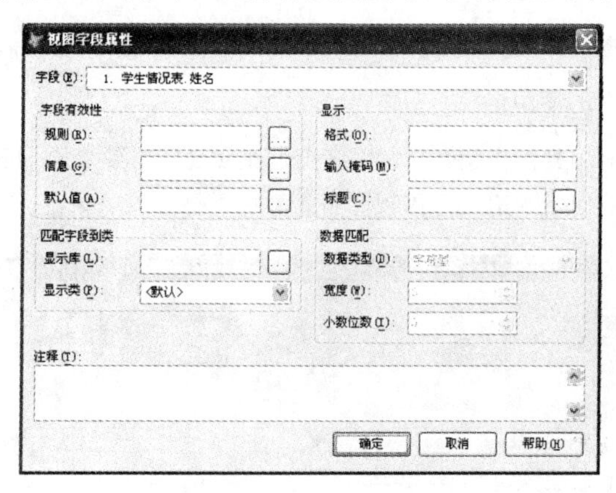

图 4.40 “视图字段属性”对话框

4.3.4 远程视图

创建远程视图，首先必须存在一个数据库来保存视图，同时还必须存在数据源或连接。建立远程视图需要先确定数据源。有两种连接远程数据源的方法，既可以直接访问在机器上注册的 ODBC 数据源，也可以用“连接设计器”设计自定义连接。

ODBC 即 Open Database Connectivity（开放式数据库连接），是用于数据库服务器的一种标准协议。只要安装有其他数据库的 ODBC 驱动程序，Visual FoxPro 8.0 就能与该数据库相连，访问数据库中的数据。ODBC 通常用于远程视图以访问远程 ODBC 数据源表中的信息，不仅如此，ODBC 也可用于访问本地的其他数据库或其他格式文件的数据。

1. 直接利用机器上注册的 ODBC 数据源建立远程视图

直接通过注册在本地计算机上的 ODBC 数据源进行远程连接。这种方法要求本地计算机必须安装 ODBC 驱动程序，并设置一个 ODBC 数据源名称。一般在安装 Visual FoxPro 8.0 时，只要选择的是“完全安装”，均可将 ODBC 驱动程序安装到系统中。

2. 建立一个命名连接来创建远程视图

使用“连接设计器”自定义连接的具体操作步骤如下：

（1）打开“项目管理器”，在“数据”选项卡中选择“连接”选项，如图 4.41 所示。

（2）单击“新建”按钮后，出现如图 4.42 所示的“连接设计器”对话框。用户可根据需要设置连接选项。

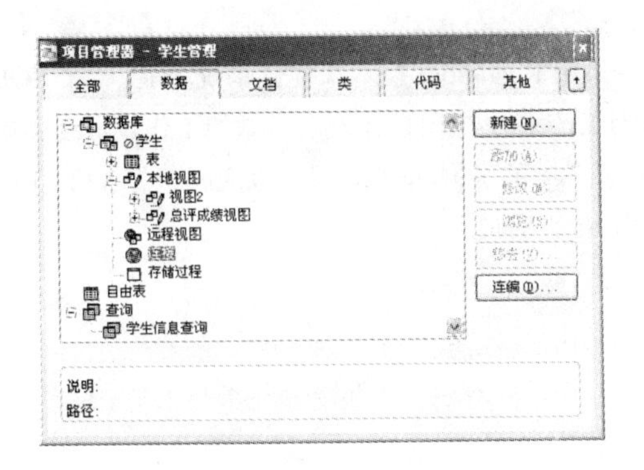

图 4.41　“数据”选项卡

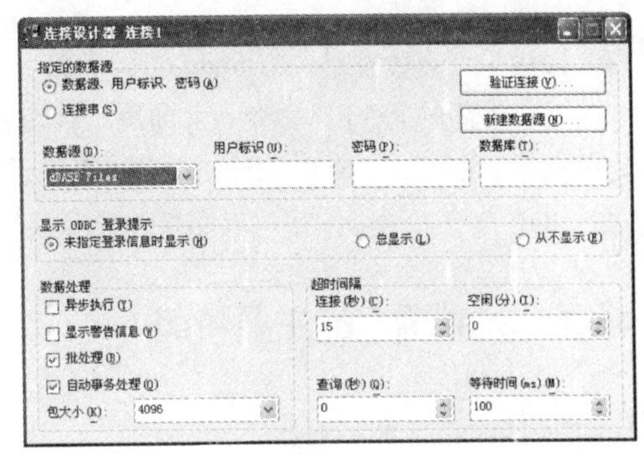

图 4.42　“连接设计器”对话框

（3）在“指定的数据源”框中选择所需的数据源，在该框中有两个单选框，分别是：“数据源、用户标识、密码”和“连接串”单选按钮。

1）在“数据源”列表框下，单击ˇ按钮可以选择以下数据源中的任意一个，它们是：dBASE Files，Excel Files，FoxPro Files，Ms Access 97 Database，Text Files。一般在安装了 Visual FoxPro 8.0 后，系统自动生成以上这些数据源。

2）在“用户标识”框下可以输入用户的标识。

3）在“密码”框下可以输入用户的密码。

4）在“数据库”框下可以输入用户的数据库名称。

（4）当选择“连接串”单选按钮后，用户可直接在文本框中输入连接数据源的 DNS 名称，也可以通过…按钮打开“选定数据源”对话框进行选择或搜索。

（5）当需要新建数据源时，单击“新建数据源”按钮即可，如图 4.43 所示。

（6）通过以上的选择后，单击“连接设计器”窗口的“关闭”按钮，输入连接名称，单击“确定”按钮即可完成连接，如图 4.44 所示。

图 4.43　创建新数据源

图 4.44　连接成功对话框

4.4　结构化查询语言 SQL

SQL 是 Structured Query Language 的缩写，即结构化查询语言。它是关系型数据库的标准语言。

由于它具有功能丰富、使用方式灵活、语言简洁易学等突出特点，在计算机界深受广大用户欢迎，许多数据库生产厂家都相继推出各自支持 SQL 的软件。1989 年，国际标准化组织 ISO 将 SQL 定为国际标准，推荐它为标准关系数据库语言。1990 年，我国也颁布了《信息处理系统数据库语言 SQL》，将其定为中国国家标准。

VFP 提供了一些功能强大的 SQL 命令，SQL 命令采用 Rushmore 技术来优化系统功能。一个 SQL 命令可以用来代替多个 VFP 命令，前面用“查询设计器”和“视图设计器”所做的工作，最终实质上都是生成一个 SELECT-SQL 命令。单击“查询设计器”中的 SQL 按钮，就可以随时查看 VFP 在后台建立的 SQL 命令。这个按钮可以交替地显示或隐藏 SQL 窗口。

4.4.1 SQL 语言的主要特点

1．一体化

SQL 提供了一系列完整的数据定义和操纵功能，用 SQL 可以实现数据库生命周期中的全部活动，包括简单地定义数据库和表的结构，实现表中数据的录入、修改、删除及查询、维护、数据库重构、数据库安全性控制等一系列操作要求。

2．语言简洁，易学易用

SQL 的语法很简单，词汇相当有限，初学者经过短期的学习就可以使用 SQL 进行数据库的存取等操作，易学易用是它的最大特点。

3．高度非过程化

SQL 和其他数据操作语言的主要区别是：SQL 是一种非过程性语言，用户只需要说明做什么操作，而不用说明怎样做，不必了解数据存储的格式及 SQL 命令的内部执行过程，就可以方便地对关系数据库进行操作，而存取路径的选择和 SQL 语句操作的过程由系统自动完成。

4．统一的语法结构对待不同的工作方式

无论是联机交互使用方式，还是嵌入到高级语言中使用，其语法结构是基本一致的，这就大大改善了最终用户和程序设计人员之间的通信。

5．视图数据结构

SQL 语言可以对两种基本数据结构进行操作：一种是“表”，另一种是“视图（View）”。视图由数据库中满足一定条件约束的数据所组成，用户可以像对表一样对视图进行操作。当对视图操作时，由系统转换成对基本关系的操作。视图可以作为某个用户的专用数据部分，这样便于用户使用，提高了数据的独立性，有利于数据的安全保密。

在 Visual FoxPro 8.0 数据库管理系统中，它支持的 SQL 语句可以在命令窗口中执行，一条完整的 SQL 语句用回车键结束。如果语句太长，可用“;”号换行。SQL 语句也可以写在.PRG 文件中运行。

4.4.2 SQL 数据定义功能

数据定义命令用于定义数据库和表结构。VFP 支持的 SQL 定义命令包括下列语句：CREATE TABLE-SQL，CREATE CURSOR-SQL，ALTER TABLE-SQL，DROP TABLE-SQL。

下面给出每一语句的一般格式和语句功能，然后举例予以说明。

1. 建立表结构

当用户需要建立新的表文件存储数据时，可以用CREATE TABLE命令建立表的结构。该命令可以指明表名及结构，包括表中各字段的名字、类型、精度、比例、是否允许空值以及参照完整性规则。

语句格式：

CREATE TABLE|DBF 表名1[NAME 长表名][FREE](字段名1 类型[(字段宽度[,小数位数])]
[NULL|NOT NULL][CHECK 逻辑表达式1[ERROR 字符型文本信息1]]
[DEFAULT 表达式1][PRIMARY KEY|UNIQUE][REFERENCES 表名2[TAG 标识名1]]
[NOCPTRANS][,字段名2…]
[,PRIMARY KEY 表达式2 TAG 标识2|,UNIQUE 表达式3 TAG 标识名3]
[,FOREIGN KEY 表达式4 TAG 标识名4[NODUP]REFERENCES 表名3[TAG 标识名5]]
[,CHECK 逻辑表达式2[ERROR 字符型文本信息2]])|FROM ARRAY 数组名

其中各选项及子句的功能说明如下：

（1）TABLE和DBF选项等价，都是建立表文件。

（2）表名1：为新建表指定表名。

（3）NAME长表名：为新建表指定一个长表名。只有打开了数据库，在数据库中创建表时，才能指定一个长表名。长表名可以包含128个字符。

（4）FREE：建立的表是自由表，不加入到打开的数据库中。当没有打开数据库时，建立的表是自由表。

（5）字段名1 类型[(字段宽度[,小数位数])]：指定字段名，定义字段类型、字段宽度及小数位数。字段类型可以用一个字符表示：C表示字符型，D表示日期型，T表示日期时间型，N表示数值型，F表示浮点型，I表示整型，B表示双精度型，L表示逻辑型，M表示备注型，G表示通用型。

（6）NULL：允许该字段值为空。

（7）NOT NULL：该字段值不能为空。缺省值为NOT NULL。

例1 建立研究生表，该表不属于任何数据库，其结构如表4.1所示。

表4.1 字段类型与字段长度

字段名	字段类型	字段长度	小数位数	特殊要求
学号	C	6		
姓名	C	8		
性别	C	2		
年龄	N	3	0	
入学年月	D	系统产生		允许为空值

定义该表的SQL命令为：

CREATE TABLE 研究生 FREE(学号 C(6),)姓名 C(8),性别 C(2),年龄 N(3),入学年月 D NULL)

下面的子句使用时需要打开一个数据库，即在数据库中建立表。如果没有打开数据库，创建表时使用了下面的子句将会产生错误。

（1）CHECK逻辑表达式1：指定该字段的合法值及该字段值的约束条件。

（2）ERROR字符型文本信息1：指定在浏览或编辑窗口中该字段输入的值不符合CHECK子句的合法值时，Visual FoxPro 8.0显示的错误信息。

（3）DEFAULT表达式1：为该字段指定一个缺省值，表达式的数据类型与该字段的数据类型要一致，即每添加一条记录时，该字段自动取该缺省值。

（4）PRIMARY KEY：为该字段创建一个主索引，索引标识名与字段名相同。主索引字段值必须唯一。

（5）UNIQUE：为该字段创建一个候选索引，索引标识名与字段名相同。

注意：候选索引包含 UNIQUE 选项，索引关键字段的值在物理表中必须唯一。它与用 INDEX 命令建立的具有 UNIQUE 选项的索引不同，用 INDEX 命令建立的唯一索引允许索引字段的值在物理表中重复。

（6）REFERENCES 表名 2 [TAG 标识名 1]：指定建立持久关系的父表，同时以该字段为索引关键字段建立外索引，用该字段名作为索引标识名。表名 2 为父表表名，标识名 1 为父表中的索引标识名。如果省略索引标识名 1，则用父表的主索引关键字建立关系，否则不能省略。如果指定了索引标识名 1，则在父表中存在的索引标识字段上建立关系。父表不能是自由表。

（7）NOCPTRANS：只对于字符型和备注型字段定义该子句，当该表转换为其他代码页时，NOCPTRANS 子句禁止该字段转换。

例 2　假设已经建立了研究生库 YJS，在 YJS 库中建立学生表，该表结构及要求如表 4.2 所示。

表 4.2　YJS 库的字段及类型

字段名	字段类型	字段长度	小数位数	特殊要求
学号	C	6		主索引
姓名	C	8		不能为空值
性别	C	2		
年龄	N	3	0	年龄大于 10 小于 45
是否党员	L	系统产生		
入学年月	D	系统产生		缺省值为 2009 年 9 月 1 日
备注	M	系统产生		禁止转换

创建该表的 SQL 命令为：

OPEN DATABASE XSK　&&打开 XSK 数据库

CREATE TABLE 学生(学号 C(6)) PRIMARY KEY,姓名 C(8) NOT NULL,性别 C(2),年龄 N(3) CHECK 年龄>10 AND 年龄<45 ERROR"年龄范围在 10~45,请输入正确的年龄",是否党员 L,入学年月 D DEFAULT CTOD("09/01/2009"),备注 M NOCPTRANS)

在 YJS 中建立了学生表后，通过浏览窗口向学生表输入数据或修改数据时，由于学号字段建立了主索引，学号字段不能输入重复值；年龄字段的值必须在 10~45 之间，否则显示“年龄范围在 10~45，请输入正确的年龄”信息，并等待输入合法的值；添加新记录时，入学年月字段自动填入 2009/09/01。当学生表的数据转换为其他格式时，备注字段不转换。

例 3　在 YJS 库中建立课程表，其结构及要求如表 4.3 所示。

表 4.3　课程表字段名和字段类型

字段名	字段类型	字段长度	小数位数	特殊要求
课号	C	4		主索引
课程名	C	10		不能为空值
学分	N	2		

创建该表的 SQL 命令为：

OPEN DATABASE XSK　　&&打开 XSK 数据库

CREATE TABLE 课程(课号 C(4) PRIMARY KEY,课程名 C(10) NOT NULL,学分 N(2))

（1）PRIMARY KEY 表达式 2 TAG 标识名 2：该子句将创建一个以表达式 2 为索引关键字的主索引。表达式 2 可以是该表中任何一个字段或几个字段的组合。标识名 2 指定创建的主索引标识名。

一个表只能有一个主索引，如果对某个字段已经定义了主索引，就不能再定义该子句。一条 CREATE TABLE 命令最多包含一个 PRIMARY KEY 子句。

（2）UNIQUE 表达式 3 TAG 标识名 3：该子句将创建一个以表达式 3 为索引关键字的候选索引。表达式 3 可以是该表中任何一个字段或几个字段的组合，但不能是已建立的主索引的字段。标识名 3 指定创建的候选索引标识名。一个表可以有多个候选索引。

（3）FOREIGN KEY 表达式 4 TAG 标识名 4[NODUP]REFERENCES 表名 3[TAG 标识名 5]：建立一个外（非主）索引，并与父表建立关系。表达式 4 指定创建的外索引的索引表达式，标识名 4 指定创建的外索引标识名。一个表可以建立多个外索引，但外索引表达式必须指定表中的不同字段。表名 3 指定建立持久关系的父表的表名，标识名 5 指明在父表中的索引标识，在该索引关键字上建立关系。如果省略标识名 5，将用父表的主索引关键字建立关系。

（4）CHECK 逻辑表达式 2 [ERROR 字符型文本信息 2]：由逻辑表达式 2 指定表的合法值。不合法时，显示由字符型文本信息 2 指定的错误信息。该信息只有在浏览或编辑窗口中修改数据时显示。

（5）FROM ARRAY 数组名：由数组创建表结构。数组名指定的数组包含表的每一个字段的字段名、字段类型、字段宽度及小数位数。数组可以通过 AFIELDS()函数定义。

例 4　在 YJS 中建立选课表，其结构及要求如表 4.4 所示。

表 4.4　选课表字段类型和长度

字段名	字段类型	字段长度	小数位数	特殊要求
学号	C	6		外索引与学生表建立关系
课号	C	5		外索引与课程表建立关系
成绩	N	4	2	

注意：学号和课号组合为主关键字索引。

创建该表的 SQL 命令为：

OPEN DATABASE XSK　　&&打开 XSK 数据库

CREATE TABLE 选课(学号　C(6)REFERENCES 学生,课号 C(4),成绩 N(5,2),PRIMARY KEY 学号+课号 TAG 学号课号,FOREIGN KEY 课号 TAG 课号 REFERENCES 课程 TAG 课号)

在 YJS 数据库中建立的选课表，由于在学号上定义了外索引，与学生表在学生表的学号字段上建立了关系；在课号上定义了外索引，与课程表在课程表的课号字段上建立了关系；因此，在该例子中用了两种不同的子句定义外索引。由于选课表的主索引关键字是两个字段的组合，所以用 PRIMARY KEY TAG 子句定义。输入记录或修改记录数据时，表达式“学号+课号”的值不能有重复。

2．修改表结构

用户使用数据库时，随着应用要求的改变，往往需要对原有的表格结构进行修改，而不改变原有的数据。此时可使用 ALTER TABLE 命令。

（1）语句格式 1。

ALTER TABLE 表名 1

ADD|ALTER[COLUMN]字段名 1 字段类型[(长度[,小数位数])]

[NULL|NOT NULL][CHECK 逻辑表达式 1[ERROR 字符型文本信息]]

[DEFAULT 表达式 1][PRIMARY KEY|UNIQUE]

[REFERENCES 表名 2[TAG 标识名 1]][NOCPTRANS]

功能：对指定的表的指定字段进行修改或添加指定的字段。

其中各选项及子句说明：

1）表名 1：指明被修改表的表名；

2）ADD [COLUMN] 字段名 1　字段类型[(长度[,小数位数])]：该子句指出新增加列的字段名及它们的数据类型等信息；

3）ALTER[COLUMN]字段名 1　字段类型[(长度[,小数位数])]：该子句指出要修改列的字段名以及它们的数据类型等信息；

4）当在 ADD 子句使用 CHECK，PRIMARY KEY，UNIQUE 任选项时需要删除所有数据，否则违反有效性规则，命令不被执行；

5）在 ALTER 子句使用 CHECK 选项时，需要被修改的字段已有的数据满足 CHECK 规则；而使用 PRIMARY KEY，UNIQUE 任一选项时，需要被修改的字段已有的数据满足唯一性，不能有重复值。

例 5　为课程表添加一个"开课学期"字段，字段类型为数值型，长度为 1。其 SQL 命令为：

ALTER TABLE 课程 ADD 开课学期 N(1)

若要修改"开课学期"字段为字符型，合法值为 1 或 2，则 SQL 命令为：

ALTER TABLE 课程 ALTER 开课学期 C(1) CHECK 开课学期="1".OR.开课学期="2"

执行该命令前需要将课程表中所有记录的开课学期字段值设置为"1"或"2"，以满足 CHECK 规则。

（2）语句格式 2。

ALTER TABLE 表名 1 ALTER[COLUMN] 字段名 2
[NULL|NOT NULL][SET DEFAULT 表达式 2]
[SET CHECK 逻辑表达式 2[ERROR 字符型信息文本 2]]
[DROP DEFAULT][DROP CHECK]

功能：修改指定表中指定字段的 DEFAULT，CHECK 约束规则，但不影响原有表的数据。

其中各选项及子句说明：

1）表名 1：指明被修改表的表名；

2）ALTER[COLUMN]字段名 2：指出要修改列的字段名；

3）NULL|NOT NULL：指定该字段可以为空或不能为空；

4）SET DEFAULT 表达式 2：重新设置该字段的缺省值；

5）SET CHECK 逻辑表达式 2[ERROR 字符型文本信息 2]：重新设置该字段的合法值，要求该字段的原有数据满足合法值；

6）DROP DEFAULT：删除缺省值；

7）DROP CHECK：删除该字段的合法值限定。

例 6　删除课程表中对开课学期字段的合法值约束，设置缺省值为 1。SQL 命令为：

ALTER TABLE 课程 ALTER 开课学期 DROP CHECK

ALTER TABLE 课程 ALTER 开课学期 SET DEFAULT″1″

（3）语句格式 3。

ALTER TABLE 表名 1[DROP[COLUMN]字段名 3]
[SET CHECK 逻辑表达式 3[ERROR 字符型文本信息 3]]
[DROP CHECK][ADD PRIMARY KEY 表达式 3 TAG 标识名 2]

[DROP PRIMARY KEY][ADD UNIQUE 表达式 4[TAG 标识名 3]]
[DROP UNIQUE TAG 标识名 4]]
[ADD FOREIGN KEY[表达式 5] TAG 标标名 4
REFERENCES 表名 2 [TAG 标识名 5]]
[DROP FOREIGN KEY TAG 标识名 6[SAVE]]
[RENAME COLUMN 字段名 4 TO 字段名 5][NOVALIDATE]

功能：删除指定表中的指定字段、修改字段名、修改指定表的完整性规则，包括主索引、外索引、候选索引及表的合法值限定的添加或删除。

其中各选项及子句说明：

1）[DROP[COLUMN]字段名 3]：从指定表中删除指定的字段；

2）[SET CHECK 逻辑表达式 3 [ERROR 字符型文本信息 3]]：为该表指定合法值及错误的提示信息；

3）[DROP CHECK]：删除该表的合法值限定；

4）[ADD PRIMARY KEY 表达式 3 TAG 标识名 2]：为该表建立主索引，一个表只能有一个主索引；

5）[DROP PRIMARY KEY]：删除该表的主索引；

6）[ADD UNIQUE 表达式 4 [TAG 标识名 3]]：为该表建立候选索引，一个表可以有多个候选索引；

7）[DROP UNIQUE TAG 标识名 4]：删除该表的候选索引；

8）[ADD FOREIGN KEY[表达式 5] TAG 标识名 4 REFERENCES 表名 2 [TAG 标识名 5]]：为该表建立外（非主）索引，与指定的父表建立关系，一个表可以有多个外索引；

9）[DROP FOREIGN KEY TAG 标识名 6 [SAVE]]：删除外索引，取消与父表的关系，SAVE 子句将保存该索引；

10）[RENAME COLUMN 字段名 4 TO 字段名 5]：修改字段名，字段名 4 指定要修改的字段名，字段名 5 指定新的字段名；

11）[NOVALIDATE]：修改表结构时，允许违反该表的数据完整性规则，缺省值为禁止违反数据完整性规则。

注意：修改自由表时，不能使用 DEFAULT，FOREIGN KEY，PRIMARY KEY，REFERENCES 或 SET 子句。

例 7 删除课程表中“开课学期”字段，修改“课程名”字段为“课名”字段。SQL 命令为：

ALTER TABLE 课程 DROP 开课学期 RENAME COLUMN 课程名 TO 课名

如果在删除字段上建立了索引，要先将索引删除再删除该字段。

例 8 在学生表的“年龄”字段上建立候选索引。SQL 命令为：

ALTER TABLE 学生 ADD UNIQUE 年龄 TAG 年龄

例 9 在学生表中添加一个“出生日期”字段，删除“年龄”字段。SQL 命令为：

ALTER TABLE 学生 ADD 出生日期 ALTER TABLE 学生 DROP UNIQUE TAG 年龄 DROP 年龄

3. 建立临时表

VFP 支持创建临时表命令。创建的临时表只在该表被关闭之前有效，创建的临时表一旦被关闭，该临时表将消失。

语句格式：

CREATE CURSOR 别名(字段名1 类型[(字段宽度[,小数位数])[NULL|NOT NULL][CHECK 逻辑表达式[ERROR 字符型文本]][DEFAULT 表达式][UNIQUE][NOCPTRANS]][,字段名 2…])|FROM ARRAY 数组名

各子句的功能与 CREATE TABLE SQL 命令基本相同。

1）别名：指明要创建的临时表的表名；

2）UNIQUE：为指定的字段创建一个候选索引，索引标识同字段名；

3）CREATE CURSOR 命令创建的临时表在当前未使用的最小号的有效工作区中以独占方式打开，可以通过它的别名来访问它。临时表可以像其他的基本表一样进行浏览、索引、添加或修改记录。

例 10 在1号工作区中打开了学生表，在2号工作区中打开了课程表，如果根据应用的需要，想建立一个临时表，使之包含两个字段：XH，字符型，长度为6；KH，字符型，长度为2，则 SQL 命令为：

CREATE CURSOR LS (XH C(6),KH C (2))

LS 临时表将在3号工作区中打开。

4．删除表

随着数据库应用的变化，往往有些表连同它的数据不再需要了，这时可以删除这些表，以节省存储空间。删除表使用 DROP TABLE 命令。

语句格式：DROP TABLE 表名

例 11 删除已建立的学生表。SQL 命令为：

DROP TABLE 学生

4.4.3 SQL 的数据修改功能

上一节介绍了表结构的建立及修改，本节将介绍对表中数据的增加、删除和更新的操作。VFP 支持的 SQL 定义命令包括下面的语句：INSERT-SQL，DELETE-SQL，UPDATE-SQL。

1．插入数据

当一个表新生成时，它里面没有数据，这时就需要向表中插入数据。在数据库应用中，需要经常不断地向表中插入数据，这由 INSERT-SQL 命令实现。

（1）语句格式1。

INSERT INTO 表名[字段名1[,字段名2,…])]VALUES(表达式1[,表达式2,…])

在指定表的表尾添加一条新记录，其值为 VALUES 后面的表达式的值。当需要插入表中所有字段的数据时，表名后面的字段名可以缺省，但插入数据的格式必须与表的结构完全吻合；若只需要插入表中某些字段的数据，那么就需要列出插入数据的字段名，当然相应表达式的数据位置应与之对应。

例 12 在学生表中插入数据。

INSERT INTO 学生

VALUES ('0201001', '李小文', '男',20,.T.,CTOD('28/02/01'), '三好生')

或者

INSERT INTO 学生(学号,年龄) VALUES('870239',20)

（2）语句格式 2。

INSERT INTO 表名 FROM ARRAY 数组名|FROM MEMVAR

1）FROM ARRAY 数组名：添加一条新记录到指定的表中，新记录的值是指定的数组中各元素的数据。数组中元素与表中各字段顺序对应。如果数组中元素的数据类型与其对应的字段类型不一致，则新记录对应的字段为空值；如果表中字段个数大于数组元素的个数，则多出的字段为空值。

例 13 先定义了数组 A(6)，A 中各元素的值分别为：A(1)= “990014”，A(2)= “林洋”，A(3)= “女”，A(4)=18，A(5)=.F.，A(6)={2008/02/01}。在学生表中再插入一条记录。

INSERT INTO 学生 FROM ARRAY A

新记录的备注字段为空。

2）FROM MEMVAR：添加的新记录的值是与指定表各字段名同名的内存变量的值。如果同名的内存变量不存在，则相应的字段为空。

例 14 如果定义了内存变量学号=“970013”，姓名=“张文”，年龄=21。在学生表中再添加一条“张文”的记录。

INSERT INTO 学生 FROM MEMVAR

新记录中除“学号”“姓名”“年龄”字段外，其他字段均为空值。

注意：如果指定的表没有在任何工作区中打开，当当前工作区中没有表被打开时，该命令执行后将在当前工作区打开该命令指定的表；如果当前工作区打开的是其他的表，则该命令执行后将在一新的工作区中打开，添加记录后，仍保持原当前工作区。

如果指定的表在非当前工作区中打开，添加记录后，指定的表仍在非当前工作区中打开，保持原当前工作区。

2．删除数据

在 VFP 中 DELETE-SQL 语句可以为指定的数据表中的记录加删除标记。

其语句格式为：

DELETE FROM[数据库名!]表名[WHERE 条件表达式 1[AND|OR 条件表达式 2…]]

其中：

1）FROM [数据库名!]表名：指定加删除标记的表名及该表数据库名，用“!”分割表名和数据库名，数据库名为可选项。

2）WHERE 条件表达式 1[AND|OR 条件表达式 2…]]：指明 Visual FoxPro 8.0 只对满足条件的记录加删除标记。

设置了删除标记的记录并没有从物理上删除，只有执行了 PACK 命令有删除标记的记录才能真正从物理上删除。设置了删除标记的记录可以用 RECALL 命令取消删除标记。

注意：如果指定的表没有在任何工作区中打开，当前工作区中没有表被打开时，该命令执行后将在当前工作区打开该命令指定的表；如果当前工作区打开的是其他的表，则该命令执行后将在一新的工作区中打开，置删除标记后，仍保持原当前工作区。

如果指定的表在非当前工作区中打开，置删除标记后，指定的表仍在非当前工作区中打开，保持原当前工作区。

例 15 将学生表中男生的记录加上删除标记。

DELETE FROM 学生 WHERE 性别="男"

3. 更新数据

更新数据就是对存储在表中的记录进行修改，命令是 UPDATE-SQL。可以对用 SELECT-SQL 语句选择出的记录进行数据更新。

语句格式：

UPDATE [数据库名!]表名

SET 列名 1=表达式 1[,列名 2=表达式 2…]

[WHERE 条件表达式 1[AND|OR 条件表达式 2…]]

其中各选项及子句说明：

1）[数据库名!]表名：指明将要更新数据的记录所在的表名和数据库名。

2）SET 列名 1=表达式 1[,列名 2=表达式 2…]：指明被更新的字段及该字段的新值。如果省略 WHERE 子句，则该字段每一行都用同样的值更新。

3）WHERE 条件表达式 1[AND|OR 条件表达式 2…]：指明将要更新数据的记录，即表中符合条件表达式的记录。

注意：UPDATE-SQL 只能在单一的表中更新记录。

例 16 将选课表中的“01”号课程的成绩都分别提高 5 分，“04”号课程的成绩置为空值。SQL 语句为：

UPDATE 选课;

SET 成绩=成绩+5

WHERE 课号="01" UPDATE 选课 SET 成绩=NULL WHERE 课号="04"

例 17 将软件专业的全体学生的各科成绩置零。

解决该问题需要先选择出软件专业的学生的学号，相应的 SQL 语句为：

SELECT 学号 FROM 学生 WHERE 专业="软件"

即对用 SELECT-SQL 语句选择出的记录进行数据更新。关于 SELECT-SQL 语句，下一节将要介绍。

SQL 更新语句为：

UPDATE 选课

SET 成绩=0

WHERE 学号 IN (SELECT 学号 FROM 学生 WHERE 专业="软件")

4.4.4 SQL 的数据查询功能

数据库中最常见的操作是数据查询，SQL 给出了简单而又丰富的查询语句形式，VFP 支持的 SQL 查询语句是 SELECT-SQL。其语句格式如下：

SELECT [ALL|DISTINCT][TOP 数值表达式 [PERCENT]][表别名.]

检索项[AS 列名][,[Alias.]检索项[AS 列名]…]FROM[数据库名!]表名

[逻辑别名][WHERE 连接条件[AND 连接条件…]

[AND|OR 条件表达式[AND|OR 条件表达式…]]]

[GROUP BY 列名[,列名…]]

[HAVING 条件表达式][UNION[ALL]SELECT 语句]

[ORDER BY 排序项[ASC|DESC][,排序项[ASC|DESC]...]]

整个语句的含义为：根据 WHERE 子句中的条件表达式，从一个或多个表中找出满足条件的记录，按 SELECT 子句中的目标列，选出记录中的分量形成结果表。如果有 ORDER 子句，则结果表要根据指定的表达式按升序(ASC)或降序(DESC)排序。如果有 GROUP 子句，则将结果按列名分组，根据 HAVING 指出的条件，选取满足该条件的组予以输出。

其中各选项及子句说明：

1）SELECT [ALL|DISTINCT][TOP 数值表达式[PERCENT]][表别名.]检索项[AS 列名][,[Alias.]检索项[AS 列名]…]：指明在查询结果中显示的字段名、常量和表达式。

2）ALL：显示查询结果中的所有行，缺省值。

3）DISTINCT：消除查询结果中的重复行。每个 SELECT 子句只能用一次 DISTINCT 选项。

4）TOP 数值表达式[PERCENT]：指定显示查询结果中的若干行，或显示查询结果行数的百分比。由数值表达式确定显示的行数，百分比由 PERCENT 参数确定。

包含 TOP 子句时必须有 ORDER BY 子句。可以指定 1～32 767 行，在指定的行数内，由 ORDER BY 子句指定的列如果有相同值，则相同值的那些行也在查询结果中。

5）[表别名.]检索项[AS 列名][,[表别名.]检索项[AS 列名]…]

指定查询结果的各列，各列的值由检索项确定，列名由“AS 列名”确定。如果有同名的检索项，通过在各项前加表别名予以区分，表别名与检索项之间用“.”分隔。检索项可以是 FROM 子句中表的字段名、常量、函数、表达式。

6）FROM[数据库名!]表名[逻辑别名]：指出包含查询数据的表名的列表。如果查询数据来自多张表，则表名用逗号分开。当不同数据库中的表同名时，在表名前加数据库名，数据库名与表名之间用“!”分隔。

7）[WHERE 连接条件[AND 连接条件…][AND|OR 条件表达式[AND|OR 条件表达式…]]]：该子句指明查询条件。如果省略则将查询 FROM 子句指定表中的所有记录。如果由 FROM 子句指定多表查询，则要用 WHERE 子句指定多表之间的连接条件。

8）[GROUP BY 别名[,列名…]]：该子句将查询结果按指定的列名分组。

9）[HAVING 条件表达式]：该子句指定每一分组所应满足的条件，只有满足条件的分组才能在查询结果中显示。该子句要在定义了 GROUP BY 子句后使用，它与 WHERE 子句不同，WHERE 子句指定表中记录应满足的条件。

10）[UNION [ALL]SELECT 语句]：指明查询结果与该子句的 SELECT 语句的查询结果作并操作。（要求两个查询结果的列数及各列对应的属性要一致。）

11）[ORDER BY 排序项[ASC|DESC][,排序项[ASC|DESC]…]]：指明查询结果按排序项输出，ASC 为升序，DESC 为降序，缺省为 ASC。该子句要放在整个 SELECT 语句的最后。

上述语句形式可以实现数据库上的任何查询，为清楚起见我们将其概括为四大类：简单查询、嵌套查询、连接查询、分组及使用库函数查询。在讨论各种操作之前，假定 YJS 库中有学生表、课程表、选课表及必修课表，它们在库中的浏览状态分别如图 4.45～图 4.48 所示。

学号	姓名	性别	年龄	是否党员	入学年月	专业
0901001	李俊青	女	22	T	09/09/01	软件
0901002	张文静	女	20	T	09/09/01	应用
0801001	李大刚	男	23	F	08/09/02	软件
0709004	蔺涛	男	21		09/09/02	应用

图 4.45　学生表

课号	课名	学分
1	程序设计	4
2	汇编语言	4
3	数据库	3
4	人工智能	3

图 4.46　课程表

学号	课号	成绩
0901001	1	85.00
0901001	2	78.00
0901001	4	75.00
0901002	1	72.00
0901002	3	90.00
0801001	1	86.00
0801001	2	87.00
0709004	1	78.00

图 4.47　选课表

课号	必修专业
1	软件
1	应用
2	软件
3	软件
3	应用
4	应用

图 4.48　必修课表

1. 简单查询

SELECT-SQL 语句可以实现一张表上的任何查询，包括选择满足条件的行或列、排序等等。

例 18　列出全部学生的信息。

SELECT * FROM 学生

SELECT 子句指出被选择的目标表列的名称，“*”号表示表的全部数据列，FROM 子句指出表的名称，这个查询的结果就是从学生表中取出所存放的全部学生信息。

例 19　列出软件专业全部学生的学号及姓名。

SELECT 学号,姓名 FROM 学生 WHERE 专业="软件"

使用 WHERE 子句可以说明查询的限制条件，只选择出满足条件的那些行中的相应的数据，上例查询结果如图 4.49 所示。

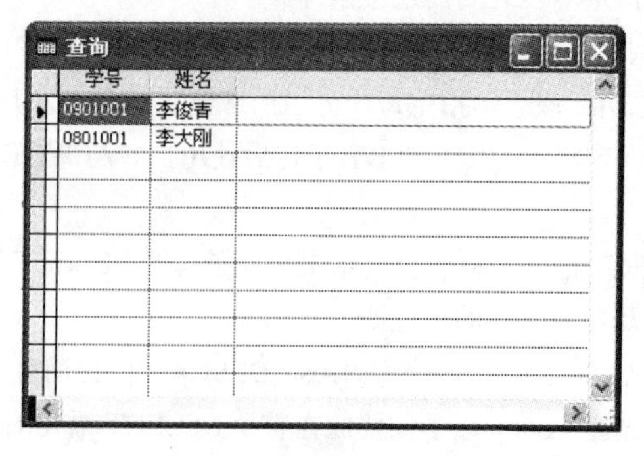

学号	姓名
0901001	李俊青
0801001	李大刚

图 4.49　例 19 的查询结果

例 20　列出所有必修课的课号。

SELECT DISTINCT 课号 FROM 必修课

必修课表中存储着所有必修课的课号，但如果直接用 SELECT 选取就会有重复行出现。因此，用 DISTINCT 可去掉重复行。上例选择的结果为(1，2，3，4)。

例 21 求 1 号课成绩大于 80 分的学生学号及成绩。

SELECT 学号,成绩 FROM 选课 WHERE 课号="1" and 成绩>=80

查询结果如图 4.50 所示。

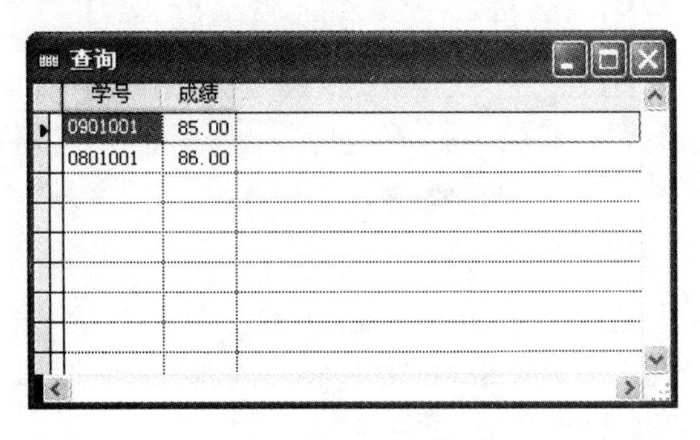

图 4.50 例 21 的查询结果

SELECT-SQL 语句的查询方式很丰富，在 WHERE 子句中可以用关系运算符、逻辑运算符及特殊运算符构成较复杂的条件表达式。

关系运算符如表 4.5 所示，构成关系条件表达式。对于字符型数据的比较原则是对字符的 ASCII 码值进行比较。对于日期型数据按日期的先后进行比较。

表 4.5 关系运算符

符 号	含 义
=	等于
<	小于
<=	小于等于
>	大于
>=	大于等于
<>或!=	不等于

例 22 查询 08 年 9 月 1 日以后入学的学生的名单。

SELECT 姓名 FROM 学生 WHERE 入学年月>CTOD("09/01/08")

查询结果如图 4.51 所示。

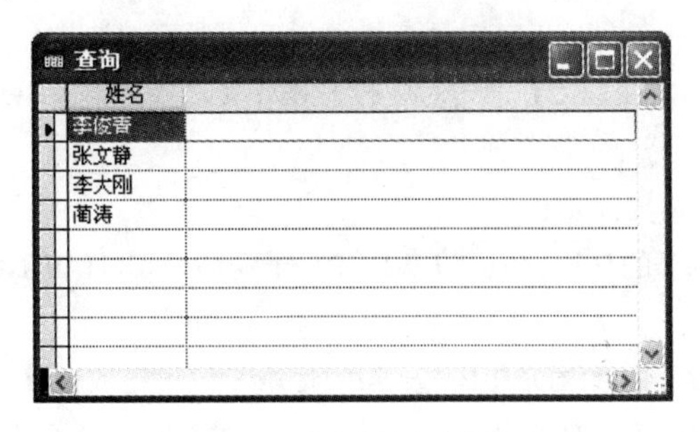

图 4.51 例 22 的查询结果

例 23 列出非软件专业学生的名单。

SELECT 学号,姓名 FROM 学生 WHERE 专业<>"软件"

或

SELECT 学号,姓名 FROM 学生 WHERE 专业!= "软件"

查询结果如图 4.52 所示。

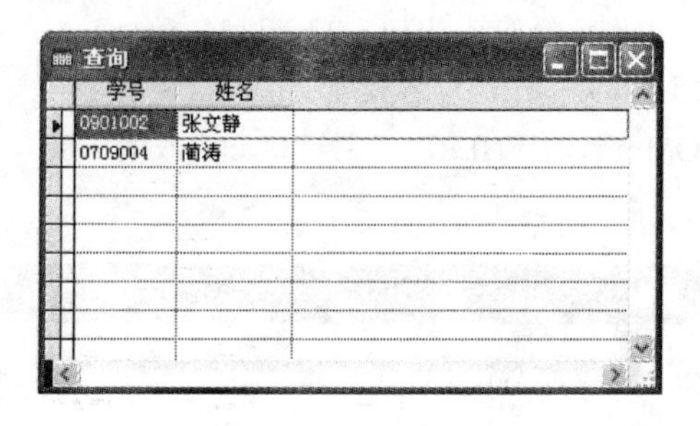

学号	姓名
0901002	张文静
0709004	蔺涛

图 4.52 例 23 的查询结果

2．嵌套查询

在一个 SELECT 命令的 WHERE 子句中，如果还出现另一个 SELECT 命令，则这种查询被称为嵌套查询。我们把仅嵌入一层子查询的 SELECT 命令称为单层嵌套查询，把嵌入子查询多于一层的查询称为多层嵌套查询。VFP 只支持单层嵌套查询。

例 24 列出选修汇编语言课的所有学生的学号。

SELECT 学号 FROM 选课 WHERE 课号=(SELECT DISTINCT 课号 FROM 课程 WHERE 课名="汇编语言")

上述 SQL 语句执行的是两个过程，首先在课程表中找出汇编语言的课号，由课程表得出该课为 2 号课，然后再在选课表中找出课号等于“2”的记录，列出这些记录的学号列，由选课表得出结果如图 4.53 所示。

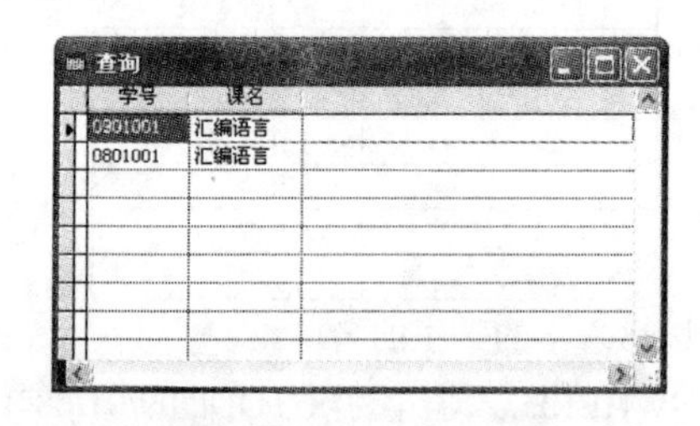

学号	课名
0901001	汇编语言
0801001	汇编语言

图 4.53 例 24 的查询结果

以上操作结果表明，数据查询 SELECT 语句，可以实现对表的选择、连接与投影操作。WHERE 子句对应选择操作（选择行），SELECT 子句对应投影操作（选择列），FROM 子句对应连接操作（多表连接）。

在使用 SELECT 语句时需要注意：

（1）组选择子句 HAVING 的使用，注意与 WHERE 子句的区别。HAVING 子句必须与 GROUP BY 子句配合使用。

（2）对输出列进行排序子句 ORDER BY 子句的使用。该子句放在整个语句最后。

在 Visual FoxPro 8.0 数据库管理系统中，在执行 VFP 的数据操作命令时要求被操作的表一定要处于打开状态，而 VFP 支持的 SQL 命令不要求被操作的表一定被打开。如果被操作的表没有在任何工作区中打开，则当当前工作区中没有表被打开时，SQL 命令执行后将在当前工作区打开该命令指定的表；如果当前工作区打开的是其他的表，SQL 命令执行时将在一新的工作区中打开，SQL 语句执行后，仍保持原当前工作区。如果被操作的表在非当前工作区中打开，则操作后指定的表仍在非当前工作区中打开，保持原当前工作区（SELECT-SQL 语句除外，该语句执行后查询结果为当前工作区）。

习 题 四

一、简答题

1. 索引关键字的类型有哪四种？
2. 查询与视图的区别是什么？

二、填空题

1. 查询文件的扩展名为________ 。
2. 一个表只能建立________主索引。
3. 查询去向的默认值是__________ 。
4. 为两个表建立一对多联系，首先应在父表中建立________索引，在子表中建立_______索引。

三、选择题

1. 建立索引时，（ ）字段不能作为索引字段。

   A. 字符型　　B. 数值型　　C. 备注型　　D. 日期型

2. 不允许记录中出现重复索引值的索引是（ ）。

   A. 主索引　　B. 主索引、候选索引、普通索引

   C. 主索引和候选索引　　D. 主索引、候选索引和唯一索引

3. 视图不能单独存在，它必须依赖于（ ）。

   A. 数据表　　B. 数据库　　C. 视图　　D. 查询

4. 在“添加表和视图”窗口，“其他”按钮的作用是让用户选择（ ）。

   A. 数据库表　　B. 视图

   C. 不属数据库的表　　D. 查询

第 5 章　报表与标签

【本章主要内容】

报表的布局规划，报表向导，报表设计器，标签。

【学习导引】

- 了解：报表和标签的概念，报表与布局的关系，标签。
- 掌握：报表的布局规划，报表向导，报表设计器。

5.1　报表的布局规划

报表是各种数据最常用的输出形式，Visual FoxPro 8.0 中的报表包括两个基本部分：数据源和布局。

数据源通常是数据库中的表，也可以是视图、查询或临时表。而布局则定义了报表中各显示内容的位置和格式。

5.1.1　报表的类型

（1）财务报表：对财务信息进行详尽的记录，记录借贷关系用表。

（2）总结报表：不涉及详细数据，只保留总结信息，常用统计报表。

（3）简单报表：能够显示一个二维关系表的数据，如学生成绩报表。

（4）票据报表：一个记录或一对多关系，常见于收据与发票等。

（5）标签：与报表类似，每条记录的所有字段垂直放成一列，每个页面有多栏记录，但打印到特殊纸上。

5.1.2　设计报表的步骤

在 Visual FoxPro 8.0 中，报表设计主要包括以下 4 个步骤：

（1）确定创建报表的类型。

（2）创建报表的布局文件。

（3）修改、定制报表布局文件。

（4）预览和打印报表。

5.1.3　报表的常规布局

报表的常规布局如表 5.1 所示。

表 5.1 报表常规布局

布局类型	说 明	例 子
列报表	每行一个记录，每个记录的字段在页面上按水平方向放置	财政报表
行报表	一列一个记录，每个记录的字段在一侧竖直放置	列表
一对多报表	一个记录或一对多关系	电话号码薄
标签	多列记录，每个记录的字段沿左边竖直放置，打印在特殊纸上	邮件标签、名字标签

5.1.4 快速报表

快速报表生成方法为：

（1）单击菜单“文件”中的“新建”命令，打开“新建”对话框。选择“报表”单选按钮并单击“新建”按钮，弹出“报表设计器”窗口，如图 5.1 所示。

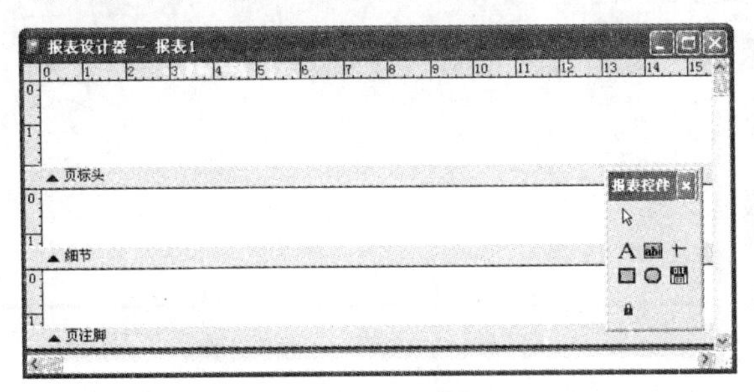

图 5.1 表报设计器

（2）在“报表设计器”窗口中出现三个系统默认的带区：页标头、页注脚和细节。

（3）单击菜单“报表”中的“快速报告”命令，弹出“打开”对话框。选择“学生情况表”，单击“确定”按钮，弹出如图 5.2 所示的“快速报表”对话框。

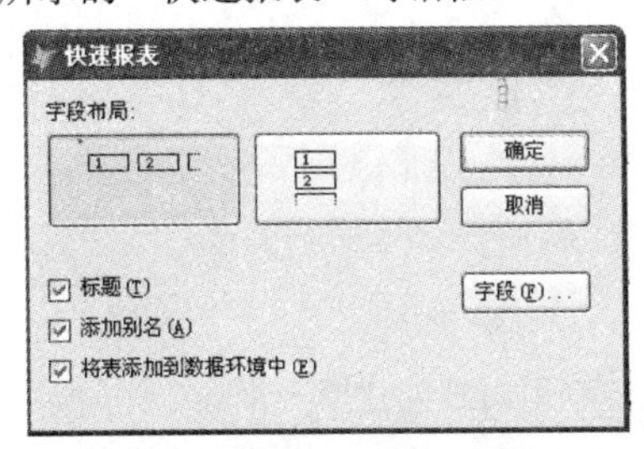

图 5.2 创建快速报表

（4）如果要为报表选择不同的字段，可单击“字段”按钮，然后在“字段选择器”对话框中确定报表要用到的字段，如图 5.3 所示。选择字段后，单击“确定”按钮返回“快速报表”对话框。

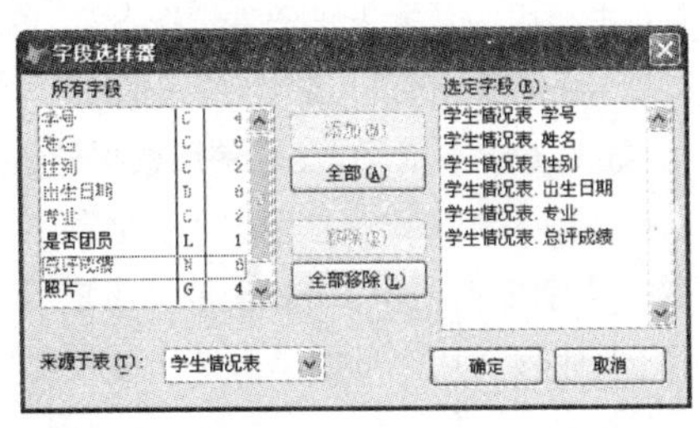

图 5.3 “快速报表”的字段选择器

（5）在“快速报表”对话框中单击“确定”按钮，此时系统会根据用户的选择来创建报表，如图 5.4 所示。

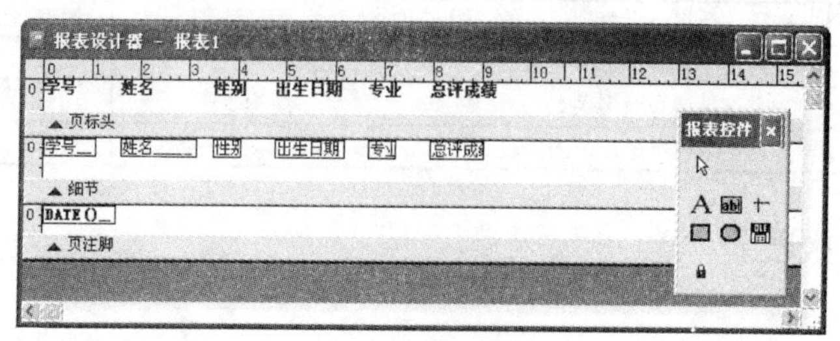

图 5.4 使用“快速报表”创建报表

（6）单击菜单“显示”中的“预览”命令，可看到创建的快速报表如图 5.5 所示。

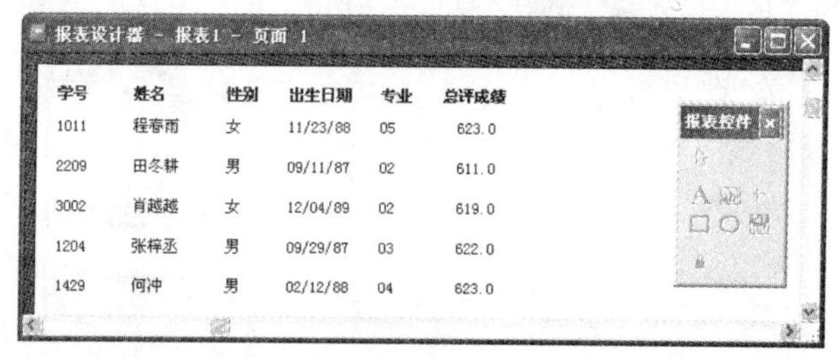

图 5.5 “快速报表”预览效果

（7）单击“打印预览”工具栏上的“关闭预览”按钮或者按 Esc 键返回设计模式。

5.2 报 表 向 导

为方便用户建立报表，Visual FoxPro 8.0 提供了“报表向导”，使用户能快速、方便地生成不同类型的报表。

5.2.1 创建单表报表

以“学生情况表”为数据源，利用向导创建单一报表。

（1）单击菜单“工具”中的“向导”命令，在子菜单中选择“报表”，弹出“向导选择”对话框，如图 5.6 所示。

（2）选择“报表向导”，然后单击“确定”按钮，进入报表向导的“选取字段”画面，如图 5.7 所示。单击 Databases and tables 框右侧的按钮，在弹出的“打开”对话框中双击要用的数据表“学生情况表”。单击按钮，以便将表中的所有字段移到 Step1-Selected fields 列表框中。

（3）单击 Next 按钮，进入 Step2-Group Records，使用数据分组来分类并排序字段，能够方便读取。如图 5.8 所示，这里以“专业”为分组依据。分组依据最多可以有三个。第一个是主要分组依据，其他的相对上一个是次要的。在某个“分组类型”框中选择了一个字段之后，可以单击“分组选项”和“总结选项”按钮来进一步完善分组设置。

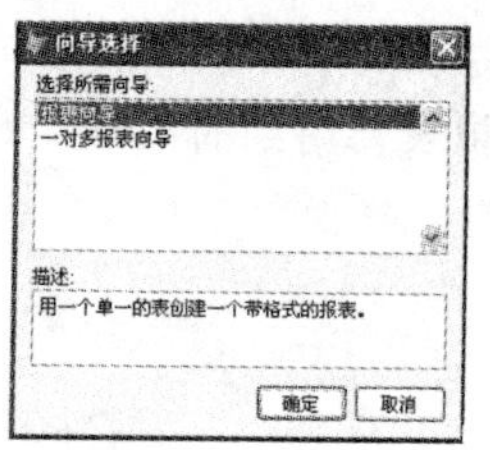

图 5.6 报表向导

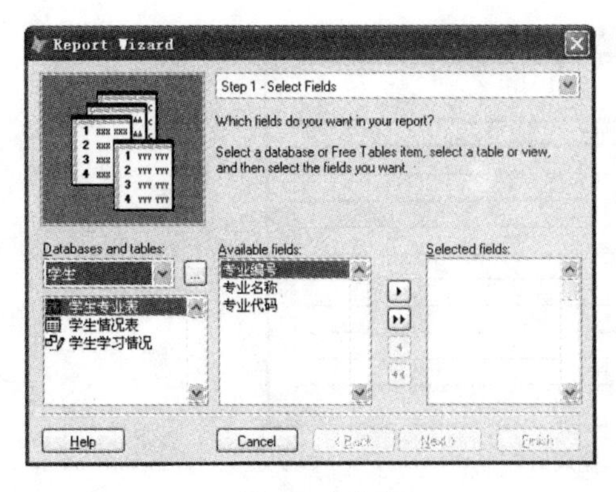

图 5.7　字段选取

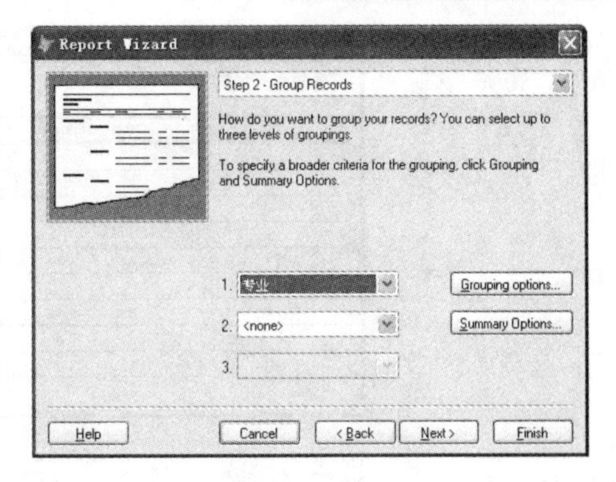

图 5.8　分组依据

（4）单击 Next（下一步）按钮，进入 Step3-Choose Report Style（选择报表样式），如图 5.9 所示，这里选择 Ledge（账务式）。

（5）单击 Next（下一步）按钮，进入 Step4-Define Report Layout（定义报表布局），如图 5.10 所示，选择布局方向的默认值为 Portrait（纵向）。

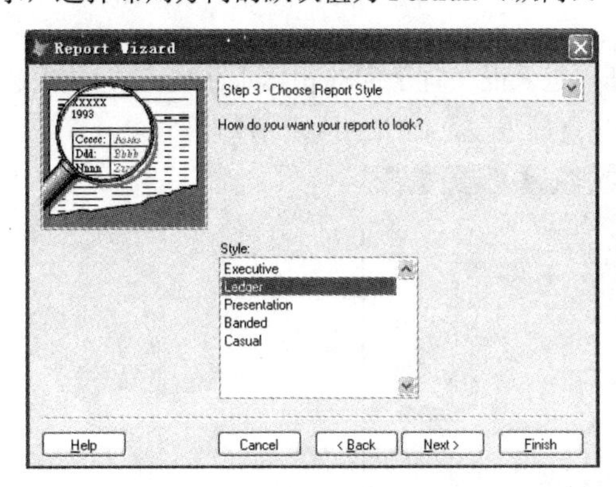

图 5.9　选择报表样式

图 5.10　定义报表布局

（6）单击 Next 按钮，进入 Step5.Sort Records（排序依据），如图 5.11 所示，这里选取“总评成绩”字段为排序字段。

（7）单击 Next 按钮，进入 Step6-Finish（完成），如图 5.12 所示。

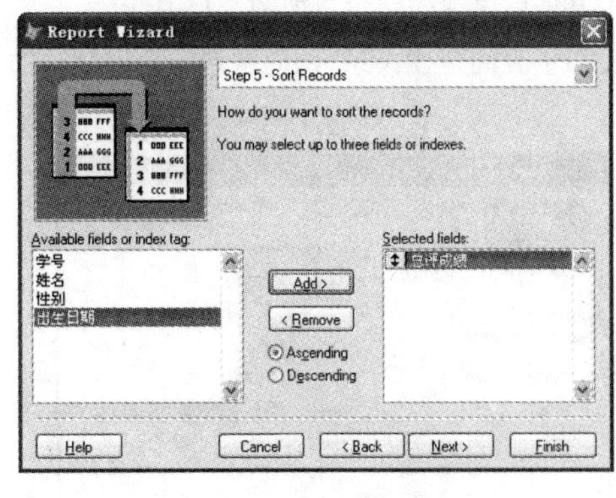

图 5.11　选择排序依据

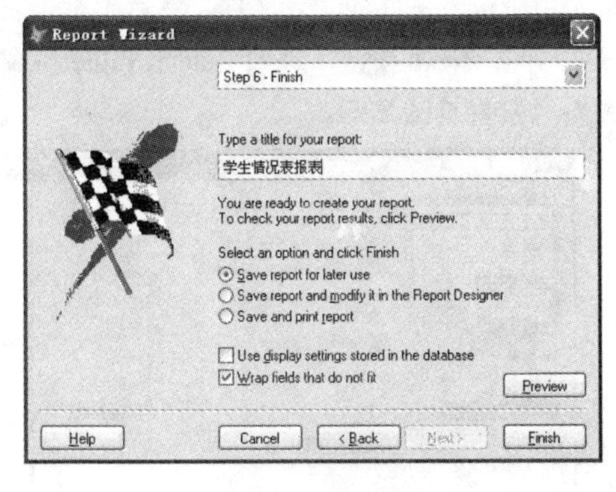

图 5.12　保存，完成

单击 Preview（预览）按钮，进入预览窗口，在屏幕上查看前面生成的报表，如图 5.13 所示。

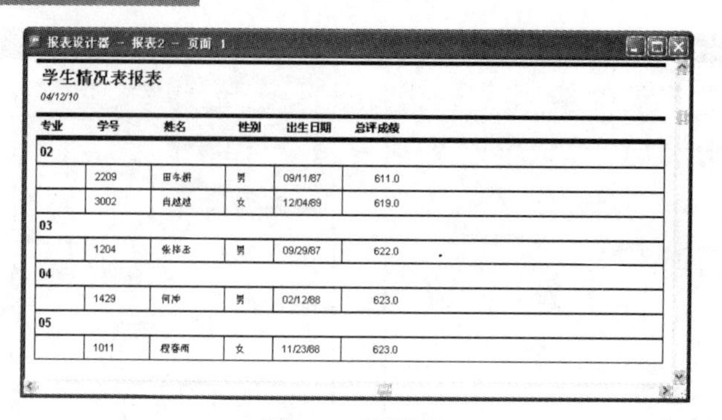

图 5.13 预览效果

5.2.2 创建一对多报表

建立一对多报表，将“学生专业表”作为父表，“学生情况表”作为子表。

（1）单击菜单“工具”菜单的“向导”，选择“报表”命令，弹出 Wizard Selection（向导选取）对话框。

（2）选择一对多报表向导，然后单击 OK 按钮，进入报表向导的 Step1-Select Fields。首先选定用于报表文件的父表文件，然后确定父表在报表中出现的字段，如图 5.14 所示。

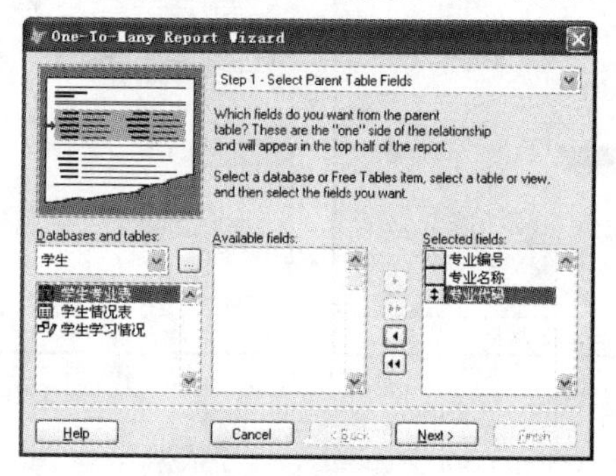

图 5.14 选择父表字段

（3）单击 Next 按钮，进入 Step2-Select Child Table Fields（从子报表中选择字段），与前面一样首先选定用于报表文件的子表文件，然后确定子表在报表里出现的字段，如图 5.15 所示。

（4）单击 Next 按钮，进入 Relate Tables（父表和子表间建立关系），通常系统会以默认的方式建立关系，如图 5.16 所示。

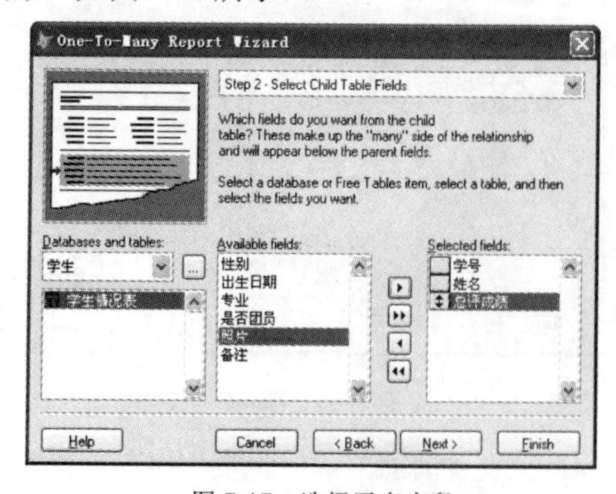

图 5.15 选择子表字段

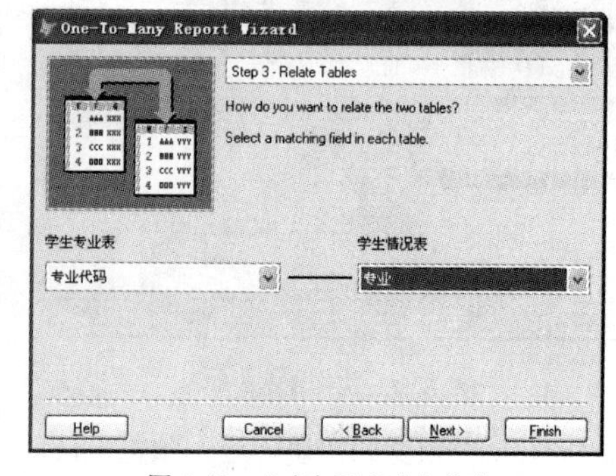

图 5.16 父表与子表建立关联

接下来的步骤同“创建单表报表”一样，不再赘述。当预览该报表时，其效果如图 5.17 所示。

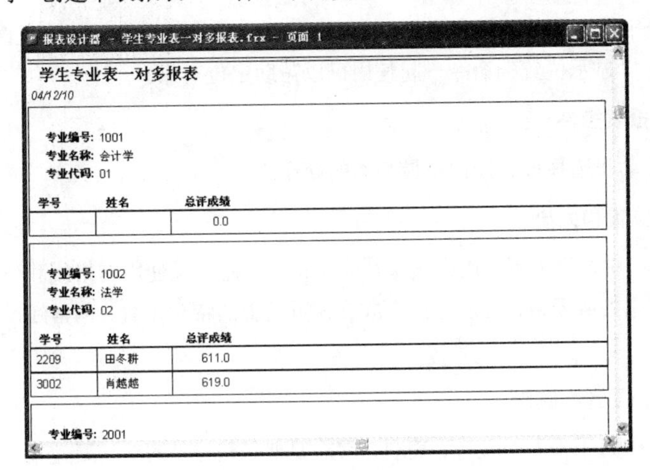

图 5.17　一对多报表预览

5.3　报表设计器

报表设计器（Report Designer）用于报表的设计、生成与修改。它由以下两部分组成。

（1）报表设计器窗口：用于设计一个报表的格式。

（2）报表运行机制：根据设计好的报表格式生成一个具体的报表。

5.3.1　利用设计器创建和修改报表布局

打开“报表设计器”的方法：

（1）单击菜单“文件”中的“新建”命令，在弹出的“新建”对话框中选择“报表”项，然后单击“新建”图形按钮。

（2）在“项目管理器”中，选择报表对象，然后单击“新建”按钮，在弹出的“新建报表”对话框中选择“新建报表”图形按钮，如图 5.18 所示。

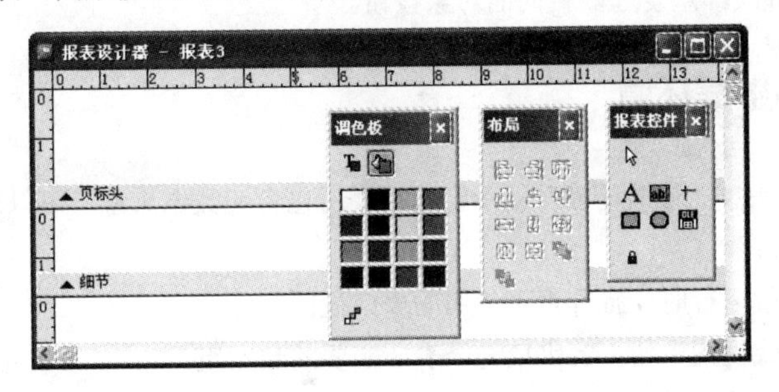

图 5.18　报表设计器

1．报表设计器的报表带区

报表中的每个白色区域，称之为“带区”，它可以包含文本、来自表字段中的数据、计算值、用户自定义函数以及图片、线条和框等。报表上可以有各种不同类型的带区。

2．标尺

“报表设计器”中最上面部分设有标尺，可以在带区中精确地定位对象的垂直和水平位置。把标尺和“显示”菜单的“显示位置”命令一起使用可以帮助定位对象。

3．选择和移动报表控件

在布局调整中移动和选择报表控件是最基本的操作。

4．调整控件的位置和大小

在“报表设计器”中，除了可以用标尺来帮助定位外，还可以使用网格线和位置栏来更直观地帮助定位控件。使用状态条或表格，可以将控件放置在页面上的特定位置，网格线可以帮助用户按所需布局放置控件。

5．控件的对齐、复制和删除

在报表设计过程中为了报表的整齐、美观，常需要把某些控件对齐。要使某组控件相互对齐，首先要选择需要对齐的多个控件，然后单击菜单“格式”中“对齐”下相应的命令即可。

5.3.2 “报表控件”工具栏

“报表控件”工具栏如图 5.19 所示，各控件的功能为：

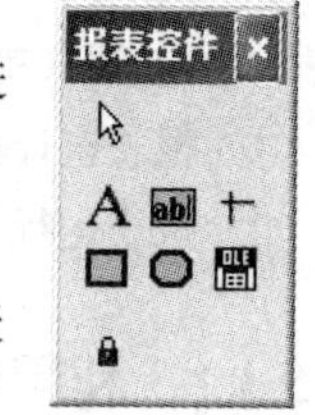

图 5.19 工具栏

（1）“选择”控件：单击后可以选取报表上的对象，并对选取的对象控件进行操作。

（2）“标签”控件：创建一个标签控件，用于保存不希望改动的文本。

（3）“域”控件：创建一个字段控件，用于显示表字段、内存变量或其他表达式。

（4）“线条”控件：设计时用于在各带区内画各种线条。

（5）“矩形”控件：用于在各带区内画矩形。

（6）“圆角矩形”控件：用于在各带区内画椭圆和画圆角矩形。

（7）“图片 / OLE 绑定型”控件：用于在各带区上显示图片或通用字段的内容。

（8）“按钮锁定”控件：选择此按钮后，允许添加多个同类型的控件，即连续绘制此类型的对象到报表上，而不需要每次都重复选取相同的对象按钮。

5.3.3 报表的数据环境

在“报表设计器”中，“数据环境”用于定义报表所包含的数据来源。可以通过以下三种方法来管理用户的报表数据源：

（1）在报表打开或运行时，打开报表使用的表或视图文件。

（2）用相关的表或视图中的内容来填充报表所需要的数据组。

（3）在报表关闭或释放时关闭表文件。

设置报表的数据环境的具体操作步骤如下：

（1）在“报表设计器”中，单击菜单“显示”中的“数据环境”命令，将出现“数据环境”窗口。

（2）在“数据环境”窗口中单击鼠标右键，在弹出的快捷菜单中选择“添加”命令，出现“添加表或视图”对话框，选择“学生情况表”，单击“添加”按钮，然后再单击“关闭”按钮返回到“数据环境”窗口，如图5.20所示。

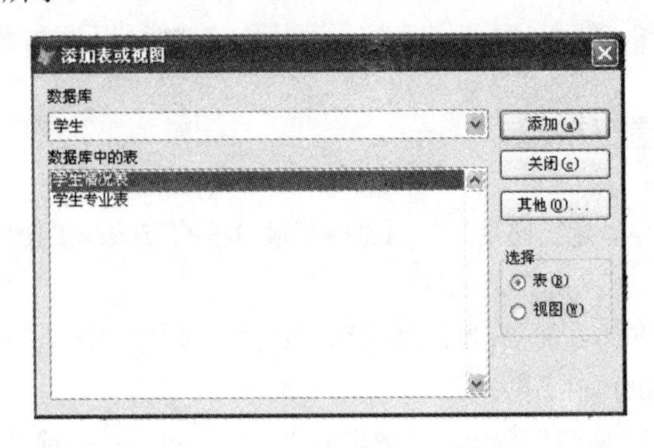

图5.20　使用“数据环境”添加表

（3）重复第（2）步的操作添加“学生专业表”。

使用关联字段建立一对多联系，即可创建一对多报表，如图5.21所示。

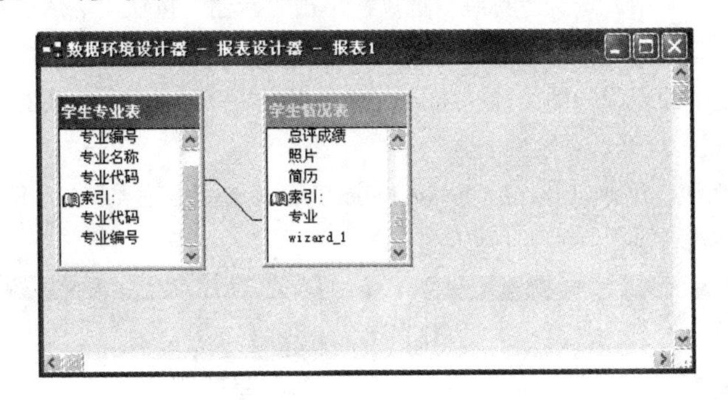

图5.21　设置表间关联关系

5.3.4　分组

1．添加单个组

一个单组报表可以基于输入表达式进行一级数据分组。例如，可以把组设在“专业”字段上来打印所有记录，相同专业的记录在一起打印，这样做的前提是数据源必须按该字段排序。

2．添加多个数据分组

有时，需要对报表进行多个数据分组，如在打印学生基本信息时在用“专业”分组的基础上，还想按班级分组，这也称为嵌套分组。嵌套分组有助于组织不同层次的数据和总计表达式。在报表内最多可以定义20级的数据分组。

3．更改分组设置

更改分组的表达式和组打印选项的方法同上面建立分组一样，都在“数据分组”对话框的“表达式”及“组属性”中进行。

如果不再需要在报表布局保留某一分组，可以删除它。在“数据分组”对话框中选中希望删除的组，按“删除”按钮即可实现。如果该组带区中包含有控件，将提示同时删去控件。

5.4 标　　签

标签是一种特殊的报表，但和报表相比，它又有特殊的功能和不可替代的作用。

5.4.1 利用向导建立标签

在 Visual FoxPro 8.0 中，“标签向导”是创建标签最简单的方法。要使用标签向导创建一个标签，其具体操作步骤如下：

（1）通过以下任意一种方法来启动标签向导，系统均会弹出如图 5.22 所示的 Label Wizard（标签向导）的 Step1-Select Tables 对话框。

1）单击菜单“文件”/“新建”命令，在弹出的“新建”对话框中选择“标签”选项，然后单击“向导”图形按钮。

2）单击菜单“工具”/“向导”/“向导”命令。

3）在“项目管理器”中，选择“标签”选项，单击“新建”按钮，然后选择“标签向导”图形按钮。

（2）选择标签要用的表或视图文件（Databases and tables），如果所需要的文件不在列表中，则可单击后面的三点按钮，打开所需要的表。

（3）单击 Next 按钮，将弹出 Step2-Choose Label Type（选择标签类型）对话框，如图 5.23 所示，在该对话框中选择所需要的标签类型即可。

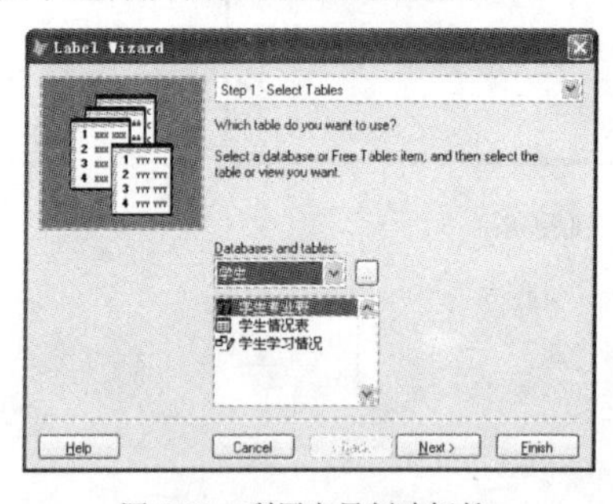

图 5.22　利用向导创建标签

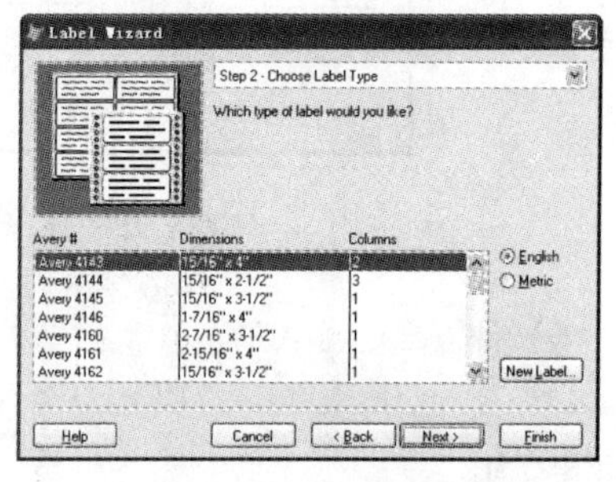

图 5.23　选择标签类型

（4）单击 Next 按钮，将显示如图 5.24 所示的 Step3-Define Layout（定义标签布局）向导。

（5）在完成标签布局设计后，单击 Next 按钮进入 Step4-Sort Record（排序记录）对话框，如图 5.25 所示，选择相应的排序字段（最多可选三个字段）。

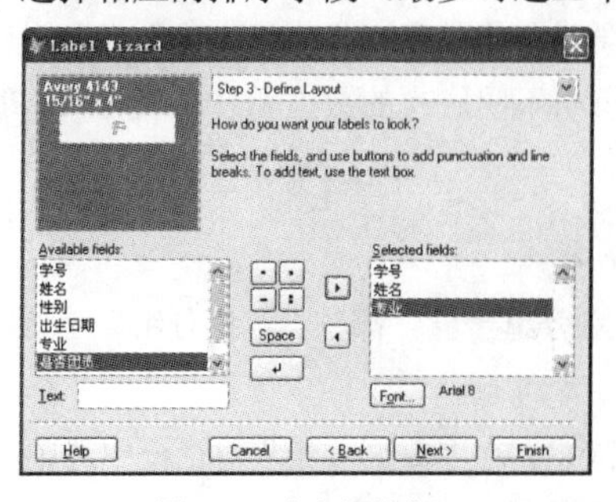

图 5.24　定义标签布局

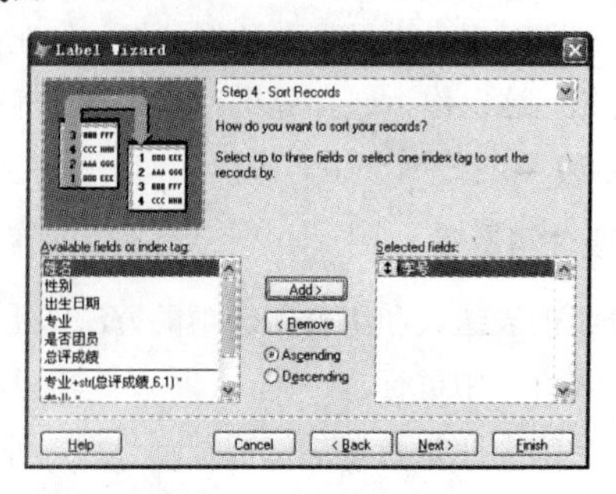

图 5.25　选择排序字段

（6）单击 Next 按钮进入到最后一步 Finish 界面，如图 5.26 所示，再次，用户可以单击 Preview（预览）按钮预览标签的结果。若不满意，可以单击关闭预览按钮，回到前面的几步进行修改，直到满意为止。

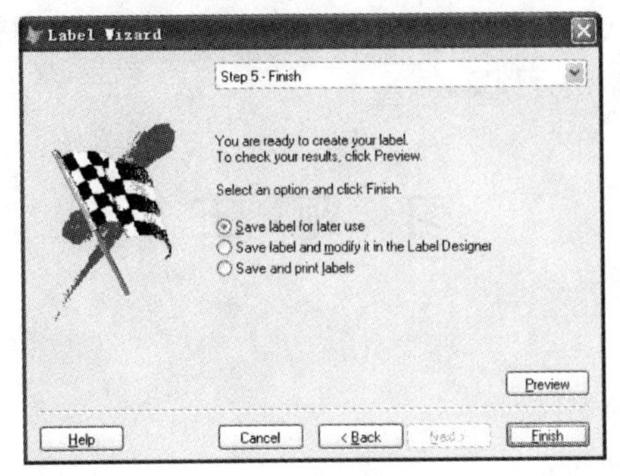

图 5.26　完成

（7）保存该标签为"学生专业信息标签"，然后进行预览，效果如图 5.27 所示。

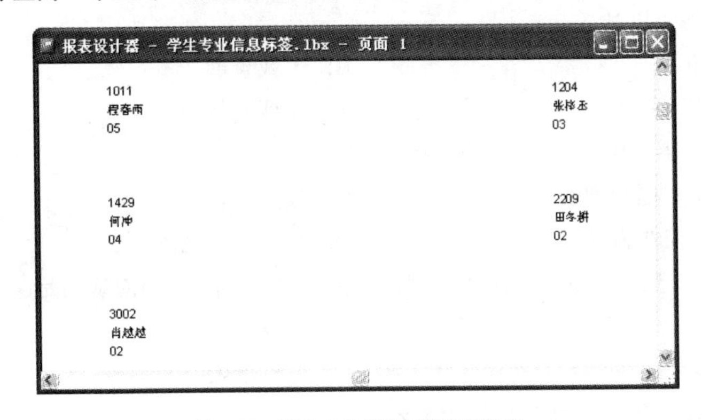

图 5.27　学生专业信息标签预览效果

5.4.2　标签设计器的使用

在 Visual FoxPro 8.0 中，还可以利用"标签设计器"来创建标签。"标签设计器"是"报表设计器"的一部分，它们使用相同的菜单和工具栏，只是两种设计器使用不同默认页面的纸张。

使用"标签设计器"创建标签，其具体操作步骤如下：

（1）在"项目管理器"中选择标签项，单击"新建"按钮，选择"新建标签"图形按钮，打开如图 5.28 所示的"标签设计器"窗口。

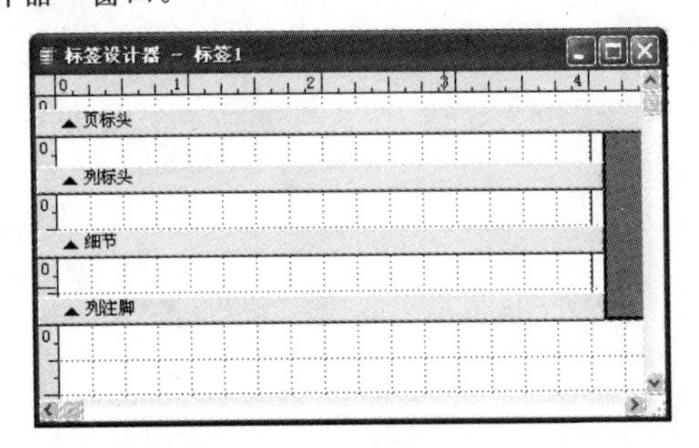

图 5.28　标签设计器

（2）单击菜单“文件”中的“页面设置”命令，输入标签的列数为2。

（3）单击菜单“报表”中的“快速报表”命令，选择标签所需要的“学生情况表”，并选择所需字段，然后单击“确定”按钮，系统自动将所选择的字段添加到“标签设计器”中。

（4）通过与前面相同的方法，将标签中的控件进行重新布局、调整，并绘制一个圆角矩形框。

（5）将该标签保存，然后进行预览。

习　题　五

一、简答题

1．报表设计器包含哪三个带区？

2．报表布局通常包括哪四部分？

二、选择题

1．报表的数据源可以是（　）。

A．表或视图　　B．表或查询

C．表、查询或视图　　D．表或其他报表

2．在“报表设计器”中，可以使用的控件是（　）。

A．标签、文本框和列表框　　B．数据库表

C．标签、域控件和线条　　D．自由表和视图

3．每行输出一个记录，记录字段的值水平放置的报表布局原则所对应的是（　）。

A．列报表　　B．行报表

C．一对多报表　　D．多栏报表

4．调用报表格式文件PP1预览报表的命令是（　）。

A．REPORT FROM PP1　　B．DO FROM PP1

C．REPORT FORM PP1　　D．DO FORM PP1

第 6 章　表单设计与控件应用

【本章主要内容】

基本概念：类、对象、事件和方法，创建表单的方法，表单控件的使用，表单的修改，优化表单。

【学习导引】

- 了解：类、对象、事件和方法。
- 掌握：创建表单的方法，表单控件的使用。

6.1　基 本 概 念

表单即用户界面，是 VFP 提供的最常见的数据交互操作平台。在该平台上，各种对话框和控件应用是表单的不同表现形式。

表单为数据库信息的显示、输入和编辑提供了非常简便的方法，表单的设计是可视化编程的基础。

6.1.1　类和对象

1．对象

在 Visual FoxPro 8.0 中，前面学习过的表、数据库、字段、命令按钮等都是对象。

2．类

类是具有共同属性、共同操作性质的对象的抽象。类包含了对象的特征和行为信息。

3．属性

属性是对象的特征的描述，是描述对象特征的参数。

6.1.2　事件和方法

1．事件

事件指由用户或系统触发的一个特定的操作。

在 Visual FoxPro 8.0 中，可以编写相应的代码对此动作进行响应的事件。事件触发方式可细分为 3 种：由用户触发，由系统触发，由代码引发。

2．方法程序

方法程序是附属于对象的行为和动作，是与对象相关联的过程，是对象能够执行的操作。方法程序也可以独立于事件而单独存在，此类方法程序必须在代码中被显式地调用。

6.1.3 对象的引用

1. 绝对引用

绝对引用是通过对对象完整的容器层次实现的对象的引用，用点标记法访问对象的属性。

2. 相对引用

在 Visual FoxPro 8.0 中，也可以采用相对引用的方法实现引用对象。

（1）THIS 对象引用：在方法程序或事件代码中引用该对象。

（2）THISFORM 对象引用：包含该对象的表单。

6.1.4 容器类和控件类

1. 容器类

容器类是指可以容纳其他对象的类。容器类可以包含其他对象，并且允许访问这些对象，提供了一种将多个对象进行组合的功能。

2. 控件类

控件类是不能用于容纳其他对象的类。对于控件类创建的对象，设计和运行时都是当作一个整体类处理，组成控件对象的组件不能单独被修改和操作。

6.2 创 建 表 单

在 Visual FoxPro 8.0 中表单的生成方法有四种：表单向导、窗体设计器（或称为表单设计器）、快速表单和命令，各种对话框和窗口都是表单的不同表现形式。

在窗体设计器中可以处理下列内容：

（1）表单中不同类型的对象及与表单相关联的数据；

（2）设计顶层表单或子表单，一起操作的多个表单；

（3）基于自定义模板的表单；

（4）表单是拥有自己的属性、事件和方法程序的对象，在窗体设计器中可以设置这些属性、事件和方法程序。

从总体上说，要设计一个新表单，可以从以下几个方面考虑：

（1）设置表单的属性。

（2）设置表单的数据环境。

（3）在表单中添加所需的控件对象。

（4）设置控件对象的属性。

（5）编写表单及控件对象的事件程序代码。

6.2.1 表单向导

1. 普通表单向导

利用普通表单向导创建表单的步骤如下：

（1）在“项目管理器”中选择“文档”选项卡中的“表单”项，单击“新建”按钮，打开“新建表单”对话框，如图 6.1 所示。

（2）单击“表单向导”按钮，弹出“向导选择”对话框，如图 6.2 所示。

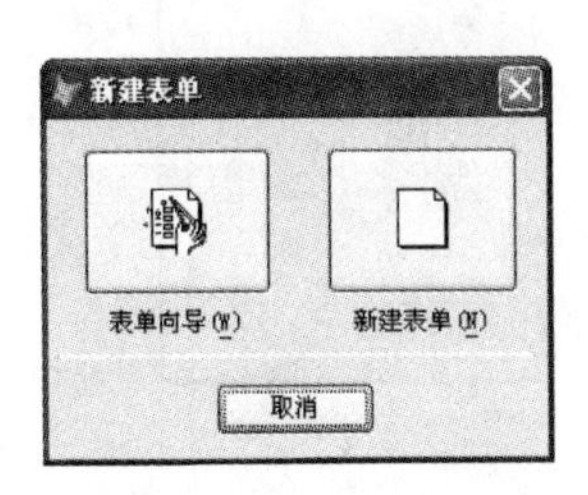

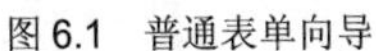

图 6.1　普通表单向导

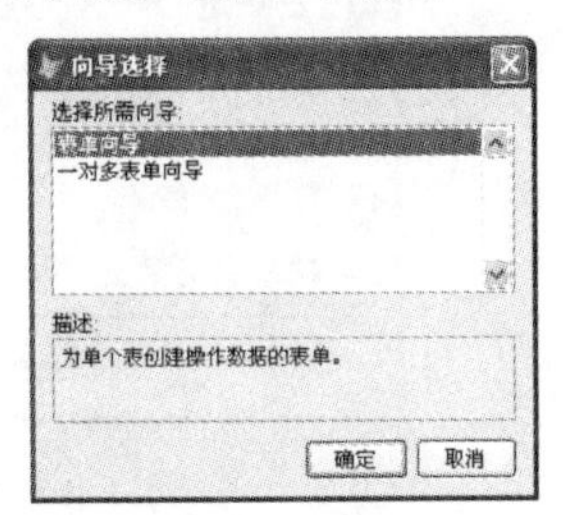

图 6.2　向导选择

（3）选择“表单向导”选项，单击 OK 按钮，进入使用 Form Wizard (表单向导)创建表单的 Step 1-Select Fields，如图 6.3 所示。

（4）选取表或视图中的字段，如选取“学生情况表”中的部分字段，如图 6.4 所示。

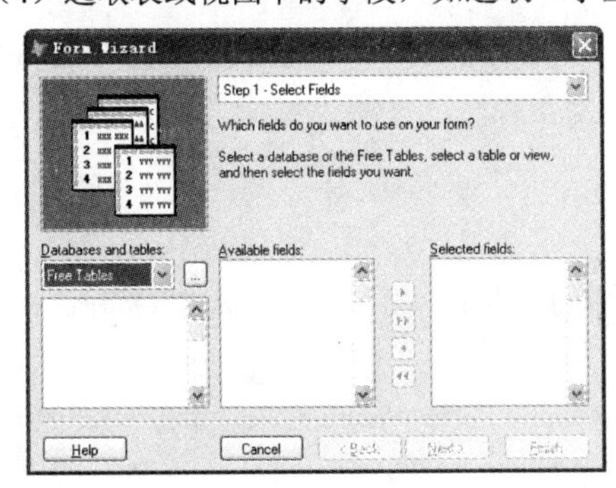

图 6.3　字段选择

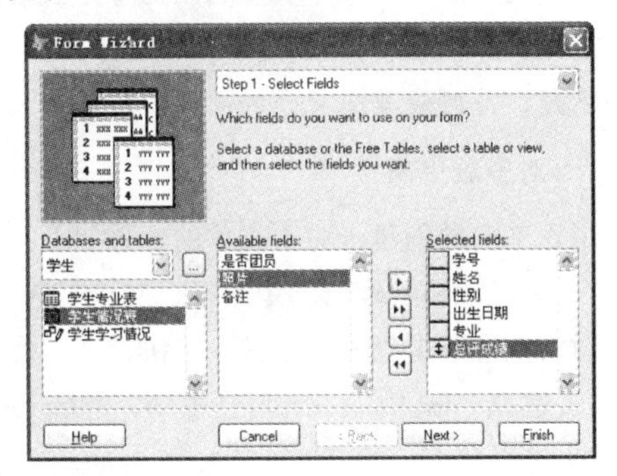

图 6.4　选取“学生情况表”中的字段

（5）在 Style 列表框中选择表单所创建的样式，如图 6.5 所示。

（6）设置表单中记录的排序方式，如图 6.6 所示。

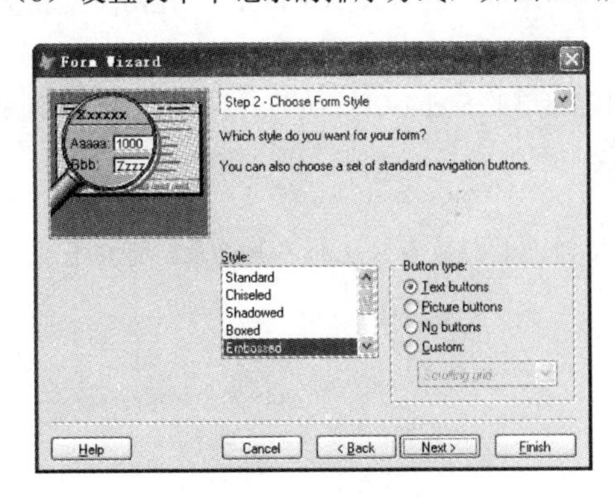

图 6.5　选取表单样式

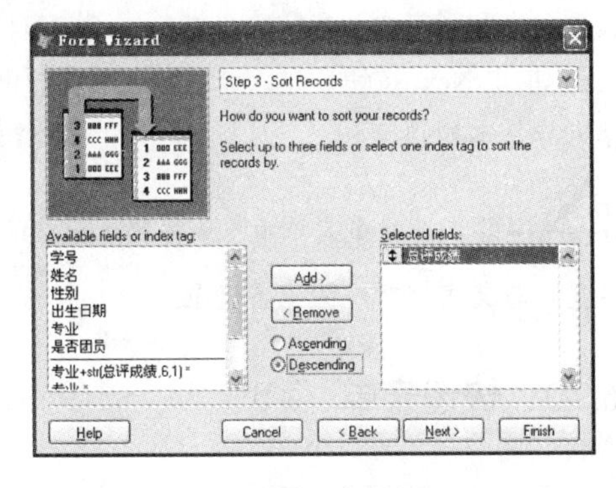

图 6.6　设置记录排序方式

（7）设置使用表单向导创建表单的处理方式。第 1 种处理方式是保存表单以备将来使用，第 2 种处理方式是保存且立即运行表单，第 3 种处理方式是保存表单并且在“窗体设计器”中修改。

（8）在预览窗口中单击 Return to Wizard!按钮返回设计界面，若对预览结果不满意，可以单击 Back 按钮重新设计。

（9）单击 Finish 按钮，单击“保存”按钮保存表单，即可完成利用表单向导创建表单的过程，运行效果如图 6.7 所示。

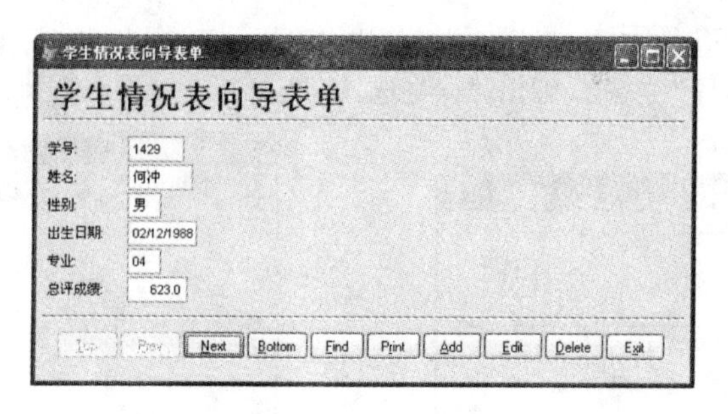

图 6.7 运行向导表单

注意：

（1）通过在系统菜单“工具”中选择“向导”命令并选中“窗体”向导，也可以通过系统菜单“文件”中的“新建”命令实现利用向导建立表单。

（2）在使用表单向导创建表单过程中，随时可以单击向导中的各个对话框中的 Finish 按钮完成表单的创建，此时表单向导会利用系统默认的设置创建表单。

2. 一对多表单向导

使用表单向导创建一对多表单的步骤如下：

（1）在“项目管理器”中选择“文档”选项卡中的“表单”项，单击“新建”按钮。在“新建表单”对话框中单击“表单向导”按钮。

（2）在 Wizard Selection 对话框中，选择 One-To-Many Form Wizard 选项，单击 OK 按钮。

（3）选择父表中的字段，添加到 Select Fields 列表框中。

（4）单击 Next 按钮，进入一对多表单向导创建表单的 Step 2- Select Child Table Fields。选择子表的字段。

（5）单击 Next 按钮，进入一对多表单向导创建表单的 Step3- Relate Tables。在两个列表框中，分别设置父表和子表的关联字段“专业”。若没有默认的字段关联，则需要自己指定。

（6）单击 Next 按钮，进入一对多表单向导创建表单的 Step4-Choose Form Style，以下步骤与普通表单向导基本相同。

说明：一对多表单中，单击移动记录的按钮，上部显示父表的单条记录，而在下部使用表格控件显示与父表相对应的多条记录。

6.2.2 快速表单

建立快速表单的步骤如下：

（1）在命令窗口中输入 CREATE FORM 命令，或利用系统菜单“文件”中的“新建”命令，在“新建表单”对话框中单击“新建表单”按钮，进入“窗体设计器”窗口。

（2）选择菜单“表单”中的“快速表单”命令，打开 Form Bulider 对话框。

（3）在 Form Bulider 对话框中包含两个选项卡，其中“Field Selection”选项卡用来选择要在表单中显示的表及字段信息，“Style”选项卡用来设置字段输出到表单后的样式。

6.2.3 表单生成器

表单生成器是 Visual FoxPro 8.0 提供的和“快速表单”方式快速建立表单类似的方法。若创建一个新表单，而表单中没有任何控件，此时就可以右击表单，在弹出的快捷菜单中选择“生成器”命令，即可进入 Form Bulider 对话框，利用“快速表单”方式即可建立一个表单。

6.3 利用表单设计器创建表单

在进行应用程序的开发时，利用窗体设计器创建表单是最常用的方式。利用窗体设计器创建表单，可以根据系统的需求，按照下列步骤进行操作：

（1）明确创建表单的任务和表单应具备的功能。

（2）选择合适的数据源添加到表单的数据环境。

（3）在表单中添加与之相关的控件。

（4）为表单及其控件设置好与之匹配的数据源。

（5）为表单中的每一个控件设置恰当的属性。

（6）选择与对象相关的事件，设计好事件触发的方法程序代码。

（7）选择合适的文件夹保存表单。

6.3.1 新建一个表单

1．“窗体设计器”窗口

（1）“窗体设计器”工具栏。要打开“窗体设计器”工具栏，选择系统菜单“显示”中的“工具栏”命令，打开“工具栏”对话框，在对话框中单击“窗体设计器”工具栏右边的复选框，单击“确定”按钮即可，如图 6.8 所示。

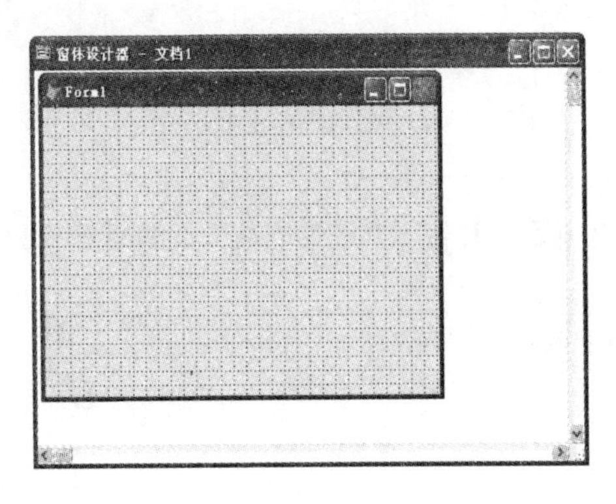

图 6.8 窗体设计器

（2）“窗体控件”工具栏。“窗体控件”工具栏主要用来向表单中添加控件。

（3）布局工具栏。用于对齐、放置控件以及调整控件大小。

（4）调色板工具栏。用于指定一个控件的前景色和背景色。

（5）“属性”窗口。用于设置控件的参数。

2．向表单中添加字段

可以通过“快速表单”或“生成器”命令，利用 Form Builder（表单生成器）为表单添加字段，通常使用“数据环境设计器”添加字段，如图 6.9 所示。

按设计要求从“数据环境设计器”中拖动“学生情况表”中的部分字段置于表单，如图 6.10 所示。

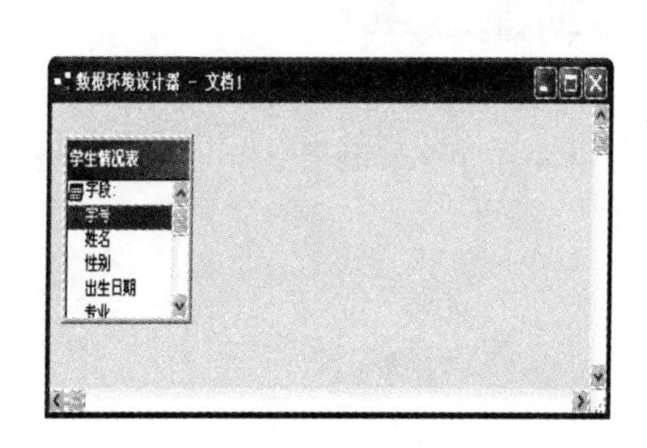

图 6.9　数据环境设计器

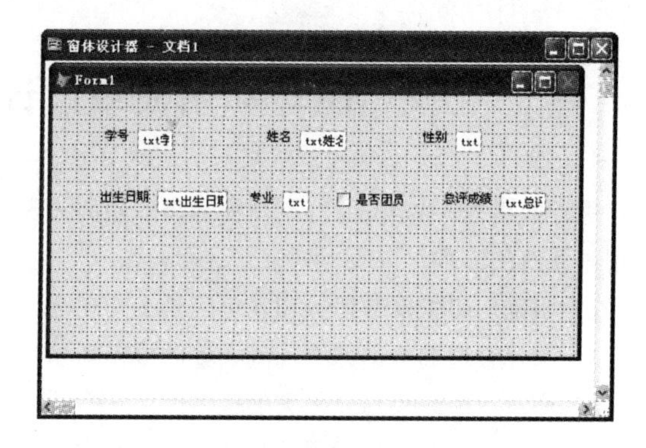

图 6.10　使用“数据环境设计器”添加字段

3．向表单中添加定位按钮

在“窗体设计器”窗口中为表单添加定位按钮控件，将学生情况表设计成一个能够浏览信息的数据管理表单。

（1）设计表单的属性。

（2）单击“窗体控件”工具栏中的“命令按钮”控件。

（3）打开“属性”窗口，将 Command1 按钮的 Caption 属性改为“上一条记录”，关闭“属性”窗口。

（4）双击“上一条记录”按钮，打开代码窗口，输入以下代码，然后关闭代码窗口。

```
skip -1
if bof()
    go top
endif
thisform.refresh
```

（5）按照同样的方法，添加命令按钮“下一条记录”，并在代码窗口输入以下代码，单击窗口的关闭按钮关闭窗口。

```
skip 1   （VFP 命令中的 1 可省去）
if eof()
  go bott
endif
thisform.refresh
```

（6）再为窗口添加“退出”按钮，并在代码窗口输入如下代码。

```
release thisform
```

以上操作效果如图 6.11 所示。

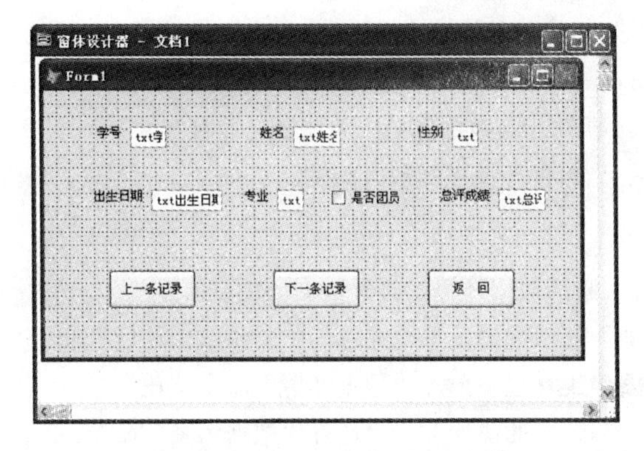

图 6.11　含定位按钮的数据管理表单

4．保存表单

完成表单设计工作后，可以将表单进行保存。保存表单文件通常有如下方法：

（1）在“窗体设计器”窗口中，选择系统菜单“文件”中的“保存”或“另存为”命令。

（2）关闭表单，在弹出的提示框中选择“是”按钮。

在打开的“保存”对话框中，选择合适的文件夹，输入表单的文件名保存表单到指定文件夹中。

5．运行表单

运行表单可以采用如下几种方法：

（1）在“窗体设计器”窗口中，右击鼠标，在快捷菜单中选择“执行表单”命令。该方式可以随时测试表单的运行效果。

（2）单击“常用”工具栏中运行按钮“!”。

（3）在“项目管理器”中选择该表单，单击“运行”按钮。

（4）在“命令”窗口中使用 DO FORM <表单文件名>命令。

（5）选择系统菜单“表单”中的“执行表单”命令。

6.3.2　设置表单的数据环境

表单的数据环境包括与表单交互作用的表和视图，以及表单所需要的表与表之间的关系。使用数据环境可以带来很多方便，譬如在打开或运行表单时，自动打开表或视图，在关闭或释放表单时自动关闭表。

1．数据环境的常用属性

（1）Name 属性。指定在代码中引用数据环境对象时所用的名称。

（2）AutoOpenTables 属性。决定在窗体设计器中，当表单被激活时是否自动加载与表单数据环境相关的表或视图。

（3）AutoCloseTables 属性。决定在窗体设计器中，当表单被释放时是否自动关闭与表单数据环境相关的表或视图。

（4）OpenView 属性。确定与表单或表单集中数据环境相关的视图类型。

2．数据环境的常用事件

数据环境的常用事件有：

（1）Init 事件。当数据环境对象被建立时触发。

（2）BeforeOpenTables 事件。当数据环境中未打开表之前触发。

（3）AfterCloseTables 事件。当数据环境中关闭表之后触发。

（4）DesTRoy 事件。当数据环境被释放时触发。

3．数据环境设计器

可以利用以下三种方法激活数据环境，打开数据环境设计器：

（1）在“窗体设计器”窗口选择菜单“显示”中的“数据环境”命令。

（2）在“窗体设计器”工具栏中单击“数据环境”命令按钮。

（3）在表单中右击，在弹出的快捷菜单中选择“数据环境”命令。

1）“数据环境设计器”界面。

2）向“数据环境设计器”添加表或视图。

3）在“数据环境设计器”中编辑关系。

4．利用“数据环境设计器”快速创建单个控件

当表或视图添加到“数据环境设计器”中时，可以将表或视图中的字段拖到表单上，从而形成一种新的创建控件的方法。

5．设置“字段映像”选项卡

将字段添加到表单，可以通过设置“字段映像”选项卡指定字段对应控件类型，从而可以利用数据表中的字段来实现快速创建单个控件。

注意：若在“表设计器”的“字段”选项卡“显示类”框中指定拖放的类，可以覆盖在此处的设置。

6.3.3 “窗体设计器”中的工具栏应用

1．设置控件的 Tab 键次序

所谓 Tab 键次序，就是运行表单时连续按 Tab 键时光标经过表单中控件的顺序。按 Tab 键可以在表单上的控件之间移动，表单的 Tab 键次序决定了选定控件的顺序。

设置 Tab 键次序的方法：

（1）用“交互”方式设置 Tab 键次序。

（2）“按列表”方式改变 Tab 键次序。

2．表单控件的布局设置

在表单创建后，可以在“窗体设计器”中进行修改，可以很方便地利用鼠标对控件进行选择、移动和缩放，调整控件的大小和位置。但要精确地排列表单上的控件，就必须使用“布局”工具栏。

3．设置表单的颜色

设置表单及其控件的颜色，可以根据现存的配色方案使用 ColorSounce 属性，从“属性”窗口的“布局”选项卡选择 ColorSounce 属性，然后选择一个预定方案。

利用“调色板”工具栏也可以设置表单及其控件的前景色和背景色。

6.3.4　对象属性的设计

属性设置是建立表单的第一步，表单一共有 60 多个属性。

1．外观属性

Visual FoxPro 中表单的外观属性主要有：Height 属性、Width 属性、BorderStyle 属性、Windowstats 属性、Scrollbar 属性、Backcolor 属性。

2．标题栏属性

表单的标题栏区域，主要用于设置表单的名称、图标和最大最小化按钮等，与表单标题栏相关的属性有：Caption 属性、Icon 属性、Closable 属性、MaxButton 属性、MinButton 属性、Titlbar 属性等。

3．其他常用属性

（1）Enabled 属性。指定对象是否响应用户引发的事件。

（2）Visibled 属性。指定对象是可见还是隐藏。

（3）AlwaysOnTop 属性。该属性的默认值是.F.。

（4）AlwaysOnButtom 属性。该属性的默认值是.F.。

（5）ShowTips 属性。确定当鼠标停留在指定表单的控件上时，是否显示提示信息。

6.3.5　常用表单事件

事件(Event)是每个对象可以识别和响应的某些行为和动作。事件是表单或其他控件对象的一个很重要的特性，它是这些对象固有的、不能扩充的并由对象识别的多个动作。

（1）表单加载时的事件。在表单被加载时只触发 Load 事件。

（2）表单建立时的事件。在表单被创建时触发 Init 事件。

（3）表单交互操作期间触发的事件。表单对象被加载、创建之后，经常会进行表单的交互操作。通常是表单作为容器对象被激活时 Activate 事件会触发，表单失去焦点时 Deactivate 事件便会触发。

（4）表单释放阶段触发的事件。表单的释放阶段会触发 Destroy 事件。

（5）表单卸载阶段触发的事件。表单的卸载阶段会触发 UnLoad 事件。在程序运行过程中，表单执行 Release 方法或单击表单的关闭按钮时可以触发 Destroy 事件和 UnLoad 事件。

6.3.6　在表单中添加对象

表单只是提供一个程序界面的载体，要在表单中对数据进行浏览、输入、查询和选择等功能，还需要向表单中添加所需控件。

1．向表单添加控件的方式

（1）从“窗体控件”工具栏中，向表单中添加控件。

（2）从“项目管理器”中将需要在表单中显示的字段拖放到表单中。

（3）从“数据库设计器”中将需要在表单中显示的字段拖放到表单中。

（4）从数据环境中将需要在表单中显示的字段拖放到表单中。

（5）如果定义了自定义可视类，还可以将其添加到“窗体控件”工具栏中，然后通过“窗体控件”工具栏向表单添加对象，这是面向对象程序设计中的一种非常重要的方式。

2．向表单中添加对象的技巧

（1）同时添加多个控件。

（2）复制控件：如果其他表单中有已经建成的控件与当前表单的功能相似，可以采用复制的方法，将控件添加到当前表单。

3．向表单中添加对象的示例

在表单中，被添加表的字段总是和某种类型的控件对象相关联的，这样就能通过控件对象的属性、事件和方法来处理和操作字段。

在一对多的表单设计过程中，最常见的是在“数据环境设计器”中添加父表和子表，建立一对多关联，然后利用文本框等显示父表中的记录，利用表格控件显示子表中的记录，通过设置命令按钮或命令按钮组的代码控制记录的浏览过程。

表格（Gird）是常见的容器对象，由一列或若干列（Column）组成，每一列可显示表的一个字段，列由列标题和列控件组成。列标题（Header1）的默认值为显示字段的字段名，允许修改。每一列必须设置一个列控件。该列中的每个单元格都可以用此控件来显示字段的值。表格、列、列标题和列控件都有自己的属性。

有两种方法将表格添加到表单中：

（1）如果要创建一个表的表格，可以先将该表添加到表单的数据环境中，然后用鼠标从数据环境中将该表的标题栏拖动到表单窗口后释放，表单窗口即会产生一个类似于 Browse 窗口的表格。

（2）可在控件工具栏中选择表格按钮，并在表单窗口中拖动鼠标得到所期望的大小，然后利用表格生成器设置表格的属性

比如，可以使用“学生专业表”（父表）和“学生情况表”（子表）为数据源，创建一对多表单。

4．调整控件的位置

为了使表单看起来美观，对表单上创建的控件常常需要进行移动、改变大小、删除等操作。要对一个控件进行调整时必须先选定控件，使控件的周围出现 8 个小方块后，才能对该控件进行移动、改变大小、删除等操作。

5．表单的布局设置

可以利用以下方法对表单上的控件进行位置设置：

（1）利用“显示位置”命令调整布局。如果要在屏幕上精确地定位控件，还可以使用“显示”菜单中的“显示位置”命令。如果选中控件，利用此命令可以在“表设计器”底部的状态栏中显示控件的坐标和度量单位。

（2）控制网格显示。网格显示可以帮助在表单上对齐控件。

（3）在表单上显示网格线。定位控件的水平和垂直位置。

（4）控件布局规格化。利用“格式”中的“置前”和“置后”对多控件进行布局。

注意：对齐网格线的功能与表单窗口是否显示网格无关，即使表单窗口不显示网格线，控件也会自动与隐藏的网格线对齐。但是若用键盘的箭头键来移动控件，总可使控件任意定位，与是

否选定对齐网格线无关。

6.4　表单控件的使用

常用的表单控件分为两类：与表单数据绑定的控件和不与数据绑定的控件。

6.4.1　根据任务选择合适的控件

在选择使用控件时，可以按照以下的几种方式选择控件的功能：

（1）显示信息。可利用标签、图像、线条、形状、文本框、编辑框等控件。

（2）预先设定一组选择。可以利用标签、图像、线条、形状、文本框、编辑框等控件。

（3）接受不能预先设定的用户输入。可以使用文本框、编辑框等控件。

（4）给定的范围内接受用户输入。一般用微调按钮。

（5）允许用户执行特定的命令。常用命令按钮或命令按钮组来实现。

（6）在给定的时间间隔内执行特定命令。可以利用计时器。

6.4.2　标签控件

标签是一个图形控件，常用于显示文本信息。标签在表单设计中常用于显示提示信息或说明信息。如果要在表单上创建一个标签控件，只需要单击控件工具栏中的标签按钮，然后在表单中合适的位置单击即可。

6.4.3　文本框

文本框(TextBox)是一类基本控件，是最常用的控件，主要用于数据表中某些数据的输入输出或编辑，以及从窗口给内存变量赋值等。文本框有自己的数据源，通常是以表的一个非备注字段或一个内存变量作为自己的数据源。

1．文本框的常用属性、事件和方法

如果设置了文本框的 ControlSource 属性，则显示在文本框中的值将保存在文本框的 Value 属性中，同时保存在 ControlSource 属性指定的变量或字段中。

2．文本框生成器

文本框生成器是设置属性的向导，使用生成器为控件设置常用的属性非常方便。

3．在文本框中接受用户密码

在应用程序设计中，经常需要获得某些安全信息，如密码。这时需要设置文本框的 password char 属性为“*”或其他一些字符，用文本框的 Value 和 Text 来接收这一信息，而不在屏幕上显示其实际内容。

示例：设计一个验证密码的用户界面，如果输入密码正确，可以调用指定表单，如果输入密码错误，显示提示信息，设计效果如图 6.12 所示。

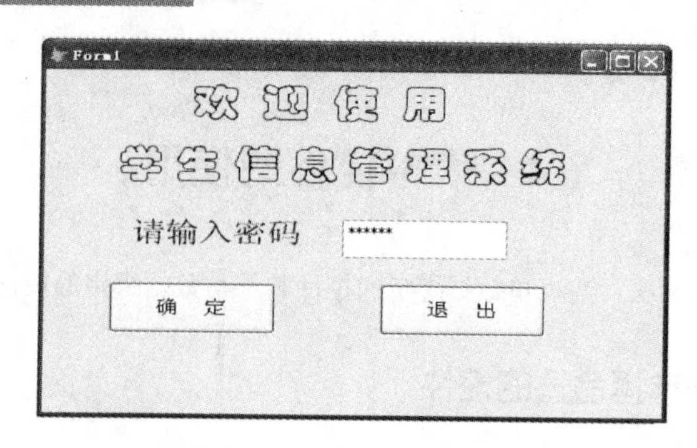

图 6.12 设计验证密码的用户界面

6.4.4 命令按钮和命令按钮组

“命令按钮”控件主要用来控制程序代码的执行、操作，“命令按钮组”控件是命令按钮的集合。

1．“命令按钮”的属性、事件

在表单中可以建立一个命令按钮控件用于执行命令。一般都将特定操作代码放置在命令按钮的 Click 事件中，设计时经常需要设置命令按钮属性。

2．命令按钮组

命令按钮组控件是表单上的一种容器，它可以包含若干个命令按钮。如果表单上有多个命令按钮，可以考虑使用命令按钮组。使用命令按钮组可以使代码更整洁，界面更加整齐。命令按钮组与组内的各个命令按钮都有自己的属性、事件和方法。

6.4.5 编辑框

在编辑框中允许编辑长字段或备注字段文本，允许自动换行并能用方向键、PageUp 和 PageDown 键以及滚动条来浏览文本。

6.4.6 组合框

组合框兼有列表框与文本框的功能，其功能和列表框类似，不同之处是列表框任何时候都显示它的列表，而组合框平时只显示一项，当用户单击它的向下按钮后才显示下拉列表。

组合框又分为下拉组合框（组合框的 Style 属性值为 0 ）和下拉列表框（组合框的 Style 属性值为 2)，前者既可以在列表中选择选项，也可以在组合框中输入一个值，而后者和列表框一样只能在列表中选择选项。组合框属性如表 6.1 所示。

表 6.1 组合框属性一览表

属性名称	属性值
ControlSource	学生情况表.专业
RowSourceType	1-值
RowSource	会计学,法学,机制,电子
Style	2-下拉列表框

6.4.7　单选按钮组

“选项按钮”也叫“单选按钮”，常用于从多项控制中选择其一，把事先设计好具有特定目的的操作过程提供给“单选按钮组”，用户必须且只能选择其中的一项。

1. 单选按钮组的常用属性和事件

在实际应用过程中，可以通过选项按钮获得信息，并通过保存 Caption 属性将这些信息保存在表中。

若要将某个选项按钮的 Caption 属性保存到表中，则首先应将选项按钮组的 Value 属性设最为空字符串。将按钮组的 ControlSounce 要求属性设置为表中的某个字符型字段。

2. 单选按钮组的示例

利用选项按钮组选择学生性别，为“学生情况表”添加记录，如图 6.13 所示。

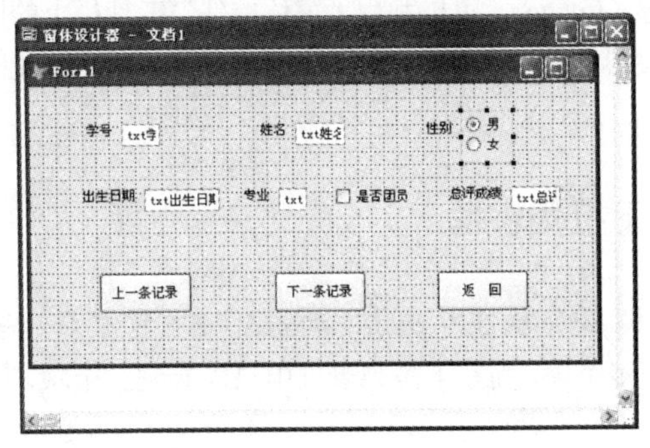

图 6.13　将“性别”设计成选项按钮

6.4.8　计时器控件

计时器控件（Timer）可以在指定的时间间隔重复地执行指定的操作和检查数值，以便处理特定的功能，如显示时钟、移动字幕、路口的红绿灯等。对于其他某些后台处理，计时器也很有用，如备份数据、打印报表等。

1. 计时器的事件和属性

（1）Timer 事件。由计时器控件控制反复执行的动作代码放在此事件过程中。

（2）Enabled 属性。若想让计时器在表单加载时就开始工作，应将这个属性设置为“真”(.T.)，否则将这个属性设置为“假”(.F.)。

（3）Interval 属性。通过该属性设置 Timer 事件触发的时间间隔，单位为毫秒。Interval 属性决定事件发生的频率。

2. 向表单中添加计时器控件

要将计时器控件放置在表单中，只需在“窗体控件”工具栏中选择“计时器“按钮并把它拖到表单中即可。

3. 计时器控件示例

利用计时器控件的 Timer 事件可以设计数字时钟等与计时相关的工具，设计效果如图 6.14 所示。

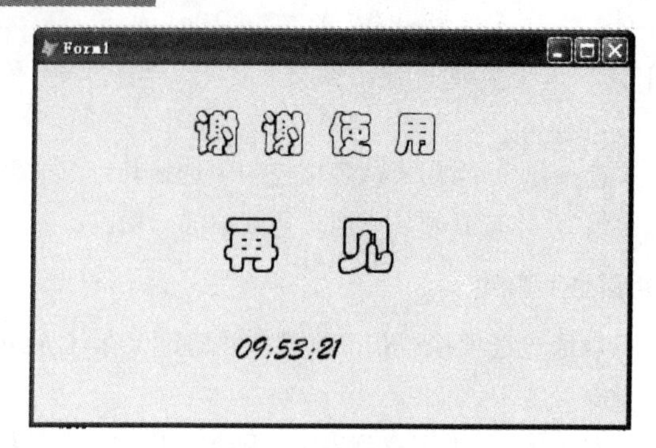

图 6.14　计时器设计

6.4.9　图像控件

要在表单显示一个图像（Image），可以利用“窗体控件”工具栏上的图像按钮在表单创建一个图像控件，并将它的 Picture 属性设置为一个图像文件（图像文件的类型可以是.BMP，.ICO，.GIF，.JPG 等）。

6.4.10　列表框和下拉列表框

列表框和下拉列表框（即 Style 属性为 2 的组合框控件）中包含了一些选项和信息的可滚动列表。列表框中任何时候都能看到多个项，而在下拉列表框中只能看到一个项，可单击向下按钮来显示可滚动的下拉列表框。

1．列表框的常用属性和方法程序

列表框的 Value 属性可以是数值型，也可以是字符型，默认值为数值型。如果 RowSource 是字符型值，并且要让 Value 属性反映列表中选定的字符串，则应将 Value 属性设置为空字符串。

2．填充列表框或组合框

通过设置 RowSourceType 和 RowSourc 属性，可以用不同数据源中的项填充列表框。RowSourceType 属性决定列表框或组合框的数据源类型，设置好 RowSourceType 后设置 RowSource 属性可指定列表项的数据源。列表框属性如表 6.2 所示。

表 6.2　列表框属性一览表

属性名称	属性值
ControlSource	学生情况表.专业
RowSourceType	6.字段
RowSource	学生专业表
ColumnCount	10
BoundColumn	2

3．允许用户从列表向表内输入数据

如果将列表的 ControlSource 属性设置为字段，那么在列表中选择的项将会写到表中。这是保持表中数据完整性的一个简单方法，因为有可能输入错误数据，但不可能输入非法值。

4．列表框生成器

打开列表框生成器的方法是将鼠标移到列表框控件上，单击右键，从弹出的快捷菜单中执行“生成器”命令。

6.4.11　形状、线条和容器

利用线条控件（Line）可以在表单上画斜线、水平线和垂直线等各种类型的线条。通过形状控件（Shape）可以在表单上画出各种类型的形状，如矩形、圆角矩形、正方形、圆角正方形、椭圆和圆。利用容器控件（Container）以在表单上绘制矩形框，并且可以在该容器内添加其他的控件。形状类型由 Curvature，Width 与 Height 属性来指定。

6.4.12　微调控件

利用 Visual FoxPro 8.0 提供的微调控件 Spinner 可以接收给定范围内的数值输入。除了能够用鼠标单击控件右边向上和向下的箭头来增减其当前值外，还能像编辑框那样直接输入数值数据。

6.4.13　表格控件

表格（Gird）类似浏览窗口，它具有网格结构，有垂直滚动条和水平滚动条，可以同时操作和显示多行数据。

1．表格对象的组成和属性

表格是一个容器对象，由一列或若干列组成，每一列可显示表的一个字段，列由列标题和列控件组成。列标题的默认值为显示字段的字段名，允许修改。每一列必须设置一个列控件（例如设置一个文本框控件 Text1），该列中的每个单元格都可以用此控件来显示字段的值。这些列除了包含标头和控件外，每一个列还拥有自己的一组属性、事件和方法程序，从而为表格单元提供了大量的控件。

2．将表格添加到表单中

表格对象能在表单或页面中显示并操作行和列中的数据，有两种方法将表格添加到表单中。

3．设计表格时常见的操作

（1）设置表格列数。在“属性”窗口中设置 Column Count 的值。如果 ColumnCount 设置为-l，表格将具有和表格数据源中字段数一样多的列。

（2）调整表格中列宽和行高。在“属性”窗口中设置 Width 和 Height 的值。

（3）为整个表格设置数据源。利用 Record Source 选择数据表。

（4）为某列设置数据源。在“属性”窗口中设置 ControlSource 属性。

（5）向表格添加记录。通过“生成器”选择数据表的记录。

4．在表格列中显示控件

通过“表格生成器”添加控件的操作步骤如下：

（1）在新建表单中打开“数据环境设计器”，添加表。

（2）在“数据环境设计器”拖动标题栏，向表单中添加 2 个表格，合理布局。

（3）在“表格 1”控件上右击，在弹出的快捷菜单中选择“生成器”命令，在弹出的“表格生成器”对话框中单击“l. Grid Items（表格字段）”选项卡，选择需要显示的数据表的字段。

（4）在“表格 2”控件上右击，在弹出的快捷菜单中选择“生成器”命令，在弹出的“表格生成器”对话框中单击“l. Grid Items（表格字段）”选项卡，选择需要显示的数据表的字段。单击“3 .Layout（布局）”选项卡进行设置后，单击 OK 按钮。

（5）运行该表单。

6.4.14 页框

页框控件（Page Frame）实际上就是选项卡界面。在表单中，一个页框可以有两个以上的页面，它们共同占有表单中的一块区域。在某一时刻只有一个活动页面，只有活动页面上的控件才是可见的。可以通过单击需要的页面头来激活这个页面。表单中的页框是一个容器控件，它可以容纳多个页面，在每个页面中又可以包含容器控件或其他控件。

1. 页框属性

使用页框和页面，可以创建带选项卡的表单或对话框。使用页框能有效地扩展表单的空间。

2. 将页框添加到表单中

表单中可以包含一个或多个页框。若要在页框中添加表单，步骤如下：

（1）在“窗体控件”工具栏中选择页框按钮，然后在表单窗口中拖动鼠标到想要的尺寸。

（2）设置 PageCount 属性，指定页框中包含的页面数。如果要为每一页加上标题，可以设置对应的 Caption 属性。还可以通过设置每一页的 BackColor 属性来为每一页指定不同的颜色。

（3）为表单添加一个页框对象后，将鼠标指针放在页框上，单击右键打开快捷菜单，选择“编辑”，则页框周围将出现一个虚框，表明页框已处于编辑状态。这时就可以通过选项卡来激活某个页，然后向该页添加对象了。

（4）用表单中添加控件相同的方法，向页框中添加控件。

6.5 表单的修改

在表单建成后，往往需要根据总体设计进行进一步的修改、修饰，比如重新设置表单布局等，以使得表单更加符合应用程序的总体风格和要求。

6.5.1 表单的布局设计

可以从以下几个方面来对表单布局进行修改。

1. 常用的表单布局方法

（1）调整控件的位置。利用表单控件按钮，可实现控件的对齐、等间距等调整。

（2）调整控件的大小。使用 autosize 属性可实现自动调整控件的大小。

（3）向表单中添加形状、线条。使用“窗体控件”直接添加。线条（1ine）控件可以创建水平线、垂直线或对角线对象；形状（Shape）控件可以在表单中产生圆、椭圆以及圆角或方角的矩形对象。

（4）生成器中“布局”选项卡的使用。利用“布局”选项卡提供的格式选项，既可调整一个控件的布局，也可调整多个控件的布局。

2．设置最大的表单设计区域

设定表单的设计区域，可以确保其在特定的分辨率下正确显示。

6.5.2　修饰表单

表单设计过程中，还可以通过以下几种方法，对表单进行修饰，以使得表单更加美观、大方和界面友好。

1．向表单中添加背景图片

向表单中添加背景图片的步骤如下：

（1）打开表单，在“属性”窗口中选择 Picture 属性。

（2）单击“属性”窗口的“属性设置框”右边的“…”按钮，进入“打开”对话框。

（3）选择合适图片文件，单击“确定”按钮，返回“窗体设计器”窗口，表单背景文件已经加载成功。

（4）运行表单。

2．设置表单对象的颜色

设置表单对象的前景色和背景色，有如下几种方法：

（1）利用 ColorSource 属性设置表单颜色 在“属性”窗口的“布局”选项卡中，选择 ColorSource 属性，然后选择一种颜色即可。

（2）利用“调色板”工具栏设置表单的前景色和背景色。

（3）创建自定义颜色。

3．利用 ActiveX 控件扩展表单的功能

利用页面能够扩展表单的面积，利用 ActiveX 控件则能够扩展表单的功能。

6.6　优化表单

VFP 是面向对象的程序设计，为了更好地简化程序设计过程，引入了类的概念。经过精心地计划，可以有效地决定应该设计哪些类，以及在类中应该包含哪些功能，使类和任务匹配，优化表单设计工作。

6.6.1　在表单中创建新类

在 Visual FoxPro 8.0 中，系统内部定义的类，称为基类，用户可以利用基类创建自定义类。定义类的方法主要有如下几种：

（1）在“项目管理器”中选择“类”选项卡后单击“新建”按钮。

（2）选择系统菜单“文件”中的“新建”命令，在打开的“新建”对话框中选择“类”，再单击“新建文件”按钮。

（3）利用 CREATE CLASS 命令。

1．类设计器

“类设计器”的用户界面与表单界面类似，也可以利用“属性”窗口查看和编辑类的属性，在“代码”窗口中编辑各种事件和方法程序的代码。

与设计表单类似，可以在控件类或容器类中添加控件，可以设置属性，编写方法程序代码，并且可以创建新的属性和方法。

2．创建有多个组件的控件类

要创建一个控件类，可以在 Visual FoxPro 的基类的基础上创建具有封装功能的类，也可以创建含有多个组件的控件类，最常见的就是命令按钮组。

6.6.2 在表单设计中使用所定义的类

1．类的引用

要在表单中使用“浏览按钮组”类，可以用如下的方法：

（1）在“项目管理器”中选择“表单”项，单击“新建”按钮，打开“窗体设计器”对话框。

（2）打开“数据环境设计器”，添加“学生情况表”，并将表中的部分字段拖动到表单中，调整控件位置。

（3）单击“窗体控件”工具栏中的“查看类”按钮，选择“添加”命令，“打开”对话框选择“自定义类”。

（4）单击“浏览按钮组”类按钮，将“浏览按钮组”添加到表单中，调整大小后，运行表单。单击按钮观察记录变化。

2．类的修改

创建类后，还可以对类进行修改。对类的修改要慎重，类的修改将影响所有子类和基于该类的对象，这有可能增加类的功能或修改类造成错误。

习　题　六

一、简答题

1．属性 Control Source 与 Row Source 有什么区别？

2．什么是一对多表单？

3．组合框有哪些种类？

4．根据表单数据来源的不同，可将表单分为哪三种类型？

二、选择题

1．在 Visual FoxPro 中，表单(Form)是指（　）。

A．数据库中各个表的清单　　B．一个表中各个记录的清单

C．数据库查询的列表　　D．窗口界面

2．如果在运行表单时，要使表单的标题显示“登录窗口”，则可以在 Form1 的 Load 事件中加入语句（　）。

A．THISFORM.CAPTION="登录窗口"　　B．FORM.CAPTION="登录窗口"

C．THISFORM.NAME="登录窗口"　　D．FORM1.NAME="登录窗口"

3．在 Visual FoxPro 中释放和关闭表单的方法是（　）。

A．RELEASE　　B．CLOSE　　C．DELETE　　D．DROP

4．将表格添加到表单时，需设置表格的数据源，通过以下（　）属性完成。

A．Control Source　　B．Record Source

C．Column Count　　D．Record Source Type

5．在 Visual FoxPro 中，运行表单 T1.SCX 的命令是（　）。

A．DO T1　　B．RUN FORM T1

C．DO FORM T1　　D．DO FROM T1

6．决定微调控件最大值的属性是（　）。

A．Keyboardhighvalue　　B．value

C．Keyboardlowvalue　　D．Interval

三、填空题

1．运行表单时，Load 事件是在 Init 事件之________被引发。

2．表单的组合框有两种类型，分别为__________和__________。

3．如果要改变表单背景颜色，则应设置表单的______________属性。

4．控件的标题属性名为________，表单控件中可以输入多行文本的控件为________。

第 7 章　面向过程的程序设计

【本章主要内容】

程序文件的建立、修改和运行，程序常用的简单语句（命令），程序结构，过程与函数。

【学习导引】

- 了解：过程与函数。
- 掌握：程序文件的建立、修改和运行，程序常用的简单语句（命令），程序结构。

7.1　程序文件的建立、修改和运行

程序设计就是编写各种程序，它告诉计算机应该实施的操作。VFP 程序由代码构成，包括以命令形式出现的指令、函数或 VFP 可理解的任何操作。这些指令包含在"命令"窗口、程序文件、"表单设计器"或"类设计器"的事件/方法代码窗口、"菜单设计器"的过程代码窗口及"报表设计器"的过程代码窗口中。

在设计程序的过程中，要考虑充分，思路明确，特别要注意程序的通用性。编程的基本逻辑是：输入数据→处理数据→输出数据。

1．程序文件的建立、修改和运行

源程序的扩展名是.PRG，VFP 中建立程序文件有三种方式：

（1）命令方式。modi command <程序文件名>。

（2）菜单方式。"文件"→"新建"→"程序"。

（3）项目管理器方式。"代码"→"程序"。在此管理器种可以修改和运行程序。

2．VFP 中运行程序文件的三种方式

（1）do<程序文件名>。

（2）"程序"→"运行"。

（3）在项目管理器中运行。

7.2　程序常用的简单语句（命令）

在程序文件中使用的命令，主要指的是输入/输出，用于与用户对话。但有些命令不能在交互方式下执行。

1．输入数据

格式一：STORE <数据>TO<变量名表>

格式二：<变量>=<表达式>

（1）输入单字符语句。

格式：WAIT[<提示信息>][TO<内存变量>][WINDOWS[AT<行>,<列>]][NOWAIT][CLEAR|NOCLEAR][TIMEOUT<秒>]

功能：暂停程序的执行，接受用户从键盘上输入单个字符。

说明：①若有 TO<内存变量>选项，则将该字符赋给内存变量。

②若无<提示信息>，屏幕显示“按任意键继续……”。

③WINDOWS 子句，可以指定提示信息显示窗口，而不是在 VFP 主窗口上提示。

④NOWAIT 子句表示出现提示信息后，并不等待用户按键而继续程序的执行。

⑤CLEAR|NOCLEAR 子句式表示是否将提示信息窗口是停留在系统主窗口上。

⑥TIMEOUT 子句表示从 WAIT 语句执行到人为中止该命令为止，若等待指定时间后仍没有从键盘上（或鼠标）收到输入信息，提示窗口自动关闭。

例如：wait "please input:" to x windows at 12,30 timeout 15

　　　wait "请检查输入内容!" windows

（2）输入字符串语句。

格式：ACCEPT[<提示信息>]TO<内存变量>

功能：暂停程序的执行，接受用户从键盘上输入字符串并赋值给内存变量，以回车结束。

说明：①输入数据一律作为字符串并赋值给内存变量。

②提示信息可以是字符串，也可以是字符串变量。

例如：accept "请输入内容!" to q

（3）输入任意型数据。

格式：INPUT[<提示信息>]TO<内存变量>

功能：①与 ACEEPT 类似，所不同的是 INPUT 可以输入字符型、数值型、逻辑型、日期型数据，甚至可以是表达式。

②在输入字符型常量时，必须加括号，输入逻辑型数据，要用圆点括起来，输入日期型数据要用 CYOD 函数格式或用花括号（{}）格式。

（4）格式输入语句。

格式：@行号，列号 SAY[提示信息]GET<变量名>

　　　READ

功能：在指定位置输出提示信息并接受键盘输入，同时为 GET 后面的变量赋值。

说明：格式输入必须有 READ 子句配合才能实现规定的功能。

例如：

```
clear
use xsb
jlh=1
@ 2,10 say "请输入记录号：" get jlh
read
go jlh
@ 4,10 say "请修改第"+str(jlh,1)+"学生的数据"
```

```
@ 6,10 say "总评成绩" get 总评成绩
@ 8,10 say "专业" get 专业
read
use
```

2．输出语句

（1）“？”：换行显示。

（2）“？？”：不换行显示。

（3）格式输出语句。

格式：@ 行号，列号 SAY 表达式

功能：表达式的值输出到指定的位置。

例如：use xsb

    @ 2,10 say 学号

（4）文本输出语句。

格式：TEXT

    <文本内容>

    END TEXT

3．其他辅助语句

（1）注释语句。

格式一：NOTE /*<注释语句>

格式二：&& <注释语句>

功能：上述语句不执行任何操作，只作注释标记。NOTE /*一般放在一行的开始，多用于对程序的注释。&&放在语句的后面，用于对语句的注释。

（2）清屏。

格式：CLEAR

功能：清除整个屏幕，光标回到屏幕的左上角。

（3）中止程序语句。

格式一：CANCEL

功能：结束程序的运行，返回命令窗口，同时关闭所有打开的文件。

格式二：SUSPEND

功能：暂停程序的执行，回到命令窗口，输入 RESUME 命令，继续执行下面的程序。

7.3 程序结构

程序设计要求通过对实际问题的分析，确定解题方法（确定算法），并应用程序实际语言提供的命令或语句将解题算法描述为计算机处理的语句序列（即程序）。为了使编写出的程序有良好的可读性和较高的运行效率，就需要对编写程序制定相应的规范。所谓结构化程序设计，就是采用自顶向下逐步求精的设计方法和单入口单出口的控制结构，即顺序结构、分支结构、循环结构。

7.3.1　顺序结构

这种结构是最简单的结构。语句按它们在程序中出现的先后顺序执行。例如：在学生情况表中按学号查找学生。

```
clear
set talk off          &&不显示命令结果
use xsb
accept "请输入欲查询的学号：" to xsxh
locate for 学号=xsxh
display
set talk on           &&显示命令结果
cancel
```

7.3.2　分支结构

分支结构，就是根据不同条件成立与否，作出不同的处理而形成的一种结构。在 VFP 中又称为选择结构，分为单选择、双选择、多选择。

1．单选择（简单条件分支语句）

```
格式：IF <表达式>
        <语句块>
      ENDIF
```

流程图如图 7.1 所示。

举例：

```
clear
text
根据行程计算付费
endtext
set talk off
input "请输入行程：" to x
y=5
if x>3
y=(x-3)*1.2+y
endif
? "应付费：",y
set talk on
cancel
```

2．双选择（完整条件分支语句）

格式：IF <表达式>

```
        <语句块 1>
    ELSE
        <语句块 2>
    ENDIF
```

流程图如图 7.2 所示。

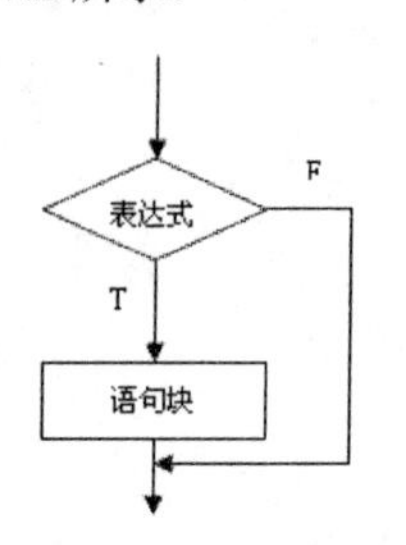

图 7.1　简单条件分支语句逻辑图

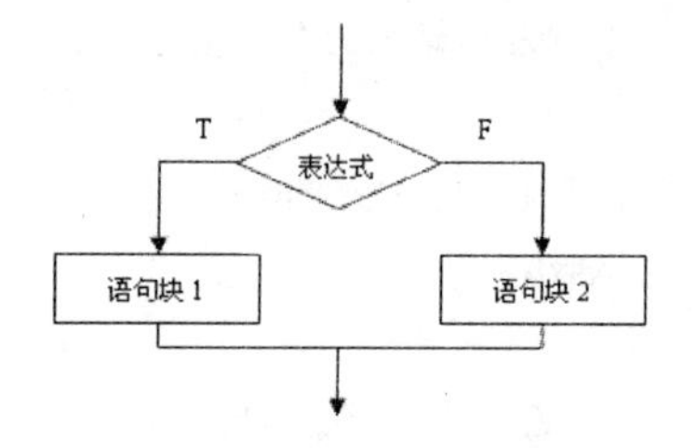

图 7.2　完整条件分支语句逻辑图

举例：

```
clear
text
根据行李重量计算运费
endtext
set talk off
input "请输入行李重量：" to x
if x<50
y=x*0.35
else
y=50*0.35+(x-50)*0.50
endif
? "应付运费：",y
set talk on
cancel
```

3．多分支语句（多分支选择结构语句）

格式：

```
DO CASE
    CASE <表达式 1>
        <语句块 1>
    CASE<表达式 2>
        <语句块 2>
        ……
    CASE<表达式 n>
        <语句块 n>
        [OTHERWISE
        <语句块 n+1>]
```

ENDCASE

流程图如图 7.3 所示。

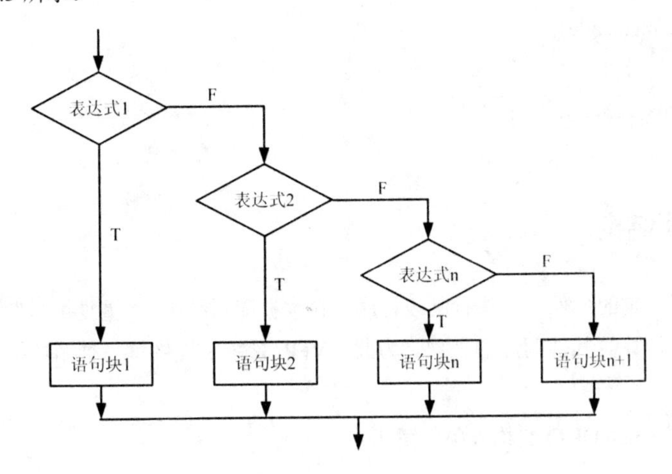

图 7.3　多分支选择结构语句逻辑图

举例：

```
clear
text
根据总评成绩输出学生的姓名和性别。当分数大于或等于 80 分时输出“优”，分数大于或等于 60 分，而小于 80 分时输出“合格”，分数小于 60 分时输出“不合格”。
endtext
sname=″ ″
scode=″ ″
Score11=0
@10,10 SAY″输入学生姓名:″GET sname
@11,10 SAY″输入学生学号:″GET scode
@12,10 SAY″输入总评成绩:″GET Score11
READ
DO CASE
CASE Score11>=80
?″姓名:″,sname,scode,″优″
CASE Score11<80 AND Score11>=60
?″姓名:″,sname,scode,″合格″
CASE Score11<60
?″姓名:″,sname,scode,″不合格″
 ENDCASE
```

从这个例子可以看出，CASE 语句使得程序逻辑清楚、简明。

用带 OTHERWISE 的 CASE 语句写上例的条件判断。

```
DO CASE
CASE Score11>=80
```

```
?″姓名:″,sname,scode,″优″
CASE Score11<80 AND Score11>=60
?″姓名:″,sname,scode,″合格″
OTHERWISE
? ″姓名:″,sname,scode,″不合格″
ENDCASE
```

7.3.3 循环结构

循环就是按照一定的条件重复执行某段程序。在数据库系统中，“重复执行”不仅有对记录的处理，还可以有诸如计算等其他问题的处理。为此，VFP 系统中提供了三种循环结构形式，以适应不同情况的应用。

1．DO WHILE…ENDDO 结构（条件循环）

循环结构包括三个部分：循环头、循环体和循环尾。

格式一：

```
DO WHILE <条件表达式>
… …
Loop
… …
ENDDO
```

说明：该格式中的 Loop 语句可以放在循环体的任何部位，当执行该语句时，则返回到循环头继续执行。

格式二：

```
DO WHILE <条件表达式>
… …
EXIT
… …
ENDDO
```

说明：该格式中的 EXIT 语句可以放在循环体的任何部位，当执行该语句时，则立即退出循环。

注意：

（1）LOOP 与 EXIT 可以同时出现在循环体内。

（2）循环条件的设置是构成循环结构的重要因素。条件一般有以下几种：

1）计数形式。

```
I=1                    &&变量赋初值
DO WHILE I<10          &&变量终值
   I=I+1               &&变量值的改变
ENDDO
```

2）文件头或尾的测试。

```
USE  BM
DO WHILE .NOT.EOF()
  SKIP
ENDDO
```

3）键盘输入形式。

```
ANS="Y"
DO WHILE UPPER(ANS)="Y"
   WAIT"是否继续(Y/N)? " TO ANS
ENDDO
```

4）直接用.T.作为条件，用 EXIT 退出循环。

```
DO WHILE .T.
   IF <条件>
   EXIT
   ENDIF
ENDDO
```

举例：

（1）clear

```
set talk off
use xscj
do while .not.eof()
  if (计算机+高等数学+大学英语)/3>=80
  display
  endif
  skip
enddo
use
set talk on
cancel
```

（2）clear

```
set talk off
store 0 to x,y
do while .t.
    x=x+1
    if int(x/2)=x/2
        loop
    else
        y=y+x
    endif
    if x>=99
```

```
        exit
      endif
  enddo
  set talk on
  ? "100 以内奇数和为：",y
  Cancel
```

以上例子（2）也可以用计数方式的循环完成：

```
clear
set talk off
store 0 to x,y
do while x<100
   x=x+1
   if int(x/2)=x/2
   loop
   else
   y=y+x
   endif
enddo
set talk on
? “100 以内奇数和为：",y
cancel
```

以下用键盘输入形式的循环完成上例：

```
clear
set talk off
input "请输入任意一个正整数：" to n
store 0 to x,y
do while x<n
   x=x+1
   if int(x/2)=x/2
   loop
   else
   y=y+x
   endif
enddo
set talk on
? "n 以内奇数和为：",y
cancel
```

2．SCAN…ENDSCAN 结构（扫描循环）

格式：

```
SCAN   [<范围>][FOR<条件 1>][WHILE<条件 2>]
        <语句序列>
ENDSCAN
```

功能：在一个表中新建一个执行语句序列的循环，并执行对每个记录的操作直到表文件结束为止。相当于 DO WHILE .NOT.EOF()的功能，但是这个命令速度更快，程序更简洁。

举例：

（1）对于学生成绩表 XSCJ.DBF，编程输出英语成绩最高的学生的学号、姓名和英语分数。

```
clear
set talk off
use xscj
Go top
xm=姓名
xh=学号
yy=英语
scan
    if yy<英语
    xm=姓名
    xh=学号
    yy=英语
    endif
endscan
? xh,xm,yy
use
set talk on
cancel
```

说明：

1）xm，xh，yy 三个变量代表字段名“姓名”、“学号”、“英语”的值。

2）SCAN…ENDSCAN 到表尾时退出循环。

（2）对于教师档案表 JSDA.DBF，试把教授的基本工资增加 300 元，副教授增加 240 元，讲师增加 160 元。

```
set talk off
clear
use jsda
scan
do case
   case 职称="教授"
     repl 基本工资 with 基本工资+300
   case 职称="副教授"
     repl 基本工资 with 基本工资+240
```

```
    case 职称="讲师"
      repl 基本工资 with 基本工资+160
    endcase
endscan
use
set talk on
cancel
```

3．FOR…ENDFOR|NEXT 结构（步长循环）

该语句的执行过程是：当遇到 FOR 语句时，首先对循环变量的值进行比较，步长值可以是正值或负值。

正值时：若大于“终值”则结束循环，执行 ENDFOR|NEXT 后面的语句；若不大于“终值”，则执行循环体内的语句，然后变量的值按照步长的值增加，直到变量的值大于“终值”时为止。

负值时：若小于“终值”则结束循环，执行 ENDFOR|NEXT 后面的语句；若不小于“终值”，则执行循环体内的语句，然后变量的值按照步长的值增加，直到变量的值小于“终值”时为止。

此语句通过步长值来控制循环次数。一般在已知循环次数的情况下使用该语句结构比较方便。如果省略步长选项时，计算机则默认步长为 1。

另外，此语句也可以使用 LOOP，EXIT 语句。功能和以前的使用一样。

4．循环应用

（1）求 1+2+3…+100 的和。

```
set talk off
clear
s=0
for i=1 to 100
  s=s+i
endfor
? "s=",s
set talk on
cancel
```

（2）求 s=1!+2!+3!…+10！的和。

```
set talk off
clear
s=0
f=1
for i=1 to 10
  f=f*i
  s=s+f
next
? "s=",s
set talk on
```

```
cancel
```

（3）求 1－1/2+1/3－1/4+…+1/99－1/100 的值。

```
set talk off
clear
s=0
t=1
for i=1 to 100
   s=s+t/i
   t=-t
next
? "s=",s
set talk on
cancel
```

5．循环嵌套

（1）试编程输出“九九乘法表”。

```
clear
set talk off
i=1
do while i<10
   j=1
   do while j<=i
      k=i*j
      ?? str(i,1)+"*"+str(j,1)+"="+str(k,2)+""
      j=j+1
   enddo
   i=i+1
   ?
enddo
set talk on
cancel
```

也可用以下设计输出“九九乘法表”：

```
set talk off
clear
for i=1 to 9
   for j=1 to i
      k=j*i
      ?? str(j,1)+"*"+str(i,1)+"="+str(k,2)+""
   next
```

```
    ?
    next
set talk on
Cancel
```

（2）打印如下三角形图案：

```
        *
       ***
      *****
      ******
     ********
```

```
set talk off
clear
x=1
do while x<=5
     y=1
     ? space(15-x)
     do while y<=2*x-1
     ?? "*"
     y=y+1
     enddo
     x=x+1
enddo
set talk on
cancel
```

或者用以下程序设计输出图形：

```
set talk off
clear
x=1
do while x<=5
     y=1
     ?space(15-x)
     do while y<=2*x-1
        ?? "*"
        y=y+1
     enddo
     x=x+1
enddo
set talk on
cancel
```

7.4　过程与函数

采用结构化编程方式常常将一个大的程序分为几个小程序，每个小程序都有自己独立的功能，每个小程序都通过调试后，用一个主程序来控制，按照不同的需要调用不同的小程序，从而完成一个大的程序的编写工作。这些小程序的设计就是过程与函数的程序设计。

7.4.1　过程

在程序设计中，有几个不同或相同的程序中需要同一个程序段，那么每次都重复编写，将使程序变得冗长，而且也浪费存储空间，解决这个问题的方法是单独设计这些共用程序段，需要时调用。

（1）定义。结构化程序设计中，对于一些功能相对独立的程序模块，在 VFP 中称为过程。调用过程（子程序）的程序称之为调用程序或主程序。

（2）子程序特点。扩展名为.PRG，其程序的最后一个语句通常是 RETURN 或 RETRY。

（3）主程序特点。扩展名为.PRG，其程序的最后一个语句通常是 CANCEL。

（4）两者关系。两者的概念是相对的，主程序调用子程序以后，继续执行主程序的下一个语句。

（5）主程序调用语句。

格式：DO<过程名>[WITH<参数表>]

功能：执行过程名所指定的过程。在主程序中安排 WITH 选项，其后跟实际参数。

（6）子程序赋参数。

格式：PARAMETERS<形式参数表>

功能：用于过程程序的第一个语句中，赋值形式参数，接受调用程序中传递过来的实际参数的局部内存变量。

注意：主程序中 WITH 后面的实际参数，与过程中 PARAMETERS 后面的形式参数个数、类型应一致。

例 1　求长方形面积，主程序为 man1.prg。

```
* man1.prg
    set talk off
    s=0
    input "长=" to l
    input "宽=" to w
    do sub1 with l,w,s
    ? "面积=",s
    set talk on
    cancel
    * sub1.prg
        para a,b,c
```

```
c=a*b
return
```

注意：形式参数与实际参数的个数、类型一一对应。

例 2　求 n 的阶乘，主程序为 man2.prg（n 由用户输入）。

```
* man2.prg
    set talk off
    y=1
    input "n=" to n
    do sub3 with n,y
    ? str(n,2)+"!=",y
    set talk on
    cancel
      * sub3.prg
    para n,y
    if n>1
    do sub3 with n-1,y
    y=y*n
    endif
    return
```

注意：调用过程的本身就相当于循环。

7.4.2　过程文件

前面讲过的过程（子程序）均作为文件单独存储在磁盘上，通常称为外部过程。每次调用的过程就是打开一个磁盘文件，从而影响程序的运行效率；另外，系统允许打开的文件是有限的。因此，可以将多个命令文件组成一个大的文件，只要读取该文件，就可以调用它们所包含的所有文件，而不需要再次进行磁盘操作，也提高了机器的运行速度。下面介绍的过程文件就是这种结构。

1．过程文件的建立

过程文件是包含多个过程的命令文件。其扩展名是.PRG。其建立方法和一般命令文件完全相同。

```
格式：PROCEDURE<过程名 1>
        [PARA<形参表>]
        <语句序列>
        RETURN
        PROCEDURE<过程名 2>
        [PARA<形参表>]
        <语句序列>
        RETURN
```

```
PROCEDURE<过程名 n>
[PARA<形参表>]
<语句序列>
RETURN
```

说明：

（1）一个过程文件可以包含多个内部过程。

（2）每个内部过程都必须以 PROCEDURE<过程名>语句开始，以 RETURN 语句结束。

（3）这里的内部过程名，不是磁盘文件，因此没有扩展名，仅仅用来标识各个过程，可以用 DO 语句来调用。

2．过程文件的调用

调用过程文件首先要将文件打开，然后用 DO 语句调用其中的内部过程。

打开过程文件的格式：

SET PROCEDURE <过程文件名>；

当过程文件不使用时，应该关闭，其关闭格式如下：

SET PROCEDURE TO 或 CLOSE PROCEDURE；

另外，同一时刻，系统允许打开一个过程文件，当打开另一个过程文件时，原先打开的过程文件自动关闭。

举例：将求阶乘、圆面积和输出结果三个过程合为过程文件 GC1.PRG（主程序为 man3.prg）。

```
* man3.prg
  set talk off
  clear
  public s,j
  set procedure to cg1
  input "请输入圆的半径：" to r
  do proc1
  input "I=" to I
  do proc2
  close procedure
  set talk on
  cancel
    * cg1.prg
    procedure proc1
    s=pi()*r*r
    return
  procedure proc2
  n=1
  t=1
  do while n<=I
```

```
    t=t*n
    n=n+1
    enddo
do proc3
procedure proc3
? I,"!=",t
? "圆的面积=",s
return
```

3．变量的作用域

（1）公共变量。在任何模块中都可以使用的变量称为公共变量。

格式：PULIC<内存变量表>

功能：指定公共内存变量，并赋初值为.F.。

说明：程序终止时公共变量不会自动清除，只有用 RELESE 命令或 CLEAR ALL 命令来清除公共变量的值。

（2）私有变量。在定义它的模块或它的下层模块中生效，而在定义的模块运行结束时变量的值自动清除。

格式：PRIVATE<内存变量表>

功能：定义一个私有变量后，隐藏前面同名的内存变量，直到定义该私有变量的模块运行结束才恢复。

说明：私有变量并不赋值，和 PARAMETERS 一样。

7.4.3 函数

1．编制函数格式

```
[FUNCTION<函数名>]
[PARAMETERS<形式参数表>]
<语句序列(函数体)>
RETURN<表达式>
```

2．说明

（1）PARAMETERS 后面的参数语句是用来接受程序传递的参数，若无参数该语句可以省略。

（2）RETURN 后面的表达式是函数的返回值。

3．函数的调用

自定义的函数调用方法和系统内部的函数调用方法相同。

（1）调用格式：

<函数名>([<书记参数表>])

（2）说明：①当函数过程是以独立的文件形式存在时，函数名就是过程文件名。②当函数过程放在过程文件中时，函数名是 PROCEDURE 后面的过程名，调用前必须先打开过程文件。

习 题 七

一、简答题

1. 结构化程序设计具有哪几种基本控制结构？
2. 书写操作命令：显示男教师中基本工资在900元以上的记录。
3. 在程序设计中变量按作用域可划分为哪两种？
4. 书写操作命令：逻辑删除数据库表zgb.dbf中最后3个记录。

二、选择题

1. 一个数据库名为stud，要想打开该数据库，应使用命令（ ）。

   A．OPEN student　　B．OPEN DATA student

   C．USE DATA student　　D．USE student

2. 使用命令DECL SAM(2,3)定义的数组，包含的数组元素(下标变量)的个数为（ ）。

   A．2个　　B．3个　　C．5个　　D．6个

3. 在DO WHILE … ENDDO循环结构中，LOOP命令的作用是（ ）。

   A．退出过程，返回程序开始处

   B．终止程序执行

   C．转移到DO WHILE语句行，开始下一个判断和循环

   D．终止循环，将控制转移到本循环结构ENDDO后面的第一条语句继续执行

4. 命令@10，10 CLEAR的清屏范围是第10行第10列至屏幕（ ）角。

   A．右上　　B．右下　　C．左上　　D．左下

5. 不属于循环结构的语句是（ ）。

   A．SCAN…ENDSCAN　　B．IF…ENDIF

   C．FOR…ENDFOR　　D．DO WHILE…ENDDO

6. 顺序执行下列命令后，最后一条命令显示结果是（ ）。

   ```
   USE CHJ
   GO 5
   SKIP-2
   ?RECNO()
   ```

   A．3　　B．4　　C．5　　D．7

三、编程题

1. 从键盘输入数值x，若为正数，则显示出来。
2. 用循环结构程序求1+2+3+…+100的和。
3. 用DO WHILE循环求出ZGRSDAB.DBF中男性工程师和女性会计师的人数各是多少。
4. 求1～100间能被3整出的数之和。
5. 编程求 $y=\frac{1+1!}{1+2}+\frac{2+2!}{2+3}+\frac{3+3!}{3+4}+\cdots+\frac{10+10!}{10+11}$ 的值。
6. 使用过程语句编写程序求s=5!+13!+21!。

第 8 章　菜单与工具栏

【本章主要内容】

设计菜单，利用“菜单设计器”创建菜单系统，创建快捷菜单，向菜单添加事件代码，设计工具栏。

【学习导引】

- 了解：菜单的概念，菜单系统的规划原则，定义工具栏类的方法。
- 掌握：利用“菜单设计器”创建菜单系统，向菜单添加事件代码，创建快捷菜单，定制工具栏。

菜单和工具栏为用户提供了一个形式与结构更好的操作界面，更加方便用户选择执行应用程序的功能或使用应用程序的命令。菜单和工具栏是一个完整的数据库应用程序中的两个必要的组件。

菜单是用户在应用数据库应用程序中最先接触的所有功能的接口，菜单系统的质量不仅反映应用程序的功能模块的组织水平，同时也反映应用程序的界面友善性。工具栏是向用户提供常用功能的快捷方式，是设计实用性较强的应用程序的必要手段。

8.1　设 计 菜 单

菜单是应用系统一个非常重要的组成部分。所谓菜单就是一系列选项，每一个菜单项都对应一个命令或程序，选择菜单项就可执行这些命令或程序，从而实现特定的功能。

创建菜单系统一般都需要以下步骤：

（1）规划和设计系统。确定需要有哪些菜单项，菜单要出现在界面的何处以及哪些菜单有子菜单等。

（2）创建主菜单和子菜单。建立主菜单和子菜单，使用菜单设计器定义菜单标题、菜单项和子菜单。

（3）按实际要求为菜单系统指定任务。

（4）生成菜单程序。利用菜单设计器制作的菜单，将生成一个以.mnx 为扩展名的菜单文件，并可以将此菜单文件生成一个以.mpr 为扩展名的程序文件。

（5）运行菜单程序，以测试菜单系统。通过运行菜单文件，可以检测菜单系统设计是否符合一般软件的菜单系统的设计原则，检查运行情况是否符合当前应用程序用户的特殊服务要求。然后对菜单设计进行必要修改。

8.1.1　菜单系统的规划原则

设计菜单系统时，要遵循下列原则：

（1）按照用户所要执行的任务组织系统，而不要按应用程序的层次组织系统。

（2）给每个菜单一个有意义的菜单标题。

（3）按照估计的菜单项使用频率、逻辑顺序或字母顺序组织菜单项。

（4）若某组菜单的命令较多，可以考虑在菜单项的逻辑组之间放置分隔线。

（5）将菜单上菜单项的数目限制在一个屏幕之内。

（6）尽可能地为菜单和菜单项设置快捷键或访问键。

（7）为菜单项指定任务，适当创建子菜单，不宜太多或太少。

（8）描述菜单项时，要使用日常用语而不要使用计算机术语。

（9）说明选择一个菜单项产生的效果时，应使用简单、生动的动词。

（10）有些菜单组暂时不便定义，也要规划好它的位置，并在系统分析过程中记录下来，以备随后地的检查。

8.1.2　利用“菜单设计器”创建菜单系统

在一个菜单规划完成后，就可以利用“菜单设计器”创建一个菜单，如图 8.1 所示。

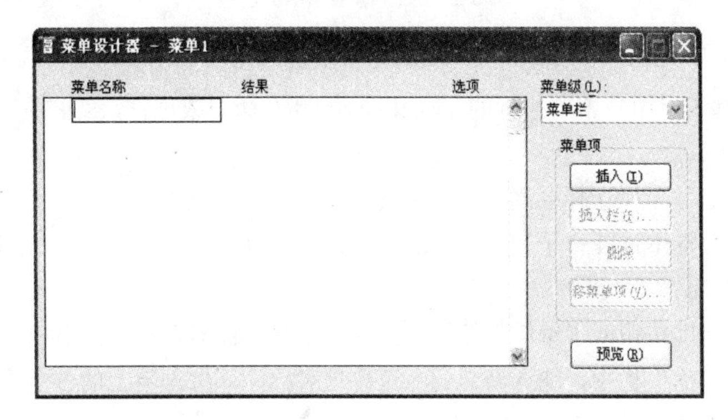

图 8.1　菜单设计器

“菜单设计器”的主要功能可以描述如下：

（1）为应用程序建立下拉式菜单。

（2）通过定制 Visual FoxPro 8.0 系统菜单，建立下拉式菜单。

（3）通过下拉式菜单的树形结构完成对若干模块应用程序的调用。

（4）利用其他应用程序、表或表达式实现对菜单项有效性的设置。

（5）利用其他应用程序设计快速菜单。

打开“菜单设计器”创建菜单的常用方法有以下几种：

（1）选择“文件”菜单中的“新建”命令，打开“新建”窗口，选择“菜单”项，单击“新建”按钮，弹出“新建菜单”对话框。

（2）从常用工具栏上单击“新建”按钮，选择“菜单”项，弹出“新建菜单”对话框。

（3）在“项目管理器”中的“其他”选项卡中，选择“菜单”，单击“新建”按钮。

（4）采用命令格式：在“命令”窗口中输入命令 CREATE MENU [<文件名>]，其中的<文件名>指菜单文件，扩展名是.mnx，允许缺省。

1．创建菜单

（1）在“项目管理器”的“其他”选项卡中，选择“菜单”项，单击“新建”按钮，弹出“新建菜单”对话框。这时可以选择要创建的两种菜单形式，一种是下拉式菜单，一种是快捷菜单。

（2）单击“菜单”按钮，弹出“菜单设计器”窗口。

（3）在“菜单设计器”窗口中的“菜单名称”栏中输入菜单的名称，并在“结果”中选择菜单项的类型，调整菜单栏的位置，一级菜单设计完成。图 8.2 所示为创建的学生信息管理一级菜单。

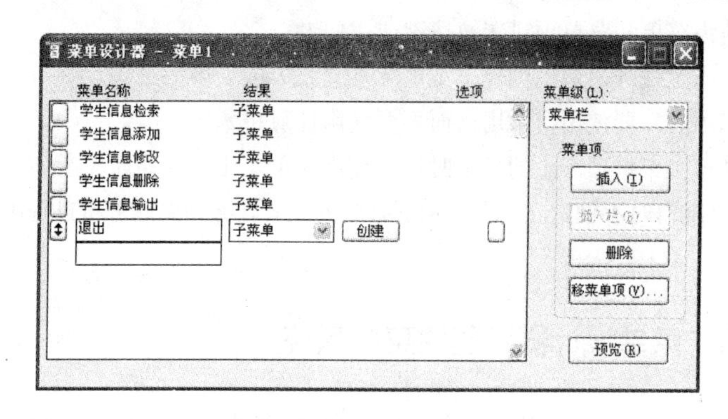

图 8.2　学生信息管理一级菜单

2．创建菜单项（子菜单）

每一个菜单项都表示用户希望执行的 Visual FoxPro 8.0 命令或过程，菜单项也可以包含用于提供其他菜单项的子菜单。

（1）在“菜单名称”栏选择要添加菜单项的菜单。

（2）在“结果”框中选择“子菜单”，此时其右侧会出现“创建”按钮。如果已经存在子菜单，则会出现“编辑”按钮。

（3）单击“创建”按钮或“编辑”按钮，进入“菜单设计器”窗口的下一屏幕。

（4）在“菜单名称”栏中，输入新建的各菜单项名称，并按屏幕上的各个选项对子菜单进行编辑。图 8.3 所示为创建的学生信息管理二级菜单。

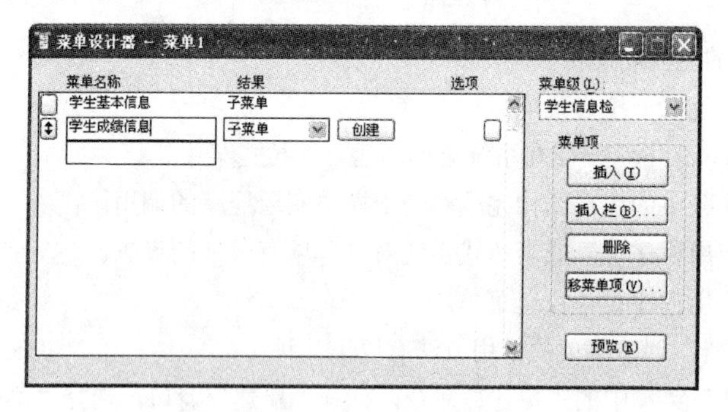

图 8.3　学生信息管理二级菜单

3．菜单项分组

为了增强各菜单项的逻辑性，提高菜单项的可读性，可以利用分隔线将内容相关的菜单项分组。

（1）选择要插入分隔线的菜单项，单击“插入”按钮。

（2）出现“新菜单项”栏，将该栏名称输入“\-”，即可创建一条分隔线。

（3）也可以先建成“\-”栏，拖动其左侧的双箭头按钮，将分隔线拖动到适当位置。

4．为菜单项指定访问键

功能比较完备的菜单，一般要为菜单设计访问键，从而可以通过键盘快速地访问菜单。在菜单标题或菜单项界面上，访问键用带有下画线的字母表示。

5．为菜单项指定快捷键

使用快捷键是让用户在按下某个键的同时，再按另一个键而选择菜单或菜单项。

6．启用和禁用菜单项

菜单的启用或禁止是根据所给条件计算得到，当条件为.T.时即将菜单或菜单项变为无效。如不设置条件，系统默认为.F.，即启用。如果菜单禁止，那么菜单中的所有菜单项均无效。设置步骤如下：

（1）在“菜单名称”栏中，选择相应的菜单或菜单项。

（2）单击“选项”按钮，弹出“提示选项”对话框。

（3）在“跳过”栏中或利用“表达式生成器”输入逻辑表达式，即可完成菜单项的启用和禁用设置。

7．为菜单或菜单项指定任务

（1）使用命令完成任务。菜单或菜单项要执行的命令，可以是任何一个 Visual FoxPro 8.0 命令。

（2）使用表单完成任务。在菜单或菜单项上，使用命令或过程可以显示编译过的表单或对话框。例如，在“系统维护”子菜单中，调用“mmxg.scx”表单就是利用命令实现的。运行菜单就可以调用密码修改的表单，实现本系统的密码修改。

（3）调用报表完成任务。利用报表为菜单指定任务，实际上也是通过命令来实现。

8．定义菜单标题的位置

在应用程序中，可以预先设置用户自定义菜单标题的位置，其具体操作步骤如下：

（1）打开菜单文件“菜单设计器”对话框。

（2）选择菜单“显示”中的“常规选项”命令，如图 8.4 所示。

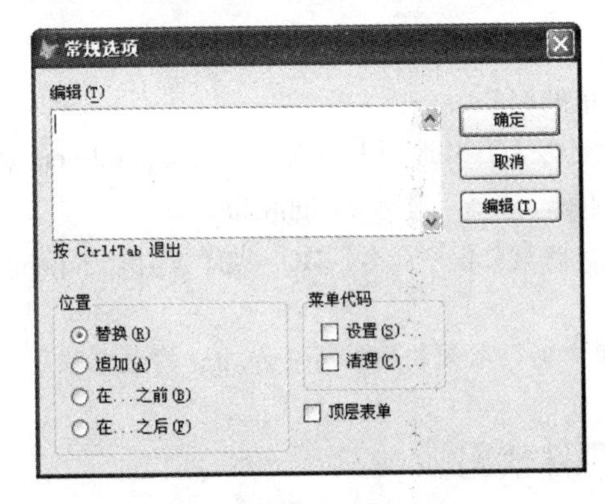

图 8.4　菜单设计“常规选项”

（3）在弹出的“常规选项”对话框中，选择适当的“位置”选项，即“替换”“追加”“在…之前”或“在…之后”。单击“确定”按钮保存。

（4）对菜单进行“生成”操作后，Visual FoxPro 8.0 会重新排列菜单标题的位置。

9．生成菜单程序

要执行菜单文件，必须先生成菜单程序文件（.MPR）。生成菜单程序文件的方法主要有下列两种：

（1）选择菜单“菜单”中的“生成”命令，在“生成菜单”对话框中单击“生成”按钮即可。

（2）在“项目管理器”中，选择菜单文件，单击“运行”按钮或“连编”按钮，系统将自动生成菜单程序文件。

8.1.3 创建快速菜单

利用“快速菜单”功能创建菜单系统的步骤如下：

（1）在“项目管理器”的“其他”选项卡中，选择“菜单”项，单击“新建”按钮。

（2）在弹出的“新建菜单”对话框中单击“菜单”按钮，此时出现“菜单设计器”，并且在菜单栏中出现“菜单”项。

（3）单击菜单“菜单”中的“快速菜单”命令，“菜单设计器”中便包含了 Visual FoxPro 8.0 主菜单的信息。

（4）通过添加或更改菜单项定制菜单系统后，保存即可。

8.1.4 创建快捷菜单

1. 快捷菜单的创建过程

创建快捷菜单的具体操作步骤如下：

（1）在“项目管理器”的“其他”选项卡中，选择“菜单”项，单击“新建”按钮。

（2）在弹出的“新建菜单”对话框中单击“快捷菜单”按钮，此时出现“快捷菜单设计器”，并且在菜单栏中出现“菜单”。

（3）添加菜单项的过程与创建菜单完全相同。

（4）单击菜单“菜单”中的“生成”命令，将所创建的快捷菜单进行生成和保存。

2. 将快捷菜单附加到控件中

将快捷菜单附加到控件中的具体步骤如下：

（1）选择要附加快捷菜单的控件。

（2）在“属性”窗口的“方法程序”选项卡中双击 RightClick Event 属性，打开控件的代码窗口。或者直接双击控件进入代码窗口，选择“过程”RightClick。

（3）在代码窗口中添加快捷菜单程序命令：DO <菜单文件名.mpr>。

注意：引用快捷菜单时，必须调用扩展名为.mpr 的菜单程序文件。

8.1.5 向菜单添加事件代码

1. 向菜单添加清理代码

为了让菜单停留在屏幕上等待用户选择，可以在“清理”代码窗口中加入代码 READ EVENTS，其具体步骤如下：

（1）打开“菜单设计器”对话框，选择菜单“显示”中的“常规选项”命令，弹出“常规选项”对话框。

（2）在“菜单代码”区域选择“清理”复选框，系统自动打开“清理”代码窗口。

（3）在“常规选项”对话框中单击“确定”按钮，激活 Visual FoxPro 8.0 的“清理”代码窗口，输入正确的清理代码。

（4）按 Ctrl+W 存盘退出，关闭“清理”代码窗口。

2．设置初始化代码

初始化代码时在定义菜单系统之前执行的一些准备性设置程序，一般包含用于打开文件、声明变量或者将菜单系统保存到堆栈中以备恢复使用的代码。向菜单系统添加初始化代码的步骤如下：

（1）打开“菜单设计器”对话框，选择菜单“显示”中的“常规选项”命令，弹出“常规选项”对话框。

（2）在“菜单代码”区域选择“设置”复选框，系统自动打开“设置”代码窗口。

（3）在“常规选项”对话框中单击“确定”按钮，激活 Visual FoxPro 8.0 的“设置”代码窗口，输入正确的初始化代码。

（4）按 Ctrl+W 存盘退出，关闭“设置”代码窗口。返回“菜单设计器”对话框，保存菜单文件时，Visual FoxPro 8.0 同时保存初始化代码。

8.2 设计工具栏

当应用程序中有一些需用户频繁执行的重复任务时，如果还是通过菜单系统来选择执行，显然是不合适的。此时，可以借助于 Visual FoxPro 8.0 提供的工具条，将使用频率高的重复任务作为按钮放在其中，以此来简化和加速任务的选择执行。

8.2.1 定制 Visual FoxPro 8.0 工具栏

1．定制工具栏

定制 Visual FoxPro 8.0 工具栏的步骤如下：

（1）在“显示”菜单中选择“工具栏”，则弹出“工具栏”对话框，如图 8.5 所示。

（2）选择要定制的工具栏，然后单击“定制”按钮，系统将显示要定制的工具栏和“定制工具栏”对话框，如图 8.6 所示。

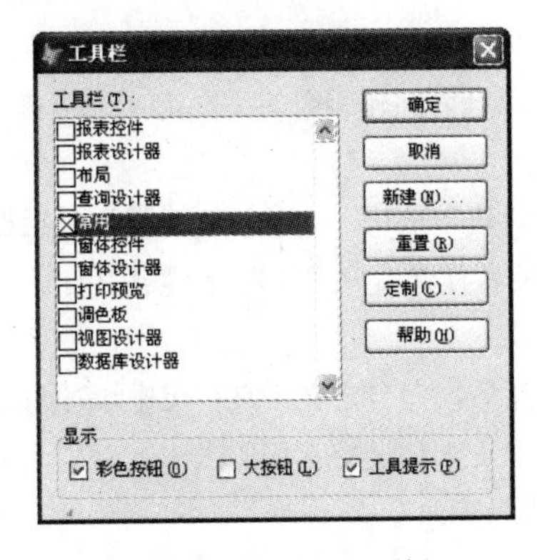

图 8.5 “工具栏”对话框

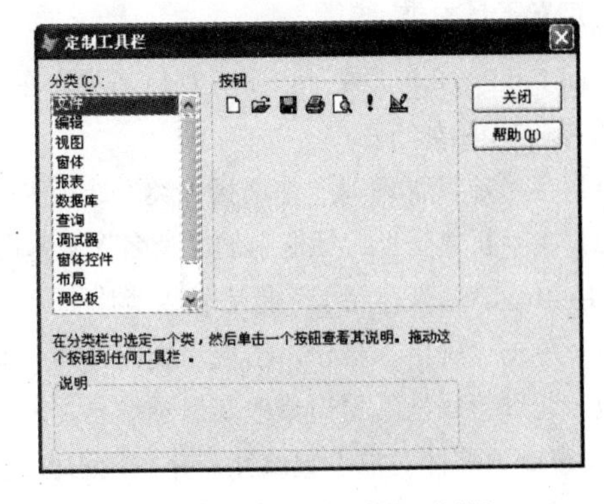

图 8.6 “定制工具栏”对话框

（3）在“定制工具栏”对话框的“分类”列表框中，选择按钮所属类别，在“按钮”栏中则显示该分类的按钮。然后可以选择合适按钮，并拖到要定制的工具栏中。

（4）在被定制的工具栏中选择按钮，并将按钮拖走。单击“定制工具栏”对话框的“关闭”按钮，即可完成工具栏的定制。

注意：如果修改了 Visual FoxPro 8.0 某个工具栏，可以在“工具栏”对话框中选择该工具栏，单击“重置”按钮，即可将工具栏还原为原始配置。

2. 创建新工具栏

利用其他工具栏按钮创建新工具栏，操作步骤如下：

（1）在“显示”菜单中选择“工具栏”，则弹出“工具栏”对话框。然后单击“新建”按钮，弹出“新建工具栏”对话框。

（2）在“新建工具栏”对话框中输入名称“新工具栏”，单击“确定”按钮，弹出“定制工具栏”对话框，选择一个分类，然后把需要的工具栏按钮拖到“新工具栏”中。

（3）如果需要，可以通过拖动，重排新工具栏按钮。单击“定制工具栏”对话框的“关闭”按钮，即可完成新工具栏的创建。

3. 删除创建的工具栏

Visual FoxPro 8.0 提供的工具栏是不能删除的，但可以删除新建的工具栏。删除新建的工具栏的步骤如下：

（1）在“显示”菜单中选择“工具栏”，则弹出“工具栏”对话框。

（2）选择要删除的一个新工具栏，单击“删除”按钮，出现一个提示对话框。

（3）在提示对话框中单击“是”按钮，即可删除该新工具栏。

（4）返回“工具栏”对话框后，单击“确定”按钮。

8.2.2 定义工具栏类的方法

Visual FoxPro 8.0 提供了一个工具栏基类，在此基础上可以创建所需的类。定义了工具栏类以后，可向工具栏类添加对象，并为自定义工具栏定义属性、事件和方法程序，最后可将工具栏添加到表单集中。

1. 定义工具栏类

Visual FoxPro 8.0 提供了一个工具栏基类，在此基础上，可以创建所需的类。定义一个自定义工具栏类的操作步骤如下：

（1）在“项目管理器”中选择“类”选项卡，单击“新建”按钮，出现“新建类”对话框。

（2）在“新建类”对话框中的“类名”文本框中输入类名称“用户工具”，在“派生于”列表框中选择 Toolbar，在“存储于”框中输入类库名。

（3）单击“确定”按钮，出现“类设计器”对话框。然后，向自定义工具栏类中添加对象。

（4）通过“属性”窗口修改其提示信息，通过“布局”工具栏调整它们的大小尺寸，最后通过“属性”窗口为控件对象设置属性，并在代码窗口中输入代码等。

（5）单击“关闭”按钮保存工具栏类。

2. 使用自定义工具栏类

要使用自定义工具栏类，首先需要用“窗体设计器”将工具栏与表单对应起来。可以按如下操作步骤进行：

（1）首先注册并选定包含工具栏类的类库。

（2）在表单集上添加工具栏。

（3）在“窗体控件”工具栏中单击“查看类”按钮，从列表中选择该工具栏类库。在“窗体控件”工具栏中选择工具栏类如“用户工具”，单击当前控件的任意位置。在弹出的提示框中单击“是”按钮，建立一个表单集。

（4）在“窗体设计器”中将工具栏拖动到适当的位置。

（5）为工具栏按钮定义操作。依此类推，也为其他工具栏按钮定义操作，然后保存表单。

3．使用用户自定义工具栏与菜单协调

在应用程序中同时使用工具栏和菜单，应用程序中的某些菜单项与工具栏功能相同。协调菜单和用户自定义工具栏按钮时，可以按照如下步骤操作：

（1）通过创建工具栏类来创建工具栏，添加命令按钮，并将代码包含到对应 Click 事件的方法程序中。

（2）创建与之协调的菜单。

（3）添加协调的工具栏和菜单到一个表单集中。

习　题　八

一、简答题

1．创建菜单系统一般都需要那些步骤？

2．在删除工具栏时应注意哪些事项？

二、填空题

1．为菜单或菜单项指定任务通常有________、________和________三种。

2．菜单设计生成的文件扩展名是________，运行后的程序文件扩展名是________。

第 9 章　面向对象的程序设计

【本章主要内容】

Visual FoxPro 程序设计的特点，可视化的程序设计基础，应用软件的开发过程概述，编译应用程序。

【学习导引】

- 了解：Visual FoxPro 程序设计的特点，类和对象的概念，类的应用，应用软件的开发过程，编译应用程序。
- 掌握：连编应用程序。

9.1　Visual FoxPro 程序设计的特点

在 Visual FoxPro 8.0 中，面向对象的程序设计可以看作是在程序设计中不断调用由软件平台提供的程序模块或其他方式形成的程序，并输入工作模块所需要的特征、要求、参数、实现方法、过程事件等，再由软件平台在内部通过调用各类内部构件自行进行归类、定义、计算、转换、连接、嵌入等工作，使编程工作在程序员的监督下按要求逐步进行。

1．可视化操作

每一个 Windows 应用程序界面上都含有若干个控件，常见的有菜单、按钮、滚动条、对话框、窗体等，这些都是可视化操作的基础。

2．事件驱动的编程工具

事件是窗体或控件等对象可以识别的行为动作，事件驱动是在 Visual FoxPro 8.0 中进行面向对象编程的另一个特征，即当事件发生时，该事件的过程代码将被执行。

3．易于扩充

与面向过程的编程技术相比，Visual FoxPro 8.0 的面向对象编程不仅简单易学，而且是一种易于扩充的开放系统。一方面系统为程序员提供了许多在 Visual FoxPro 8.0 下使用的控件；另一方面，程序员也可以使用其他语言编写自己特定的控件后在 Visual FoxPro 8.0 中使用。

除此之外，Visual FoxPro 8.0 的面向对象的编程相对于面向过程的编程相比，还具有以下三个优点：

（1）程序的易读性好。只须了解类和对象的外部特性，不必关注其内部实现细节。

（2）提高了代码的复用率。可以直接将已经存在的类或对象添加到应用程序中去。

（3）程序的可维护性好。通过修改类或对象的属性或方法即可修改程序。

9.2　可视化的程序设计基础

在 Visual FoxPro 中，提供了类和对象的机制，用户能够通过对象的属性、事件和方法来处理对象。

9.2.1　面向对象的概念

1．类的概念

（1）类。所谓类(Class)，就是一组对象的属性和行为特征的抽象描述。或者说，类是具有共同属性、共同操作性质的对象的抽象。

在 Visual FoxPro 8.0 中，类就像是一个模板，对象都是由它生成的，类定义了对象所有的属性、事件和方法，从而决定了对象的属性和行为。

一般来说类可以分为父类和子类。父类是可以用作其他类的基础类。子类则是以对应父类为起点建立的扩展类，它将继承父类的所有特征。从系统的角度来说，类又可以分为系统类和用户类。系统类又包含基类、基础类和向导类。

（2）基类。Visual FoxPro 的.vcx 可视类库位于\Ffc\文件夹，包含了各种基类，使用这些基类可以不通过编程或较少的编程即能改进 Visual FoxPro 应用程序。用户可以自由地将基类和其应用程序一起发布。

Visual FoxPro 8.0 的基类有两大主要类型，它们是容器类和控件类。

（3）用户类（自定义类）。除了 Visual FoxPro 8.0 提供的系统类外，用户还可以自己开发类，形成自定义类。

（4）类的特性。面向对象的程序设计中，类具有继承性、封装性等特性。

2．对象的概念

（1）对象。对象(Object)是反映客观事物属性及行为特征的描述，每个对象都具有描述其特征的属性及附属于它的行为，是面向对象编程的基本元素，是类的具体实例。

对象还具有以下一些特点：

1）每个对象都具有对象标识符，用标识符来表示对象的唯一性。

2）对象必须属于一个对象类。

（2）事件。事件是对象所能识别的一个动作。在 Visual FoxPro 8.0 中，可以编写相应的代码对此动作进行响应的事件。

事件可以由一个动作产生，如单击或按键；也可以由程序代码或系统产生，如计数器溢出等。

（3）属性。属性(Attribute)是描述对象特征的参数，对象的属性是由对象所基于的类决定的。对象的属性可以在设计时通过“属性”窗口设置，也可以直接编写程序代码在运行的过程中设置。

（4）方法。方法（Method）是附属于对象的行为和动作，是与对象相关联的过程，是对象能够执行的操作。方法程序也可以独立于事件而单独存在，此类方法程序必须在代码中被显式地调用。

对于对象、属性、事件和方法程序的关系，可以用下列的式子来描述：

对象=控件+属性+数据环境+事件+方法程序

1）控件是显示数据和执行交互式操作使用的工具。

2）属性是附加和作用于对象的一个内存变量，是对象中的数据，是用来描述对象特征的参数。

3）数据环境是对象运行所依据的数据信息范围。

4）方法程序是对象在事件发生时进行的功能实现性操作。

5）事件是对象能够识别和响应的某些行为和操作。

3. 对象的引用

在面向对象的程序设计的过程中，要处理一个对象，首先需要知道对象所在的容器层次关系。对象的引用有两种方式：

（1）绝对引用。绝对引用是通过对对象完整的容器层次描述来实现的对象的引用。

（2）相对引用。在 Visual FoxPro 8.0 中，也可以采用相对引用的方法实现快速引用对象。

9.2.2 创建类

在利用 Visual FoxPro 8.0 进行软件系统开发设计时，每次在表单中都需要处理记录的前移、后移、保存、查找、添加、修改、打印、退出等通用的命令，此时就可以定义一个通用的按钮类来处理几乎每个表单都会遇到的操作，在需要的时候从这个按钮类创建一个对象加入表单中即可。

1. 使用类设计器创建类

“类设计器”是设计类时的唯一可以使用的工具，其基本操作与表单非常相似，特别要注意类设计完成后要保存到.VCX 和.VCT 文件中去，如图 9.1 所示为“新建类”设计器。

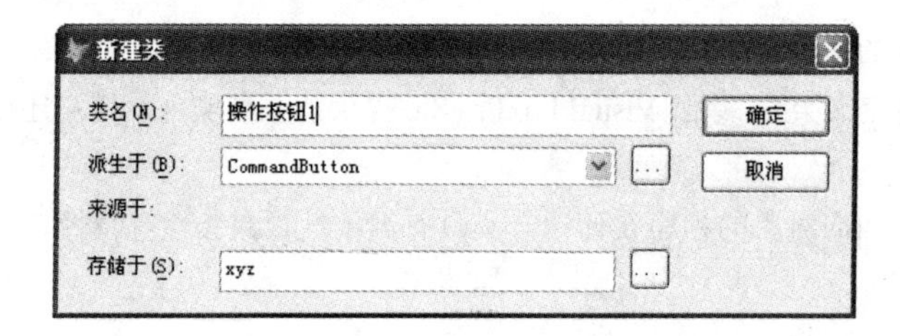

图 9.1 “新建类”（派生于 CommandButton）对话框

启动类设计器的方式有三种：

（1）命令方式。CREATE CLASSLIB <类文件名>。

（2）菜单方式。在新建的类上右击鼠标键，打开新建类。

（3）利用“项目管理器”的方式。选择“项目管理器”的“类”选项卡，新建类。

创建类的步骤如下：

（1）启动类设计器创建类。指定要创建的类名。

（2）修改属性和方法。依次在“类”菜单下的“属性”和“程序方法”对话框中，分别编辑属性名和方法名。

（3）添加新属性。选择“类”菜单下的“新建属性”对话框，在“名称”栏中键入属性名，单击“添加”按钮。

（4）为类添加新方法。选择“类”菜单下的“新建程序方法”对话框，在“名称”栏中键入方法的名称，单击“添加”按钮。

（5）保存新建类。完成创建类的所有步骤后，单击“关闭”按钮退出。

2. 利用编程创建类

在 Visual FoxPro 8.0 中为创建一个用户自定义类或子类，提供了 DEFINE CLASS 命令，并可以为创建的类或子类指定属性、事件和方法。其语法格式如下：

DEFINE CLASS ClassName1 AS ParentClass [OLEPUBLIC]

```
    [[PROTECTED | HIDDEN PropertyName1, PropertyName2 ...]
      [[.]Object.]PropertyName = eExpression ...]
  [ADD OBJECT [PROTECTED]
          ObjectName AS ClassName2    [NOINIT]
  [WITH cPropertylist]]
  [[PROTECTED | HIDDEN] FUNCTION
       | PROCEDURE Name [NODEFAULT]
       cStatements
  [ENDFUNC | ENDPROC]]
ENDDEFINE
```

9.2.3　修改类

类建立好以后，还可以进行修改，修改的结果将反映到派生于它的子类。也可以根据需要加入新的属性和方法，对错误或不合理的代码进行修改。这种修改将影响所有派生于它的子类，使得子类自动获得改动后的新特征。

“类设计器”除了设计类外还可以用来修改类。

1．定义新属性

向新类中添加新属性的基本步骤如下：

（1）以“颜色选择”类为例，在要修改的选项按钮组上右击鼠标，在弹出的快捷菜单中选择“属性”命令，打开该选项按钮组的“属性”窗口，如图 9.2 所示。

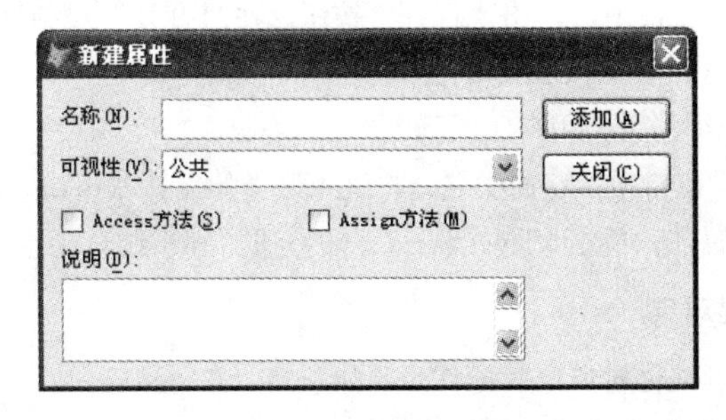

图 9.2　“新建属性”对话框

（2）从属性表中选择前面添加的新属性，右击属性，在弹出的快捷菜单中选择“表达式生成器”命令，打开“表达式生成器”对话框，输入属性值表达式。

（3）单击“确定”按钮即可完成新属性值的定义。

注意：只有新加的属性可以定义，新类从基类中继承的属性是不能被重新定义的。

2．编辑新属性

（1）删除新属性。单击“类”菜单下的“编辑属性/方法程序”对话框，在列表框中选中将要删除的新属性，单击“移去”按钮即可。

（2）修改新属性。同样在列表框中修改原属性值为新属性值即可。

3. 编写新方法程序

向新类中添加新方法的基本步骤如下：

（1）以“颜色选择”类为例，在要修改的选项按钮组上右击鼠标，在弹出的快捷菜单中选择“属性”命令，打开该选项按钮组的“属性”窗口的“方法程序”选项卡。

（2）双击新建方法 see，弹出“颜色选择.see”代码窗口。

（3）输入代码后关闭窗口即可。

4. 编辑新方法

编辑新方法与编辑新属性的方式完全相同，可以参照编辑新属性的步骤对要编辑的方法进行删除、修改等操作。

9.2.4 类的使用

类是对象的抽象，对象是类的实例。对象的过程代码设计是最重要的操作之一，可以利用程序代码，在类的基础上派生出对象的属性、方法和事件或进行重新设计。对象的属性、方法和事件决定了对象的操作功能。

对象是在类的基础上派生的，只有具体的对象才能实现类的事件或方法的操作。

1. 使用类浏览器

Visual FoxPro 8.0 中还提供了“类浏览器”来管理和查看类库中的类的信息，查看类的步骤如下：

（1）在 Visual FoxPro 8.0 主窗口中的常用工具栏中单击“类浏览器”按钮，弹出一个 Class Browser 窗口。

（2）在 Class Browser 窗口中，单击“打开”按钮，在“打开”对话框中选择“自定义.vcx”类库，单击“确定”按钮，返回 Class Browser 窗口。

（3）选择一个前面介绍的类“用户工具”。

（4）在 Class Browser 窗口中，双击类名，将进入该类的设计器窗口。单击类名，则显示该类的结构，包括对象、方法和属性。单击 View Class Code 按钮，则系统自动生成该类的完整代码。

2. 启用自定义类创建对象

在表单或报表中添加可视化对象，其操作步骤如下：

（1）打开“窗体设计器”窗口和“窗体控件”工具栏。

（2）在“窗体设计器”窗口中添加一个标签，修改其标题为“启用自定义类添加可视化对象”，并适当修改字体等属性。

（3）在“窗体控件”工具栏中选择“查看类”按钮。

（4）选择“自定义”按钮，可以看到在“自定义”类库定义的用户自定义类“颜色选择”和“用户工具”的工具栏按钮。

（5）在“窗体控件”工具栏中单击“颜色选择”类的按钮，然后单击表单的任何地方，就会为表单添加一个用于对表单内的标签的标题进行颜色选择的“颜色按钮组”。

（6）以“标签颜色”为文件名保存表单，然后运行该表单。

3. 利用命令创建对象

在 Visual FoxPro 8.0 中还可以采用编程的方式来创建对象，该方式主要是利用 CREATEOBJECT()

函数实现从类定义中创建对象。该函数的语法格式如下：

CREATEOBJECT(ClassName [, eParameter1, eParameter2, ...])

功能：从类定义中创建对象，并将对象引用赋给内存变量或数组元素。

9.3　应用软件的开发过程概述

若从软件工程的角度来分析，编写一个规模较大的应用程序大致要经历以下六个阶段：

（1）制订计划。确定待开发软件系统的总目标，给出它的功能、性能、可靠性以及接口方面的要求。研究完成该项任务的可行性，探讨解决问题的可能方案，弄清系统开发的的限制条件。制订完成开发任务的实际计划，连同可行性研究报告提交管理部门审查。

（2）需求分析。对待开发软件提出的需求进行分析并给出详细定义。编写软件需求说明书及初步的用户手册，提交管理机构评审。

（3）软件设计。把已经确定的各项需求转换成相应的系统结构，从而对每个子系统或模块需要完成的任务进行具体描述。然后编写设计说明书，提交有关部门评审。

（4）编写程序。把已确定的软件体系结构转换成相应的计算机可以接受的程序代码。

（5）软件测试。在设计测试用例的基础上，检验软件的各个组成部分。

（6）运行和维护。将已经交付的软件正式运行，并在使用过程中进行适当的维护。

9.3.1　可行性研究阶段

当系统开发人员接受开发任务时，首先要研究开发任务，判断是否有简单明确的解决办法。事实上，许多问题不可能在一定的系统规模之内解决，如果问题没有可行的解决办法，那么花费在这项开发工程上的任何时间、资源、经费都是无谓的浪费。

可行性研究的目的就是付出较低的开发成本而取得较好的软件功能和较低的软件维护费用，在有限的时间内确定问题是否能够解决。一般来说，至少应该从下述几个方面研究每种解法的可行性：

（1）技术可行性。进行技术风险评估。

（2）经济可行性。进行成本与效益的核算分析，从经济角度判断开发该系统的预期经济效益能否超过它的开发成本。

（3）法律可行性。确定系统开发可能导致的任何知识产权方面的侵权行为和妨碍性后果和责任。

（4）方案可行性。评价系统或产品开发的几种方案，并进行系统分解，定义各个子系统的功能、性能和界面。最后得出结论性意见。

（5）可行性研究需要的时间长短取决于工程的规模。一般来说，可行性研究的成本只是预期工程总成本的 5%～10%。

9.3.2　需求分析阶段

用户和软件设计人员双方都要有代表参加需求分析阶段的工作，详细地进行分析，经过充分地讨论和酝酿后达成协议并产生系统说明书。

1．问题识别

系统分析人员要确定用户对软件系统的综合要求，了解用户环境和用户的业务活动，了解人工管理系统是如何进行工作的，以及如此进行工作的缘由。在工作过程中，要了解用户的环境和要求，即需要哪些数据、如何发送、数据的格式是什么、需要保留哪些数据、数据量及数据的增长率有多少等。

2．数据分析

数据库是存储数据的地方。所以设计一个结构合理的数据库，可以为以后整理数据库节省时间，并能更快更准确地得到结果。为了快捷、高效地创建出一个完善的数据库，必须采取合理的设计步骤。

在建立数据库前的数据分析是开发软件中的重要环节。其主要任务是确定目标系统中使用的全部数据，并为它们取名和定义。

在数据字典中，每一个数据占一个字典条目，形成数据字典表。在小型的应用系统中，数据条目可以采用简单的方法表示。

3．功能分析

在了解用户要求的基础上，下一步工作就是确定系统的功能，即确定计算机究竟应该做哪些工作。在确定系统功能时，开发人员和用户双方都必须十分谨慎，要全面考虑并进行多次分析和讨论，一旦系统功能确定之后，一般情况下不能再改动，以免影响后期工作。

9.3.3　系统设计阶段

系统设计阶段就是要在明确了系统目的和要求之后，考虑如何实现系统的功能。这个阶段的基本任务就是在系统说明书的基础上建立应用软件系统的结构，包括数据结构和模块结构，并说明每个模块的输入、输出以及应完成的功能。数据结构说明书给出程序所用到的数据结构。

1．数据库设计

数据库是管理信息系统的核心组成部分。数据库设计，就是设计程序所需的数据的类型、格式、长度和组织方式。在应用系统的设计过程中，数据库的设计也上升为一项独立的开发活动，并且成为数据库应用系统中的核心问题。

在实际设计中，数据库的设计过程一般分为以下四个阶段：需求分析、概念设计、实现设计和物理设计。

2．总体设计

数据库设计完成后，就可以进行应用程序设计。按照传统的软件开发方法，开发一个应用程序应该遵循“分析、设计、编码、测试”等步骤。

分析的任务是明确程序的用户需求。设计就是为了确定程序模块的基本功能和实现这些功能的具体步骤，它可以分为两步，第一步称为概要设计，用以确定程序的总体结构；第二步称为详细设计，目的是决定每个模块的内部逻辑过程。编码阶段的任务是，使设计的内容能够通过某种计算机语言在机器上实现。最后是测试，以保证程序的质量。

9.3.4　编程与实现阶段

实现阶段的任务是将总体设计的需求和构想用具体的程序来实现。可以具体分为以下几个部分。

1．菜单设计

菜单设计的大量工作在“菜单设计器”中完成，在那里可创建实际的菜单、子菜单和菜单选项。

创建一个菜单系统的步骤如下：

（1）规划与设计菜单系统。根据系统的功能规划菜单的设计方案、菜单在界面上出现的位置及哪些菜单需要有子菜单等。

（2）创建菜单和子菜单。利用“菜单设计器”建立菜单和子菜单。

（3）为菜单指定执行的任务。通过“菜单设计器”的“命令”调用项目中的文件。

（4）生成菜单程序。菜单制作完成后生成一个以.MNX 为扩展名的菜单文件，并可将此菜单文件生成一个以.MPR 为扩展名的程序文件。

（5）运行菜单程序、测试菜单系统。通过运行菜单程序，测试菜单样式和任务调用，以达到规划目的。

2．创建主表单

界面设计即设计用户和系统的人机接口，其主要工作是确定用户需要向系统输入或输出哪些数据，及以什么方式和格式输入或输出。在一般的单机管理系统中，输入是通过键盘进行的。在设计输入接口时，应注意以下两点：

（1）输入格式友好。设计一个清晰直观的输入格式，给用户创造一个良好的工作环境。

（2）减少数据的重复输入。可以减少输入的差错率，提高输入的速度。

总之，在设计输入接口时，应该从方便用户使用和方便系统处理这两个角度来考虑。

3．类的设计与控件属性设计

在这一部分中，如果分别在表单中设置命令按钮，再设置属性和输入代码，必然会造成程序开发时的重复劳动，而且一旦出错，都需要进行必要的修改或调试。因此，可以将一些较为通用的功能采用类的设计方式进行编程，从而在表单中利用自定义类来实现操作，同时也可以改善与用户的交互质量。

4．添加程序代码

编写 Visual Foxpro 8.0 应用程序代码时，必须先理解 Visual Foxpro 的事件驱动的编程方法。在设计一个 Visual Foxpro 8.0 程序时，注意力应该集中在程序运行时所发生的事件上。Visual Foxpro 8.0 控件对象的大部分事件与用户的操作一一对应。

5．系统的优化设计

一个应用程序的运行效率非常关键，利用 Visual FoxPro 开发的应用程序一般是数据库方面的应用程序，数据安全性设计就要求程序员尽量考虑到系统再运行时可能发生的各种意外情况，例如非法数据的录入、操作错误的发生等。可以依靠字段有效性、记录有效性以及触发器等数据库表的属性设置，保证数据的完整性。

6．调试程序

编程阶段的工作结果应该是不含错误的程序而调试则是为了发现错误出现的位置并进行修改。为了排除程序的语法错误，当一个程序编写完毕，应该对它进行测试，即进行编译或运行，用以改正程序的语法错误。在程序的编写过程中，“设计、编程、调试、修改、调试”的过程可能要多次反复进行。

一般来说，在完成系统分析和系统设计之前，不要直接开始编程，必须严格按应用程序开发的基本流程。从分析到设计，从设计到编程，一步步地进行。因为，前一阶段的操作结果往往是后一阶段的基础数据。

9.3.5 测试与运行

对 Visual Foxpro 8.0 应用程序进行测试是为了发现隐藏的问题，而调试则是为了发现错误并进行修改。测试阶段的任务是验证编写的程序是否满足系统的要求，及时发现程序中存在的各种错误并排除这些错误。因此，测试的过程也是查找错误和排除错误的过程。测试时要注意应用程序的测试环境，设置好系统的路径、文件属性、文件位置、目录结构和满足应用程序最低要求的软硬件平台。测试分为模块测试和综合测试两个阶段。

1．模块测试

进行模块测试就是独立地测试系统中各个子系统是否实现了模块说明书中所规定的要求。模块测试可以使测试并行进行。在进行模块测试时，测试的关键是如何设计测试用例。

2．综合测试

一个应用程序往往由多个子系统构成，各子系统之间存在许多数据交换，常常存在某个子系统的输出结果是另一个子系统的输入内容的情况。虽然对某子系统来说其输出结果可能是符合预定要求的，但作为对另一个子系统的输入却可能发生错误。

为了提高测试工作的质量．在测试过程中应该注意以下几点：

（1）测试工作最好由程序员以外的其他人员来进行，这样会获得更好的测试效果。

（2）不仅要选择合理的输入数据作为测试用例，还要选择不合理的数据作为测试用例。

（3）除要测试应用程序是否符合要求外，还要检查程序是否做了其他不该做的事情。

（4）测试过程中，不要对运行环境作任何假设，防止随机性错误出现。

（5）要长期保存所有的测试用例，直到系统被废弃不用为止。

9.4 编译应用程序

在项目建成后，用户可以使用“应用程序生成器”添加数据库、表、查询、报表和表单。一般来讲，应用程序的建立步骤如下：

（1）构造应用程序框架。一个典型的应用程序由数据结构、用户界面、查询选项和报表等组成。在应用程序建立时，应仔细考虑每个组件将提供的功能以及与其他组件之间的关系，需要构建清晰的程序框架。

（2）将文件添加到项目中。一个 Visual FoxPro 项目包含若干独立的组件，这些组件作为独立的文件保存。要形成应用程序必须把这些文件添加到项目中，通常使用应用程序向导添加文件。

（3）连编应用程序。为一个项目创建应用程序，最后一步是连编应用程序。此过程的最后结果是将所有在项目中引用的文件（除了那些标记为排除的文件）合并成为一个应用程序文件，一起发布给用户。

9.4.1　整理程序框架

一个典型的数据库应用程序由数据结构、用户界面、查询和报表等组成。在设计应用程序时，应仔细考虑每个组件将提供的功能以及与其他组件之间的关系。

一个经过良好组织的 Visual FoxPro 应用程序一般需要为用户提供菜单；提供一个或多个表单，供数据输入并显示。同时还需要添加某些事件响应代码，提供特定的功能，保证数据的完整性和安全性。在建立应用程序时，需要考虑如下任务：

（1）设置应用程序的起始点。

（2）初始化环境。

（3）显示初始的用户界面。

（4）控制事件循环。

（5）退出应用程序，恢复初始的开发环境。

1．设置起始点

将各个组件链接存一起，然后使用主文件为应用程序设置一个起始点。主文件作为应用程序执行的起始点，可以包含一个程序或表单。

如使用应用程序向导建立应用程序，可借助向导建立一个主文件程序。

设置应用程序的起始点，方法为：在“项目管理器”中，选择要设置为主文件的文件，从“项目”菜单中选择“设置主文件”命令。

2．初始化环境

主文件或主应用程序对象必须做的第一件事情，就是对应用程序的环境进行初始化。

3．显示初始用户界面

初始用户界面可以是菜单，也可以是一个表单或其他的用户组件。通常，在显示已打开菜单或表单之前，应用程序会出现一个启动屏幕或注册对话框。

4．控制事件循环

应用程序的环境建立之后，将显示出初始用户界面，这时，需要建立一个事件循环来等待用户的交互动作。

若要控制事件循环，执行 READ EVENTS 命令，该命令使 Visual FoxPro 8.0 开始处理用户事件，如鼠标单击、右击等。

5．恢复初始的开发环境

如果要恢复储存的变量的初始值，可以将它们宏替换为原始的 SET 命令。

6．将程序组织为一个主文件

如果在应用程序中使用一个程序文件(PRG)作为主文件，必须保证该程序中包含一些必要的命令，这些命令可控制与应用程序的主要任务相关的任务。在主文件中，没有必要直接包含执行所有任务的命令。常用的一些方法是调用过程或者函数来控制某些任务，如环境初始化和清除等。

若要建立一个简单的主程序，步骤如下：

（1）通过打开数据库、变量声明等初始化环境。

（2）调用一个菜单或表单来建立初始的用户界面。

（3）执行 READ EVENTS 命令来建立事件循环。

（4）从一个菜单中（如“退出”）执行 CLEAR EVENTS 口令，或者执行一个表单按钮（如“退出”命令按钮）。

（5）应用程序退出时，恢复环境。

9.4.2 整理项目文件

1. 向一个项目添加文件

一个 Visual FoxPro 项目包含若干个独立的组件，这些组件作为单独的文件保存。

下面的几种方法，可以很方便地向一个项目添加文件：

（1）使用“应用程序向导”，建立项目和添加文件。

（2）如果要自动向一个项目添加新的文件，先打开该项目，然后在“项目管理器”中新建文件。

（3）要向一个项目添加已有的文件，则打开项目，使用“项目管理器”来添加已有文件。

（4）如果某个现有文件不是项目的部分，则可以人工进行添加。方法为：在“项目管理器”选择该文件的类型项，单击“添加”按钮，在“添加”对话框中，选择要添加的文件即可。

（5）如果在个程序中或者表单中引用了某些文件，Visual FoxPro 8.0 会将它们添加到项目中。

2. 引用可修改的文件

当将一个项目编译成一个应用程序时，所有项目包含的文件将组合成一个单一的应用程序文件。在项目连编之后，那些在项目中标记为“包含”的文件变为只读。

作为项目部分的文件可能经常需要修改，在这种情况下，应该将这些文件添加到项目中，并将文件标为“排除”。排除文件仍然是应用程序的一部分，因此 Visual FoxPro 8.0 仍可跟踪，将它们看成项目的一部分。但是这些文件没有在应用程序的文件中编译，所以用户可以更新它们。

作为通用的准则，包含可执行程序（如表单、报表、查询、菜单和程序）的文件应该在应用程序文件中标记为“包含”，而数据文件则为“排除”。但是，可以根据应用程序的需要包含或排除文件。例如，一个文件如果包含敏感的系统信息或只用来查询的信息，那么该文件可以在应用程序文件中设为“包含”，以免无意中将其更改。反过来，如果应用程序允许用户动态更改某个表，那么可将该表设为“排除”。

如果将一个文件设为“排除”，必须保证 Visual FoxPro 8.0 在运行应用程序时能够找到该文件。

9.4.3 连编应用程序

1. 将项目连编为一个应用程序文件

要从应用程序建立一个最终的文件，应将它连编为一个应用程序文件，该文件带有.APP 的扩展名。运行该应用程序时，用户需首先启动 Visual FoxPro 8.0，然后加载该 APP 文件。

在该对话中，操作部分的 5 个单选按钮的含义如下：

（1）重新连编项目。重新编译整个程序。

（2）应用程序。建立一个应用系统的.APP 程序，该程序不能脱离 FoxPro 环境运行。

（3）W32 可执行程序/COM 服务程序。建立一个.EXE 可执行程序，执行该程序不需要 FoxPro 环境支持。

（4）单线程 COM 服务程序。创建单线程动态链接库。

（5）多线程 COM 服务程序。创建多线程动态链接库。

连编是将应用程序制作成指定产品。在“项目管理器”中，单击“连编”按钮，进入“连编选项”对话框，连编一个应用程序的方法如下：

（1）进入“连编选项”对话框。

（2）在“连编选项”对话框中，可选择“连编应用程序”，生成 APP 文件；也可选择“连编可执行文件”，建立一个 EXE 文件。

（3）选择所需的其他选项，选择“确定”按钮，系统将自动进行编译连接。

注意：使用“连编”对话框，可以从用户的 Visual FoxPro 应用程序中建立一个自动服务程序。

当为项目建立了一个最终的应用程序文件之后，用户即可运行该应用程序文件。方法为：从“程序”菜单中选择“运行”命令，然后选择要运行的应用程序。也可在“命令”窗口中，键入“DO”和应用程序文件名。

2．测试项目

为了对程序中的引用进行校验，同时检查所有的程序组件是否可用，可以对项目进行测试。测试项目需要重新连编项目，Visual FoxPro 将分析文件的引用，然后重新编译过期的文件。

测试一个项目的步骤如下：

（1）在“项目管理器”中，选择“连编”。

（2）在“连编选项”对话框中，选择“重新连编项目”。

（3）选择任意所需的其他选项，选择“确定”。

如果在连编过程中发生错误，这些错误将集中收集在当前目录的一个文件中，文件名和项目名相同，扩展名为.ERR。同时在状态栏中显示编译错误的数量。可以选择“显示错误”框立刻显示错误文件。当成功地连编项目之后，在建立应用程序之前应该试着运行该项目。

运行应用程序的方法为：在“项目管理器”中选中主程序，然后选择“运行”；也可在“命令”窗口中，执行带有主程序名字的一个 DO 命令：

DO　<主程序>.PRG

如果程序运行正确，则开始连编成一个应用程序文件，该文件将包括项目中所有的“包含”文件。

习　题　九

一、简答题

1．应用程序连编成 APP 文件和 EXE 文件，它们的区别是什么？

2．完成一个应用程序的连编工作，通常要经历哪些步骤？

二、填空题

1．现实世界中的每一个事物都是一个对象，对象所具有的固有特征称为________。

2．类是对象的集合，它包含了相似的有关对象的特征和行为方法，而_______是类的实例。

3．使用类设计器创建的类文件的扩展名为________。

4．类的三个基本特征是________、_________和_________。

5．数据库的设计过程一般分为______、_______、______和_______四个阶段。

第 10 章　系统开发实例

【本章主要内容】

数据库应用系统的开发过程，图书馆管理系统开发实例，应用程序的发布。

【学习导引】

- 了解：数据库应用和设计的一般步骤。
- 掌握：开发一个小型图书管理系统的过程，数据库应用系统实用软件的发布。

当拿到一个课题的时候，初学者要么不知道从何处下手，要么马上就开始编程。其实，软件的开发需要按照一定的方法和步骤来进行。本章将以一个“学校图书馆管理系统”为例，介绍 Visual FoxPro 8.0 软件开发的整个过程及应用程序发布的方法。通过本章的学习，了解 Visual FoxPro 8.0 系统开发的具体方法和步骤。

10.1　Visual FoxPro 8.0 数据库应用系统的开发过程

数据库应用系统开发过程可以分为需求分析、数据库设计、应用程序设计和软件测试 4 个阶段。

10.1.1　需求分析

要开发数据库应用软件必须首先搞清楚用户对该软件的要求，例如对界面的设计要求，该软件应具备什么样的功能，能够完成什么样的任务等。所以首先应该进行数据分析，在数据分析过程中总结出哪些数据是有用数据，完成的软件功能系统中应该包含所有数据；其次进行功能分析，分析的目的是为应用程序设计提供依据。

在进行需求分析时应该注意，所作的需求分析应该在基于事实的基础上，因此要进行实际的调查，包括了解用户的实际需求，采集和分析有关资料。此外，在进行需求分析时开发人员应该跟用户多进行沟通，征求用户意见。

10.1.2　数据库设计

在进行应用程序设计之前，应该先对数据加以分析和处理。在需求分析阶段所得到的数据是没有加以组织的零散数据，Visual FoxPro 8.0 是通过数据库对数据进行统一管理的，并且利用数据库便于进行系统开发。

数据库是实现数据集成的有效手段，应用程序中的数据在数据库中按一定的结构组织，便于统一管理，另外，还可以利用数据词典功能更好地管理数据库中的数据表。

10.1.3 应用程序设计

在应用程序的设计过程中，应注意 Visual FoxPro 8.0 应用程序的设计步骤。

在以处理为中心的应用系统中，应用程序设计和数据库设计两方面的需求是相互制约的。具体地说，应用程序设计时受到数据库当前结构的约束；而在设计数据库的时候，也必须考虑实现应用程序数据处理功能的需要。

前面我们学习了两种程序设计方法：面向过程的结构化的程序设计和面向对象的程序设计。在 Visual FoxPro 8.0 中，主要采用的是面向对象的程序设计。它以设计对象为重点，用户考虑的重点也是如何创建对象并利用对象实现程序的功能。Visual FoxPro 8.0 中应用程序的一般设计步骤如下。

1. 用户界面的设计及编码

在 Visual FoxPro 8.0 中的用户界面主要包括表单、菜单、工具栏等，它们所包含的控件和菜单命令应能实现应用程序的功能。也就是说，用户界面应直接表现应用系统的功能。事实上，无论应用程序的代码的算法如何巧妙，执行效率如何高，它们对用户而言都是不可见的。用户所能见到并操作的仅是应用系统提供的用户界面。因此，用户对应用系统是否满意，很大程度上取决于界面是否完善及友好。

2. 数据输出功能

数据输出包括查询、报表、标签等。它们也是应用系统中必不可少的功能，用户通过它们获得所需要的数据。

3. 数据库维护功能

数据库是由多个数据表按一定关系组成的文件。把一些相互有关的表集中到一个数据库中，则这些从属于某一个数据库的表统称为数据库表。一个大的应用项目可以创建若干个数据库，每个数据库可定义一组数据库表，然后用一定的关系将它们相互连接。

10.1.4 软件测试

应用程序设计的过程中，常需要对菜单、表单、报表等程序模块进行测试和调试。通过测试找出错误，再通过调试纠正错误，以达到最终预定的功能。

10.2 “图书管理系统”开发实例

本节将详细介绍“图书管理系统”的开发过程，按照上节讲述的开发流程来进行。

10.2.1 需求分析

学校图书馆需要开发一个小型图书管理系统以替代人工管理图书，保证学生的借阅能正常进行，并提高效率和准确性。通过向图书馆工作人员及学生了解借阅图书的流程，知道该软件的基本功能应该满足如下要求：

（1）记录图书的借出和还回信息，并能自动实现图书的借出、还回功能；

（2）对借者库、书库的有关各项数据进行输入、修改与查询；

（3）对借书、还书情况进行统计，能对超期的图书进行统计；

（4）对借书、还书情况以及借者库、书库进行打印数据分析。

1．数据需求分析

该软件主要适用于小型图书馆内的书籍管理和借阅人员管理。编写该图书管理系统软件是为了达到图书管理的微机化、自动化，减轻图书管理人员的工作强度，加快图书的流通速度，提高图书的使用率，方便借阅者查询，节约时间等目的。

根据上述的开发目的，该管理系统必然要涉及以下数据：

（1）图书的详细信息；

（2）借书者的详细信息；

（3）还书者的详细信息；

（4）借书/还书情况的数据统计；

（5）图书的借出情况统计；

（6）超期图书的统计数据。

其中，输入数据包括图书的详细信息、借书者的详细信息、还书者的详细信息，输出数据包括借书/还书情况的数据统计、图书的借出情况统计、超期图书的统计数据等。

2．功能需求分析

根据系统目标和数据需求分析，本系统的功能需求可归纳为以下几个方面。

（1）数据登记。登记功能用于把图书、借书者和还书者的详细信息登记到系统将要定义的数据库文件中，还要求能进行修改。

（2）查询。能查询借书者、还书者和图书的有关数据。

（3）统计。能对图书的借还情况以及超期情况等进行统计。

（4）数据的一致性。各表之间建立相应的关联，使各表之间相同数据保持一致性。保证不发生类似于无该书而该书却能被借阅的情况，一本书同时被多人借阅等数据不一致的情况。

（5）建立使用说明及软件相关文档。针对用户建立使用说明，为其方便自如地使用本系统提供帮助；针对系统的维护建立软件的相关文档，为其纠正错误、改进系统提供依据，从而提高系统的质量。

10.2.2　数据库设计

数据需求分析的目的是找出应用系统所需要的所有数据项（也就是数据表中的字段）。这些数据项在将来的窗体及报表设计中都要用到，而且是整个数据库最核心的内容，所以要尽量找出所有数据项的完整集合。

通过上述分析了解到该程序设计中所涉及的数据还是一些零散的信息，并没有形成有效的管理形式。数据库设计的任务就是确定系统所需的数据库。数据库是表的集合，所以第一步应确定数据库所包含的表及其字段；第二步，确定表的具体结构，即确定字段的名称、类型及宽度等。此外还要确定索引，为建立表的关联做准备。

1．逻辑设计

同时调用不同库文件中的数据必须将它们关联，数据库设计必须注意合理性，避免数据冗余。根据输入、输出数据的需求分析，本系统可建立以下 4 种数据表：

- 读者登记表（借书证号、姓名、单位、年级、期限限制、本数限制、性别）。
- 管理员表（登记号、管理员姓名、密码）。
- 借书登记表（借书证号、借书日期、馆藏号）。
- 图书情况表（馆藏号、书名、作者、出版社、类别、入库时间、价格）。

以上括弧外的是表文件名，括弧内为字段名表，有下画线的字段为关联关键字。根据系统数据处理的需要，库文件的关联情况如图 10.1 所示。

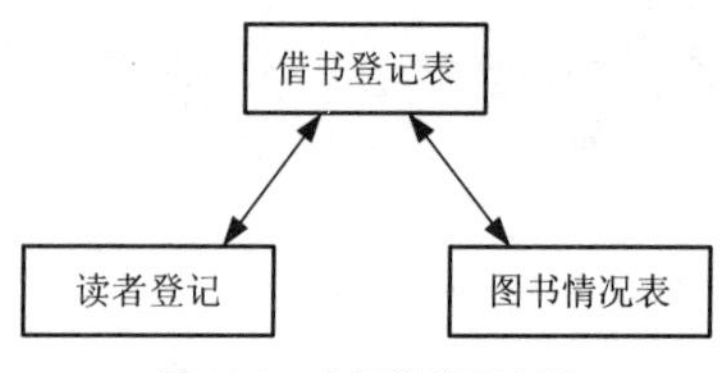

图 10.1　表间关联示意图

说明：

（1）在设计数据库的时候应该注意库结构设计的规范化和合理化。例如，如果将借书登记表和读者登记表放在一个表中，就会出现数据的冗余。因为一个读者可能借阅了若干本书，在登记每本书是否被借阅时，也要登记读者的情况，那么像姓名、单位、性别等字段将会被重复记录。计算机的存储空间是有限的，这样操作会占用不必要的空间。并且还会破坏数据的一致性，比如当发现有个读者的姓名写错了的时候，就要对该姓名出现的每一个地方进行修改，如果有一个地方漏掉了，就可能导致将来的查询出错，会出现数据不一致的情况。一般来说表中字段越精简越能减少数据的冗余，但这样也会导致表的个数增多，增加程序的复杂性，因为在查询中会出现多个表间的关联。

（2）在表的设计中，有的时候添加某些补充字段，以便进行表间的关联。例如当想知道某人借了一本什么样的书的时候，需要查到借阅人姓名、所借书的书名，这就必须使借书登记表与图书情况表相关联，本来在借书登记表中有了借书证号、借书日期、应还书天数这些信息，应该说比较完整了，但要为了与图书情况表相关联，所以在借书登记表中添加了馆藏号字段。

2．物理设计

下面列出了各个表的表结构和部分记录。

（1）读者登记表。表结构如下：

字段	字段名	类型	宽度	小数位	索引	排序	Nulls
1	借书证号	字符型	6		升序	PINYIN	否
2	姓名	字符型	8		升序	PINYIN	否
3	单位	字符型	6		升序	PINYIN	否
4	年级	字符型	4		升序	PINYIN	否
5	期限限制	字符型	5				否
6	本数限制	数值型	2				否
7	性别	逻辑型	1		升序	PINYIN	否

表中的部分记录如下：

记录号	借书证号	姓名	单位	年级	期限限制	本数限制	性别
1	A00002	马一鼎	生物系	06 级	90 天	3	男
2	A00003	孔力	政治系	08 级	90 天	3	女

3	B00001	贾丁	物理系	09级	120天	8	男
4	A00004	蒋云	物理系	08级	90天	8	男

（2）管理员表。表结构如下：

字段	字段名	类型	宽度	小数位	索引	排序	Nulls
1	姓名	字符型	8		升序	PINYIN	否
2	登记号	字符型	6				否
3	密码	字符型	6				否

表中的部分记录如下：

记录号	姓名	登记号	密码
1	李符	000001	123456
2	高翔	000002	456789

（3）借书登记表。表结构如下：

字段	字段名	类型	宽度	小数位	索引	排序	Nulls
1	借书证号	字符型	6		升序	PINYIN	否
2	借书日期	日期型	8		升序	PINYIN	否
3	馆藏号	字符型	6		升序	PINYIN	否

表中的部分记录如下：

记录号	借书证号	借书日期	馆藏号
1	A00004	05/12/08	000008
2	A00004	08/10/08	000009
3	A00002	08/10/08	000006
4	A00003	05/26/08	000003

（4）图书情况表。表结构如下：

字段	字段名	类型	宽度	小数位	索引	排序	Nulls
1	馆藏号	字符型	6		升序	PINYIN	否
2	书名	字符型	26		升序	PINYIN	否
3	作者	字符型	10		升序	PINYIN	否
4	出版社	字符型	16				否
5	类别	字符型	12				否
6	入库日期	日期型	8		降序	PINYIN	否
7	价格	数值型	7		升序	PINYIN	否

表中的部分记录如下：

记录号	馆藏号	书名	作者	出版社	类别	入库日期	价格
1	000008	沈从文散文	沈从文	人民出版社	诗歌散文	01/01/86	32.00
2	000009	计算机原理	王春森	水利出版社	计算机	01/05/97	38.00
3	000003	张爱玲文集	李晖	人民出版社	小说	05/01/90	18.00
4	000006	数据结构	严蔚敏	清华大学出版社	计算机	11/05/99	28.00

3. 总体结构设计

根据该图书馆管理系统要实现的功能及模块化设计的思想，构建出如图10.2所示的总体结构图。

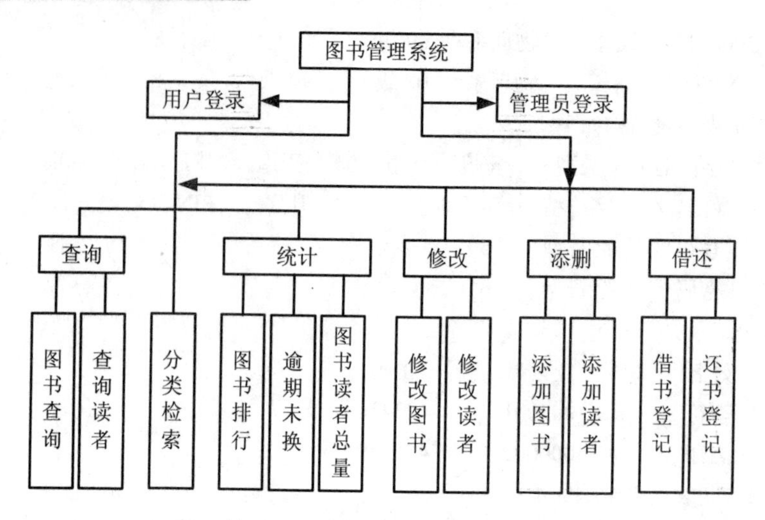

图 10.2　图书馆管理系统总体结构图

为了管理方便和资料的安全性，图中设立不同的用户：管理员和用户。管理员的权限最大，可以对图书、读者信息进行修改、添加和删除操作，完成借书和还书任务，当然也可以像普通用户一样作查询和统计操作。

4．用户界面的设计

现在人们已经习惯了 Windows 的窗口界面，习惯于用鼠标控制菜单来使用软件。该图书馆管理系统的下拉式菜单的示意图如图 10.3 所示。

管理员	查询	分类查询图书	统计	退出
	图书查询	计算机类	图书排行	
	读者查询	小说类	图书总量	
		诗歌散文	读者总量	
		外国文学	逾期未还	

图 10.3　图书馆管理系统的菜单

在设计中设想，当单击管理员菜单时，应弹出密码确认表单，当密码正确时进入管理员菜单，如图 10.4 所示。为了简单起见，以下只对管理员菜单作介绍，并以管理员菜单作为主菜单。在实际开发中可以设置 1 个主文件来调用该菜单程序。

查询	修改	删除	添加	借还	统计	退出
图书查询	图书信息	删除图书	添加图书	借书登记	图书排行	
读者查询	读者信息	删除读者	添加读者	还书登记	图书总量	
					读者总量	
					逾期未还	

图 10.4　图书馆管理系统的主菜单

10.2.3　模块设计与编码

本节按结构化程序设计的思想，用面向对象的程序设计方法简单讲述本系统主要的模块设计与编码。

本系统主界面设计如图 10.5 所示。

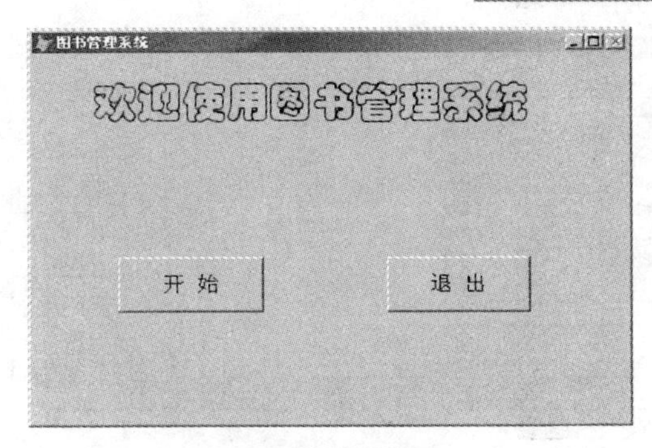

图 10.5　系统主界面

制作步骤如下：

（1）在硬盘上建立一个文件夹，命名为“lib”，用于存放本系统要制作的全部文档。

（2）编写主文件“main.prg”。该系统是通过系统主界面下的菜单调用各功能的，这里将菜单程序名定为“main1.mpr”，设置一个主文件调用它。

在 Visual FoxPro 8.0 环境下，选择菜单中的“文件”/“新建”命令，在弹出的“新建”对话框中选择“程序”，单击“新建文件”按钮，在弹出的编辑框中输入该主文件的代码，具体代码如下：

```
set talk off
set defa to d:\lib                  &&设置文件默认路径
set century on                      &&设置日期显示实际情况
set sysmenu to                      &&关闭系统菜单
with _screen                        &&从这句开始均为主界面窗口设置语句
visible=.T.
minbutton=.T.
maxbutton=.T.
maxtop=0
maxleft=0
movable=.T.
picture="back.jpg"                  &&设置背景图片为默认路径下名为 back 的图片
tabstop=.T.
windowstate=2
caption="图书馆管理系统"            &&主窗口标题设为“图书馆管理系统”
endw                                &&结束主界面窗口设置语句
do main1.mpr                        &&调用菜单文件 main1.mpr
read events                         &&建立事件循环
quit                                &&退出 Visual FoxPro
```

代码输入完毕后，单击“关闭”按钮，在弹出的“保存”对话框中输入主文件名“main.prg”，然后单击“确定”按钮，主文件即建立完成。

（3）生成菜单程序“main1.mpr”。在 Visual FoxPro 8.0 环境下，选择菜单中的“文件”/“新建”命令，在弹出的“新建”对话框中选择“菜单”，单击“新建文件”按钮，弹出“菜单设计器”窗口。按照如图 10.4 所示的“图书馆管理系统”的主菜单来建立，如图 10.6 所示。

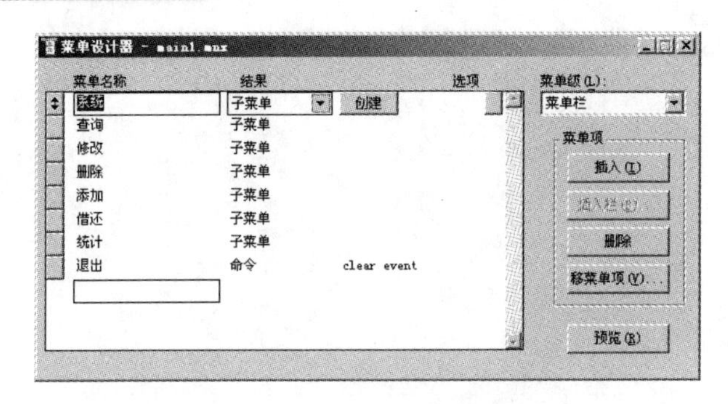

图 10.6　用“菜单设计器”设计系统主菜单

按图 10.4 所示设置调用各表单的命令，例如查询子菜单中的“图书查询”菜单项可键入命令“do form tucx”，如图 10.7 所示。

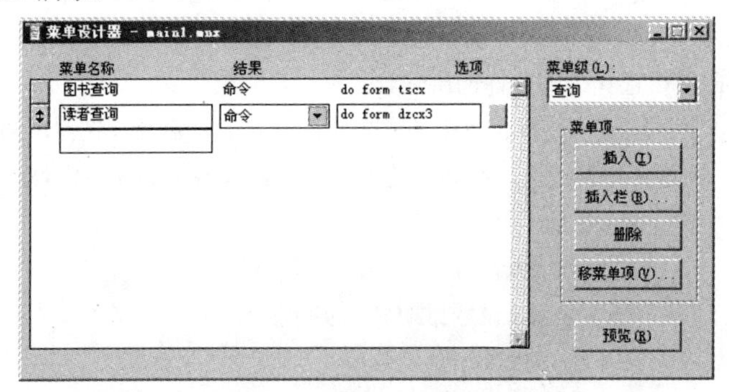

图 10.7　在“菜单设计器”中为各子菜单设置菜单命令

主菜单的“退出”菜单项的命令：

CLEAR EVENTS　　　　&&停止事件循环，转去执行主程序中 READ EVENT 后的命令

当菜单设计好了之后，单击系统菜单栏中“菜单”，选择“生成”选项，由菜单文件“main1.mnx”生成菜单文件“main1.mpr”。

按照以上思路，将该图书管理系统所用到的所有表单设计完成，在主表单中使用命令逐一调用，经调试后最终形成主文件 main.prg。

10.3　系统的编译和安装盘制作

使用 Visual FoxPro 创建面向对象的事件驱动应用程序时，可以每次只建立一部分模块，这种模块化构造应用程序的方法可以使用户在每完成一个组件后，就对其进行检验。在完成所有的功能组件之后，就可以进行应用程序的编译了。

10.3.1　系统的编译

1．准备工作

用 Visual FoxPro 8.0 开发的应用系统中包括许多文件，如表、数据库、程序文件、菜单文件、表单文件、视图文件等。认真检查工作目录中所产生的所有文件，把与系统功能无关的文件删除。

2. 创建项目

“项目管理器”是一种很有限的管理工具，在应用程序的开发过程中，表单、菜单、程序及数据库等都可以在“项目管理器”中新建、添加、修改、运行和移去。

（1）新建项目文件。打开“文件”菜单，在“新建”中选择“项目”选项，然后选择“新建文件”，建立一个项目文件“tsgl.pjx”（图书馆管理系统）。将设计制作的数据库、表单、菜单分别添加到“项目管理器”的相应目录下。

（2）为系统设置主控程序。主文件以粗体显示，其设置方法为：单击“项目管理器”的“代码”选项卡，选中“main.prg”，单击鼠标右键，在弹出的快捷菜单中选择“设置主文件”，如图10.8所示。

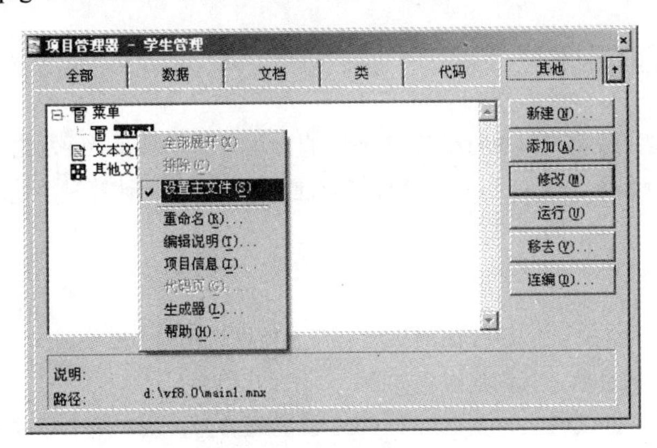

图10.8 在“项目管理器”中设置主文件

在主文件被确定以后，项目进行连编的时候会自动将有关的文件调入到“项目管理器”中，但数据库、表、视图等数据文件不会自动增加进入，需要手工操作，利用添加按钮添加。

3. 编译可执行文件

单击“项目管理器”中的“连编”按钮，在弹出的对话框中选择“连编可执行文件”，在选项区中选中“重新编译全部文件”和“显示错误”两项，然后单击“确定”按钮，如图10.9所示。

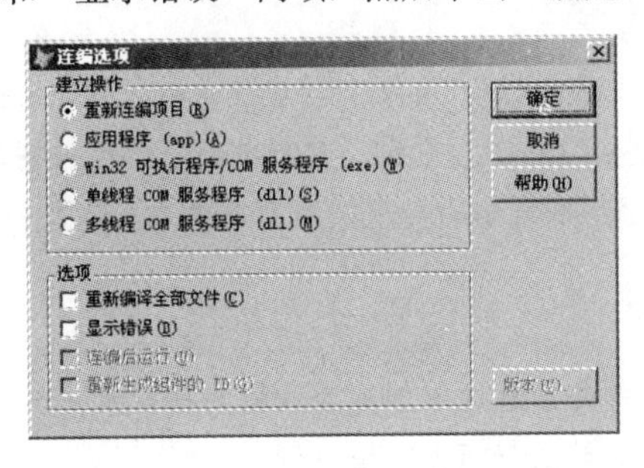

图10.9 “连编选项”对话框

“连编选项”对话框中主要组件的说明：

重新连编项目：用于编译项目中所有文件，生成“.pjx”和“.pjt”文件。

连编应用程序：用于连编项目，并生成以“.app”为扩展名的应用程序。Visual FoxPro 8.0将具有“.app”扩展名的文件称为应用程序，以“.exe”为扩展名的可执行程序也是一种应用程序。Visual FoxPro 8.0应用程序的运行环境有两种：一种是运行在Windows中，脱离了Visual FoxPro 8.0之外的环境，只有“.exe”程序能脱离Visual FoxPro 8.0环境独立运行；另一种环境是基于Visual FoxPro 8.0

的开发环境，也就是 Visual FoxPro 8.0 启动后的状态下，各种应用程序都可以在这种环境中用 DO 命令来执行，常见的有以下应用程序：

```
DO <应用程序名>               &&运行扩展名为“.prg”的程序文件
DO <应用程序名>.mpr           &&运行扩展名为“.mpr”的菜单程序文件
DO <应用程序名>.app           &&运行应用程序
DO <应用程序名>.exe           &&运行可执行程序
DO FORM <表单名>              &&运行扩展名为“.scx”的表单文件
```

在随后弹出的“另存为”对话框中输入可执行文件名“tsgl.exe”，单击按钮即可。

10.3.2　安装盘的制作

现在很多软件都是直接单击可执行文件“exe”直接运行的，那么当开发出了一个系统之后，为了让 Visual FoxPro 8.0 编译生成的“exe”文件能方便地安装到其他计算机上使用，可参考以下步骤制作一套安装盘。

1. 发布准备

应用程序开发完成后，首先应该按前面所述，在“项目管理器”中生成一个“.exe”的可执行程序。然后就要创建发布树目录，其创建过程如下：

在磁盘系统中建立一个文件夹，如“F:\TSGL”作为发布树目录，用于存放准备发布安装到其他计算机上的所有程序和数据文件(也可以直接在前面存有编译后的可执行文件的工作目录中删除不需要的文件作为发布树目录)，将该软件所要用的数据库、数据库备注、数据库索引、表、表备注、表索引、编译后的“exe”文件等都复制到上面所建立的发布树目录中。要注意的是“prg”文件、菜单文件、表单文件、项目文件和连编应用程序所产生的应用程序文件等都已经被编译在“exe”文件中了，不必另外复制。还需要复制的是支持库“Vfp8r.dll”、特定地区资源文件“Vfp8rchs.dll”(中文版)或“Vfp8renu.dll”(英文版)。这些文件都存放在 Windows 的“SYSTEM”目录中。

2. 创建发布磁盘

Visual FoxPro 8.0 提供了“安装向导”，可用来创建发布磁盘并预置磁盘的安装路径，让发布磁盘变得简单。在用“安装向导”创建发布磁盘之前，必须创建一个目录树，它包含要复制到用户硬盘上的所有发布文件。需要把希望复制到发布磁盘上的所有文件均放入此目录或其子目录下。

注意：

（1）应用程序或可执行文件必须放在所创建目录树的根目录下。

（2）在制作安装盘时，需要关闭“项目”窗口。

习　题　十

一、简答题

1. 制作一个 Visual FoxPro 应用程序的发布过程，通常应包含哪几个步骤？

2. 创建发布磁盘应注意哪些问题？

二、选择题

1．作为整个应用程序入口点的“主文件”至少应具有（　）的功能。

A．初始化环境

B．初始化环境、显示初始用户界面

C．初始化环境、显示初始用户界面、控制事件循环

D．初始化环境、控制事件循环

2．将一个项目连编成一个应用程序时，下面的叙述中正确的是（　）。

A．所有项目文件将组合成单一的应用程序文件。

B．所有项目的包含文件将组合成单一的应用程序文件。

C．所有项目的排除文件将组合成单一的应用程序文件。

D．由用户选定的项目文件将组合成单一的应用程序文件。

第 11 章　Visual FoxPro 上机实验指导

【本章主要内容】

Visual FoxPro 的基本操作，数据、常量、变量、表达式应用，表、数据库应用与操作，查询、视图应用与操作，面向过程程序设计，控件、表单与面向对象设计，菜单、报表和标签设计，应用系统发布与安装。

【学习导引】

- 了解：Visual FoxPro 的基本操作，查询、视图应用，菜单、报表和标签设计，应用系统发布与安装。
- 掌握：数据、常量、变量、表达式应用，表、数据库应用与操作，面向过程、面向对象设计，控件、表单设计与应用。

实验 1　Visual FoxPro 的基本操作

一、实验目的

（1）掌握启动与退出 Visual FoxPro 的方法。

（2）掌握项目管理器的启动和使用方法。

（3）掌握命令窗口的操作和简单输出命令的使用。

（4）学会 Visual FoxPro 的环境设置。

（5）熟悉 Visual FoxPro 的用户界面，掌握系统菜单中主要菜单项的功能。

二、实验内容及上机步骤

【上机题 1】Visual FoxPro 的启动与退出。

【上机步骤】本题考查的知识点是 Visual FoxPro 的启动及退出的各种方法。操作步骤如下：

（1）Visual FoxPro 的启动。

方式一：单击“开始”按钮，在弹出的“程序”菜单下选择“Microsoft Visual FoxPro”菜单项，即可以启动 Visual FoxPro。启动系统后，会出现 Microsoft Visual FoxPro 主窗口，如图 11.1 所示。

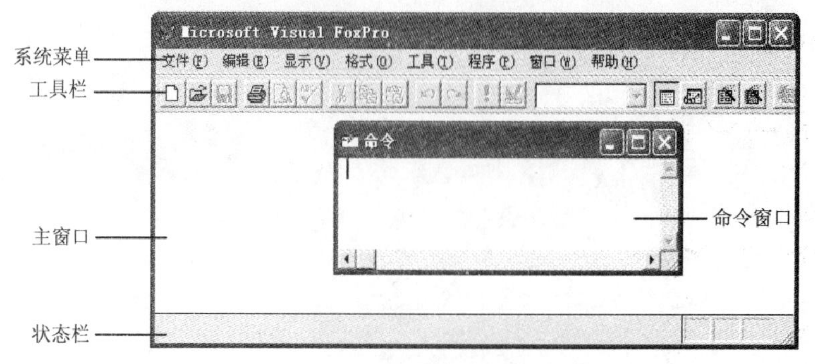

图 11.1　Visual FoxPro 用户界面

方式二：如果用户已在 Windows 桌面上建立了指向 Visual FoxPro 系统的快捷方式图标，则只要双击快捷图标，即可以启动 Visual FoxPro。

方式三：利用“我的电脑”或“资源管理器”启动。通常是进入“c:\Program Files\Microsoft Visual Studio\Vfp98”这个路径，双击“vfp.exe”应用程序来启动 Visual FoxPro。

方式四：单击“开始”按钮，选择“运行”命令，弹出运行对话框，在打开文本框中输入“c:\program files\microsoft visual studio\vfp98”，也可在运行对话框中选定“浏览”按钮，按照“c:\program files\microsoft visual studio\vfp98“路径，一层层打开文件夹，找到 vfp 这个文件后选定“打开”按钮，再单击“确定”按钮即可。

（2）Visual FoxPro 的退出。

方式一：单击应用程序窗口中的“关闭”按钮☒。

方式二：在“文件”菜单中选择“退出”命令。

方式三：在命令窗口中键入 QUIT 命令。

方式四：同时按下 Alt 和 F4 组合键。

方式五：单击应用程序窗口左上角的控制菜单图标，从弹出的菜单中选择“关闭”命令。或者双击控制菜单图标。

【上机题 2】认识 Visual FoxPro 的工作界面，掌握命令窗口的打开与隐藏、工具栏的定制及菜单项的选择操作，并观察状态栏的提示信息的变化。

【上机步骤】本题考查的知识点是 Visual FoxPro 的用户界面和命令窗口的打开与隐藏等基本操作。操作步骤如下：

（1）参考上机题 1 的操作步骤，启动 Visual FoxPro，进入 Visual FoxPro 的工作界面，如图 11.1 所示。

Visual FoxPro 的用户界面由系统菜单、工具栏、主窗口、命令窗口和状态栏等构成。Visual FoxPro 系统菜单包括 8 个水平菜单项，用鼠标单击选定某菜单项，会弹出其下拉子菜单，如图 11.2 所示，是 Visual FoxPro 常用的若干子菜单项。

（2）命令窗口的打开与隐藏。

Visual FoxPro 启动后，系统默认命令窗口为活动窗口状态。同其他窗口一样，命令窗口的大小也可调整，有时也需要将命令窗口隐藏起来，隐藏命令窗口的方法如下：

方式一：从“窗口”主菜单中选择“隐藏”命令。

若要把隐藏的命令窗口激活，在“窗口”菜单中选择“命令窗口”菜单项。

方式二：单击命令窗口右上角的“关闭”按钮。

若要把隐藏的命令窗口激活，从键盘上按下 Ctrl+F2 组合键。

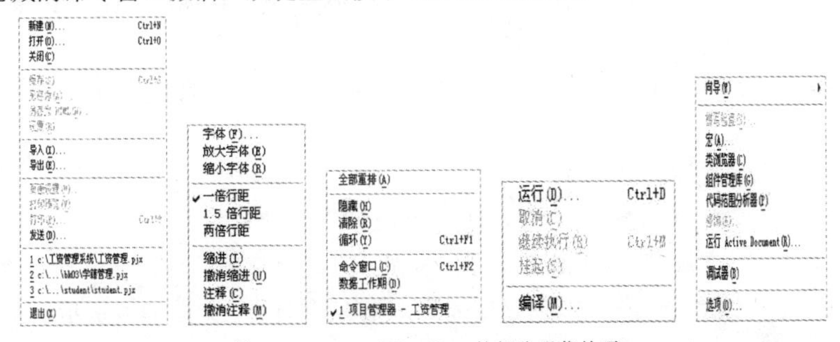

图 11.2 Visual FoxPro 的部分子菜单项

（3）简单输出命令的使用。

简单输出命令的格式：?? | ? <表达式 1>[,<表达式 2>,…]

功能：依次计算并显示各表达式的值。其中，??表示在同行输出各表达式的值，而?表示换行输出各表达式的值。

例如，在命令窗口输入以下两条命令：

? 6*(22/2)

?? "新年快乐",(120+76)/4

注意观察两条命令执行后，结果在主窗口中显示的位置。

（4）打开“查询设计器”工具栏和“打印预览”工具栏。

方式一：选择“显示”菜单中“工具栏”命令，弹出“工具栏”对话框，如图 11.3 所示，选定“查询设计器”和“打印预览”复选框，然后单击“确定”按钮。

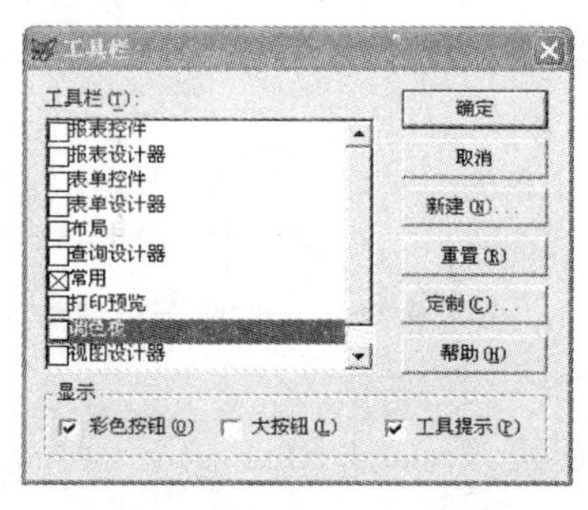

图 11.3　“工具栏”对话框

方式二：右击工具栏，弹出快捷菜单，从中选定“查询设计器”和“打印预览”选项即可。也可从快捷菜单中选定“工具栏”选项，打开“工具栏”对话框，如图 11.3 所示，再选定“查询设计器”和“打印预览”两项。

（5）状态栏信息的变化。

1）用“Insert”键来切换插入/改写状态，请观察状态栏右下角位置有什么变化。然后，在命令窗口用简单输出命令输出你自己的姓名（例如，?“陈文文”），再分别在插入或改写状态下修改姓名中的第二个字符，注意两种方式下操作结果的不同。

2）用“CAPS LOCK”键来切换大写/小写状态，请观察状态栏右下角位置有什么变化，并分别在大、小写状态下，在命令窗口输入一些字符串，例如，比较? ‘AB’和? ‘ab’的输出结果。

3）用“Num Lock”键来设置小键盘是否处于数字方式，请观察状态栏右下角位置有什么变化。

【上机题 3】启动项目管理器，新建一个项目文件，并进行项目管理器的定制、管理等操作。要求用项目向导的方式建立一个项目文件“工资管理系统.pjx”，并将该项目文件保存在“d:\工资管理系统”文件夹中。

【上机步骤】本题考查的知识点是项目文件的建立和项目管理器的操作方法。操作步骤如下：

（1）新建一个项目文件。

1）单击“文件”菜单中“新建”命令，打开“新建”对话框。

2）选择文件类型“项目”，单击“向导”按钮，打开“应用程序向导”对话框，在项目名称栏中输入“工资管理系统”，并选定“创建项目目录结构”复选框，如图 11.4 所示，然后，单击“确定”按钮，进入“项目管理器”窗口，如图 11.5 所示。

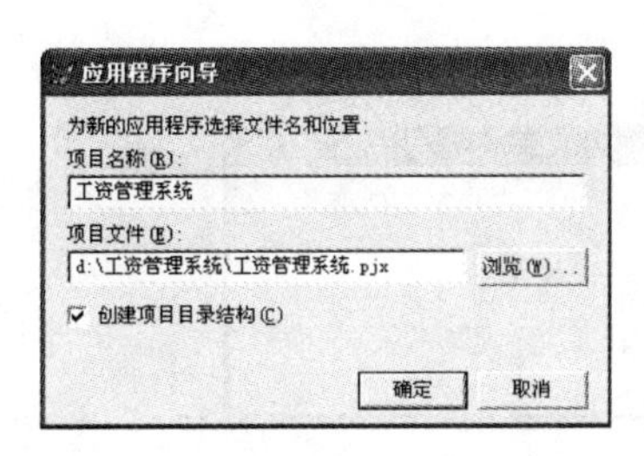

图 11.4　“应用程序向导”对话框

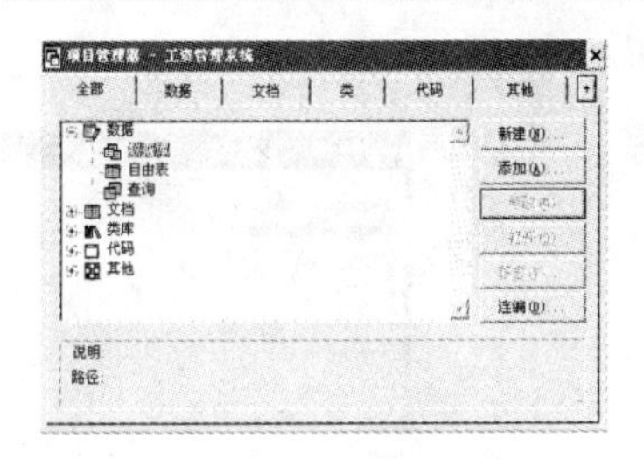

图 11.5　“项目管理器”窗口

（2）定制项目管理器。

1）折叠与展开。单击项目管理器右上角的上箭头，即可折叠项目管理器。在折叠情况下只显示选项卡，如图 11.6 所示。

图 11.6　折叠时的项目管理器

将折叠的项目管理器还原为通常大小的方法是单击右上角的下箭头。

2）拖开选项卡与还原。拖动某一选项卡的操作步骤为：先折叠项目管理器，把鼠标移动到要拖动的选项卡，按住鼠标左键不放，将它拖离项目管理器，成为浮动选项卡，如图 11.7 所示。

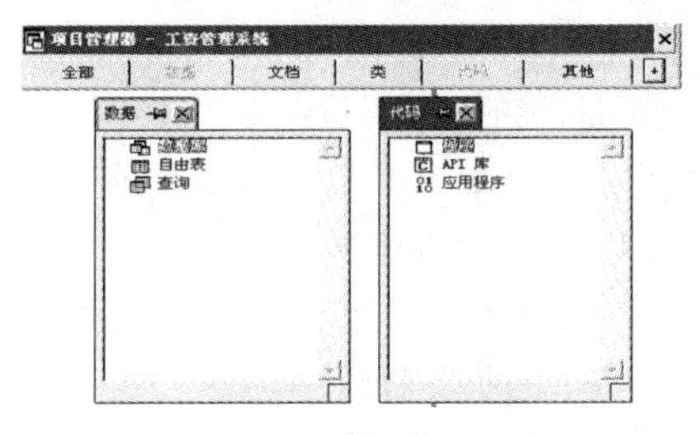

图 11.7　浮动选项卡

如果要还原浮动选项卡，单击选项卡上的关闭按钮，或将选项卡拖回项目管理器中即可。

（3）项目管理器的操作。

项目管理器是 Visual FoxPro 提供的一种有效的管理工具。在应用程序的开发过程中，无论程序、菜单、表单、报表以及数据库与数据库表，都可在项目管理器中新建、添加、修改、运行和移去。例如，要在项目管理器中创建数据库，操作步骤如下：

1）选择“数据”选项卡，选定“数据库”，单击“新建”按钮，打开“新建数据库”对话框，如图 11.8 所示。

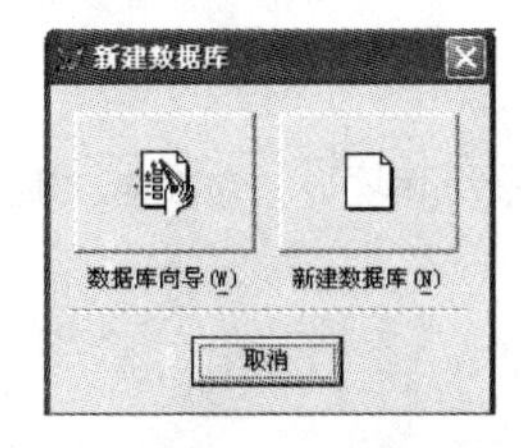

图 11.8　“新建数据库”对话框

2）单击“新建数据库”按钮，打开“创建”对话框，选定保存数据库的位置（假设保存在 d:\工资管理系统\data)，输入数据库名称“工资管理”，单击“保存”按钮，打开“数据库设计器”窗口，如图 11.9 所示。

图 11.9 “数据库设计器”窗口

3）单击“数据库设计器”窗口的关闭按钮，返回到“项目管理器”窗口，注意“数据”选项卡中的“数据库”项前多了个⊞标志，如图 11.10 所示。

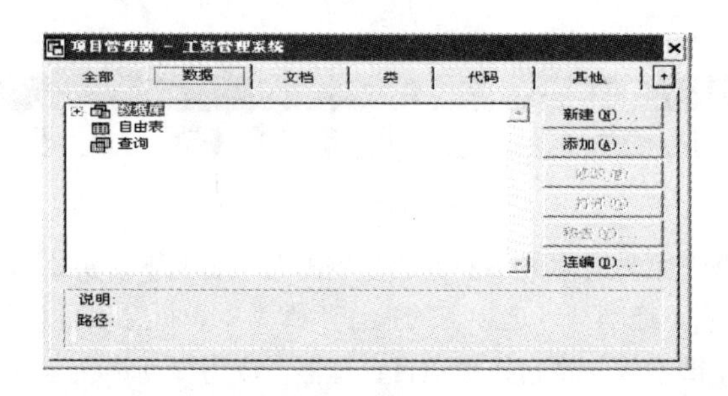

图 11.10 “数据”选项卡

【上机题 4】在命令窗口中练习常用的环境设置命令。

【上机步骤】本题考查的知识点是用命令方式修改系统配置。操作步骤如下：

（1）在命令窗口依次输入如下命令，并观察显示结果：

```
SET CENTURY OFF          &&不允许显示年份中的世纪部分
?DATE()                  &&系统日期函数
```

（2）在命令窗口依次输入如下命令，并观察显示结果：

```
SET CENTURY ON           &&允许显示年份中的世纪部分
?DATE()
```

（3）在命令窗口依次输入如下命令，并观察显示结果：

```
SET DATE TO ymd          &&将日期设置为年月日格式
?DATE()
```

（4）在命令窗口依次输入如下命令，并观察显示结果：

```
SET DATE TO AMERICAN     &&将日期设置为美国格式，即月日年格式
?DATE()
```

注意：使用 SET 命令设置系统环境时，仅在本次运行中有效。一旦退出了 Visual FoxPro，这些设置不再生效。

三、实验习题

1．设置时区时间的显示格式，将日期设置为年-月-日格式。

2．将“d:\工资管理系统”文件夹设置为 Visual FoxPro 默认的工作目录。

3．打开或关闭状态栏时钟。

4．试用三种方法建立项目文件，假设项目文件名为“学生管理”，将该项目文件保存在 D 盘中。

5．在命令窗口中执行如下命令，写出命令执行结果。

在命令窗口中执行命令	命令执行结果
? 3*4/5 ? "山东"+"青岛市" ??{^2010-12-25}	
X="神州六号" ?len(x) ?substr(x,1,2)	
Display memory Clear memory ? _windows	

四、习题要点提示

1．此题可使用“选项”对话框来进行系统配置。从“工具”菜单中选择“选项”命令，打开“选项”对话框，如图 11.11 所示。

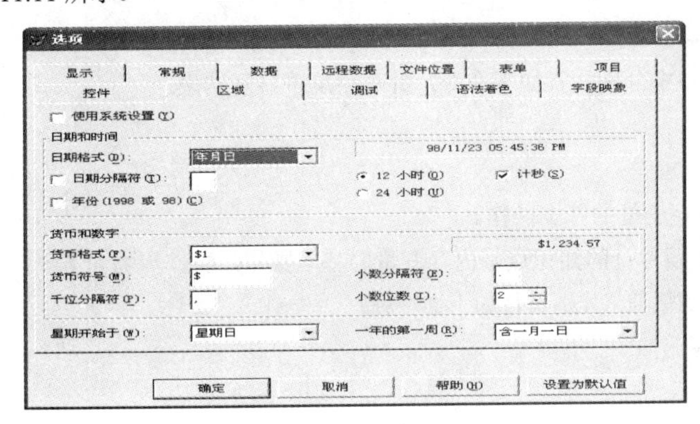

图 11.11　“选项”对话框

2．设置默认目录可用“工具”菜单下的“选项”命令，也可用“set default to d:\工资管理系统”命令实现。

3．打开或关闭状态栏时钟有两种方式，注意观察状态栏的右下角位置的变化情况。

（1）菜单方式，利用“选项”对话框实现。

（2）命令方式，利用 SET CLOCK ON 命令打开状态栏时钟；SET CLOCK OFF 命令则关闭状态栏时钟。

4．建立项目文件的方法有三种：

（1）向导方式（参考上机题 3）。

（2）菜单方式：打开“文件”菜单的“新建”对话框，选择“项目”文件类型，单击“新建文件”命令按钮。

（3）命令方式：Creat project d:\学生管理

实验 2　Visual FoxPro 数据类型、常量、变量和数组

一、实验目的

（1）熟悉 Visual FoxPro 的基本数据类型和常量。

（2）掌握内存变量的基本操作。

（3）了解数组的定义和赋值。

二、实验内容及上机步骤

【上机题 1】Visual FoxPro 的基本数据类型和常量的定义。

【上机步骤】本题考查的知识点是 Visual FoxPro 的基本数据类型和常量，操作步骤如下：

（1）在命令窗口中分别执行如下命令，并观察屏幕显示结果：

? [3*5],"常量"

? 3*5

? 常量

（2）在命令窗口中分别执行如下命令，并观察屏幕显示结果：

? "2009/11/17"

? {^2009/11/17}

? 2009/11/17

（3）在命令窗口中分别执行如下命令，并观察屏幕显示结果：

? .T.,.F.,.N.,.Y.

? T,F,N,Y

【上机题 2】内存变量的基本操作。

【上机步骤】本题考查的知识点是内存变量的基本操作，操作步骤如下：

（1）内存变量的赋值，分别执行如下命令：

A1=3

A2=．F．

A3={^2009/11/17}

STORE " abg" TO B1,B2,B3,B4

C1=A1+3*5

（2）内存变量的显示，分别执行如下命令，并观察屏幕显示结果，了解 DISPLAY 与 LIST 命令动词的区别：

DISPLAY MEMORY　　&&分屏方式显示

LIST MEMORY　　&&滚动方式显示

DISPLAY MEMORY LIKE A*　　&&显示变量名以“A”开头的内存变量信息

LIST MEMORY LIKE ?1　　&&显示变量名第二个字符为“1”的变量信息

（3）内存变量的保存，分别执行如下命令：

SAVE TO AL1　　&&将所有内存变量保存在内存变量文件 AL1 中

SAVE TO AL2 ALL LIKE A*　　&&将“A”开头的内存变量保存在内存变量文件 AL2 中

SAVE TO AL3 ALL EXCEPT ?1　　&&除了第二个字符为“1”的内存变量保存在内存变量文件 AL3 中

（4）内存变量的删除与显示，分别执行如下命令：

RELEASE B4　　&&删除指定内存变量 B4

DISPLAY MEMORY　　&&显示删除了变量 B4 后的内存变量

RELEASE ALL LIKE ?2　　&&将所有第二个字符为“2”的内存变量删除

DISPLAY MEMORY　　&&显示第二次删除变量后的内存变量

RELEASE ALL EXCEPT A*　　　　&&删除不以“A”开头的变量

DISPLAY MEMORY　　　　&&显示第三次删除变量后的内存变量

CLEAR MEMORY　　　　&&删除所有内存变量

DISPLAY MEMORY　　　　&&显示删除全部变量后的结果

（5）内存变量的恢复与显示，分别执行如下命令：

RESTORE FROM AL2　　　　&&恢复内存变量文件 AL2 中保存的变量

DISPLAY MEMORY　　　　&&显示结果

RESTORE FROM AL3　　　　&&恢复内存变量 AL3 中保存的变量

DISPLAY MEMORY　　　　&&显示结果

RESTORE FROM AL1 ADDITIVE　　&&恢复内存变量文件 AL1 中保存的变量

DISPLAY MEMO　　　　&&显示结果

【上机题 3】Visual FoxPro 数组变量的定义和赋值。

【上机步骤】本题考查的知识点是数组变量的基本操作，操作步骤如下：

（1）数组的定义，分别执行如下命令：

CLEAR MEMORY　　　　&&清除所有内存变量

CLEAR　　　　&&清屏

DIMENSION A(10)　　　　&&定义一个一维数组 A，数组大小为 10

DIMENSION B(5),C(3,2)　　　　&&定义两个数组，数组 B 为一维数组，大小为 5，数组 C 为二维数组，大小为 6

（2）数组元素的赋值，分别执行如下命令：

A(1)=3

STORE " abc" TO B(1),B(2),B(3)

C=3*5

C(2,1)=B(1)

（3）数组元素的显示，分别执行如下命令，并观察显示结果：

DISP MEMORY LIKE A*　　　　&&显示数组 A 中各元素

DISP MOMORY LIKE B　　　　&&显示数组 B 中各元素

三、实验习题

1．上机验证下列符号哪些是常量，哪些可用作变量，并说出常量的数据类型。

2005/11/17 , “2005/11/17”，{^2005/11/17}，F，.F.，E，1E，1E2，E2，姓名，“姓名”，‘134’，98.65

2．指出下列命令序列的功能。

CLEAR ALL

CLEAR

STORE 2 to a1,b1,c1

A2=a1+3

STORE　‘aa’　to a2,b2,c2

DISPLAY MEMORY LIKE A*

DISPLAY MEMORY LIKE ?2

SAVE TO T1 ALL EXCEPT ?2

```
SAVE TO T2
RELEASE B*
RESTORE FROM T1
DISP MEMORY
RESTORE FROM T2 ADDITIVE
DISP MEMORY
```

3．定义一个一维数组 array1，数组大小为 4；再定义一个二维数组 array2，数组大小为 6，并为两个数组元素赋值。

四、习题要点提示

1．常量和变量的分辨：

（1）Visual FoxPro 中常量只有六种：字符型常量、数值型常量、货币型常量、日期型常量、日期时间型常量和逻辑型常量，每一种常量都有特定的规定，比如字符型、逻辑型都有定界符，数值型没有定界符，但只能由阿拉伯数字、小数点和正负号组成等。因此符合某种常量规定的符号才能是常量，如"2009/11/17"是字符型常量，{^2009/11/17}是日期型常量等。

（2）某个符号只要符合变量的命名规则就可以用作变量，如 E，E2，姓名等符号都能用作变量，可以通过对其赋值来验证。

2．内存变量的基本操作有赋值、显示、保存、删除和恢复等。

3．数组由数组元素组成，每一个数组元素都相当于一个内存变量，可以单独对每一个数组变量赋值，也可以一次对数组中所有元素赋以同一个值。数组在赋值之前必须用 DIMENSION 命令定义。

实验 3 Visual FoxPro 函数、运算符与表达式

一、实验目的

（1）熟悉 Visual FoxPro 常用内部函数的使用。

（2）了解 Visual FoxPro 运算符的运算规则。

（3）掌握 Visual FoxPro 表达式的书写。

二、实验内容及上机步骤

【上机题 1】Visual FoxPro 常用内部函数的使用。

【上机步骤】本题考查的知识点是 Visual FoxPro 常用内部函数，操作步骤如下：

（1）数值函数，分别执行如下命令，并观察屏幕显示结果：

```
?SQRT(3*3+4*4)
?INT(5.7),INT(-5.7),CEILING(5.7),CEILING(-5.7),FLOOR(5.7),FLOOR(-5.7)
?MOD(34,7), MOD(34,-7), MOD(-34,7), MOD(-34,-7)
?ROUND(3.14159,2),ROUND(5678.45,-2)
```

（2）字符函数，分别执行如下命令，并观察屏幕显示结果：

```
A1="1"
A2="2"
```

```
A12="B"
B=MAX(05/01/01,96/12/04)
?A&A1.&A2.,&A12
?AT("姓","姓名"),AT("PRO","Visual FoxPro"),ATC("PRO","Visual FoxPro")
?LEN(ALLTRIM(SPACE(8)))
?SUBSTR("Visual FoxPro 内部函数",8,6),LEFT("中国山东: ",2),RIGHT("山东青岛",4)
```

（3）日期和时间函数, 分别执行如下命令，并观察屏幕显示结果：

```
?YEAR(DATE()),MONTH(DATE()),DAY(DATE())
?HOUR(DATETIME()),MINUTE(DATETIME()),SEC(DATETIME())
```

（4）数据类型转换函数, 分别执行如下命令，并观察屏幕显示结果：

```
?CHR(ASC("N")+ASC("b")-ASC("B"))
?DTOC(DATE())
?STR(34.56,10,1),STR(34.56,10,2),STR(34.56,6),STR(34.56,3),STR(34.56)
?LEN(STR(34.56,6)),LEN(STR(34.56,3)),LEN(STR(34.56))
?VAL("12"),VAL("-12"),VAL("1A"),VAL("B2")
```

（5）测试函数, 分别执行如下命令，并观察屏幕显示结果：

```
?VARTYPE($234),VARTYPE("A"),VARTYPE(A),VARTYPE(DTOC(DATE()))
?IIF(3+65>70,.T.,.F.)
```

【上机题 2】Visual FoxPro 运算符与表达式。

【上机步骤】本题考查的知识点是 Visual FoxPro 运算符与表达式，操作步骤如下：

（1）算术运算符与表达式的练习。分别执行如下命令，并观察屏幕显示结果：

```
?3*5*12/4^2
? (4^5+5^5)/(sqrt(4+5)-4*5)
```

（2）字符运算符与表达式的练习。分别执行如下命令，并观察屏幕显示结果：

```
a= "山 东 "
b= " 青 岛"
?a+b,a-b
```

（3）日期和时间运算符与表达式的练习。分别执行如下命令，并观察屏幕显示结果：

```
?DATE()-{^2009/09/01}
?DATE()-120,DATE()+120
```

（4）关系运算符与表达式的练习。 分别执行如下命令，并仔细观察屏幕显示结果：

```
?"青岛">"北京", "xy">"x", " " >"x", "AB" > "ab"
SET EXACT OFF
?"山东"="山东青岛","青岛大学"="山东"
? "山东"= ="山东青岛","山东大学"= ="山东"
SET EXACT ON
?"山东"="山东青岛","山东大学"="山东"
? "山东"= ="山东青岛","山东大学"= ="山东"
? "山东青岛"$"山东","山东"$"山东青岛"
```

（5）逻辑运算符与表达式的练习。分别执行如下命令:

a=5>3

b=3>5

?a AND b, a OR b, NOT a, NOT b AND .F.

【上机题 3】Visual FoxPro 综合表达式的应用。

【上机步骤】本题考查的知识点是 Visual FoxPro 综合表达式的书写，操作步骤如下：

（1）写出下列算术式子的表达式，并求其值。

① $\frac{1}{2}+\frac{14}{21}+\frac{3}{5}$　　② $\sin\frac{\pi}{6}+\tan\frac{\pi}{3}$

③ $\frac{(x^5+y^5)}{\sqrt{x+y}-xy}$，设 x=3,y=2

分别执行如下命令:

①?1/2+14/21+3/5

②?SIN(PI()/6)+TAN(PI()/3)

③x=3

y=2

?(x^5+y^5)/(SQRT(x+y)-x*y)

（2）写出判断闰年的表达式（能被 4 整除但不能被 100 整除，或者能被 400 整除的年份就是闰年）。

执行如下命令:

y=YEAR(DATE())

?IIF((y%4=0 and y%100!=0) or y%400=0,"是闰年","不是闰年")

（3）计算距离明年元旦还有多少天？（假设今年为 2009 年）

执行如下命令:

?{^2009/01/01}-date()

（4）设直角三角形的一条直角边长为 4，斜边长为 5，求另一条直角边之长。

执行如下命令:

a=4

c=5

b=SQRT(C*C-A*A)

?b

三、实验习题

1．求下列函数的值。

（1）SUBSTR("山东大学",5,4)

（2）LEN(TRIM(SPACE(8))-SPACE(8))

（3）IIF(97>=60,IIF(95>=85,"优秀","及格"),"不及格")

（4）STUFF("现代教育中心",5,0,LEFT("技术中心",4))

2．已知长方体体积 V=324，高 H=4,宽 W=3，求长方体的长 L。

3．执行下列命令，并分析结果。

（1）A=STR(2.34,4,2)

B=LEFT(A,3)

C="&A+&B"

?C,&C

（2）DIMENSION A(3,4)

A=3*5

A(2,3)="3*5"

?A(2,1),A(2,3),A(7)

（3）SET EXACT ON

A="山东大学"

B=A=LEFT(A,4)

?A,B

四、习题要点提示

1．Visual FoxPro 提供了几百个内部函数供用户使用。除了宏替换函数等少数函数外，其他大多数的函数形式都是一样的，掌握这样的函数需要知道三点：函数名、函数参数以及函数值。

2．Visual FoxPro 中有五类运算符：算术运算符、字符运算符、日期和时间运算符、关系运算符以及逻辑运算符，除了逻辑非运算符是单目运算符外，其他都是双目运算符。掌握这些运算符主要是了解其操作对象的类型，以及由此得出的运算结果。

3．表达式是将常量、变量和函数用运算符连接起来的有意义的式子。一个表达式都有一个特定的值，根据值的类型不同可以将表达式分为五类：算术表达式、字符表达式、日期和时间表达式、关系表达式以及逻辑表达式。表达式在编程以及表的操作中都要用到，需要重点掌握。

实验 4　表的建立与显示

一、实验目的

（1）了解自由表和数据库表的区别。

（2）掌握自由表的建立方法。

（3）掌握表的打开、关闭等基本操作。

（4）熟练掌握显示表中数据和向表中添加数据的操作方法。

二、实验内容及上机步骤

【上机题 1】建立如表 11.1 所示的二维表。

表 11.1　员工表

员工编号	姓名	性别	婚否	职称	工作日期	部门编号	工资级别	联系电话	简历	照片
010101	陈胜利	男	.T.	教授	07/01/86	01	5	13907318988	memo	gen
010201	刘莉莉	女	.F.	助教	07/02/04	02	1	13007311339	memo	gen
010102	唐家	男	.T.	副教授	06/26/90	01	4	13344558866	memo	gen
010301	赵高	男	.T.	讲师	07/02/99	03	3	13872330999	memo	gen
010401	刘敏敏	女	.T.	讲师	06/28/98	04	4	13935790733	memo	gen
010203	胡卫国	男	.F.	助教	07/03/01	02	4	13107312425	memo	gen
010502	贺子	女	.F.	助教	07/08/02	05	3	13707314528	memo	gen

员工表的结构如表 11.2 所示。

表 11.2　员工表结构

字段名	字段类型	字段宽度	小数位数	NULL
员工编号	字符型	6		否
姓名	字符型	8		是
性别	字符型	2		是
婚否	逻辑型	1		是
职称	字符型	10		是
工作日期	日期型	8		是
部门编号	字符型	2		是
工资级别	数值型	2	0	是
联系电话	字符型	11		是
简历	备注型	4		是
照片	通用型	4		是

操作要求：

（1）建立员工表.DBF 的结构后，立即输入所有记录的数据，并编辑第一条记录的“简历”字段和“照片”字段。

（2）“简历”字段的内容为“2000 年至今任本校校长”，“照片”字段的内容由读者利用 Windows 自带的画图程序绘制一个图像。

（3）数据全部输入后，存盘退出。

【上机步骤】本题考查的知识点是自由表的建立。操作步骤如下：

（1）建立表结构。

1）选定“文件”菜单中的“新建”命令（或单击工具栏中的“新建”按钮），弹出“新建”对话框，如图 11.12 所示。

2）选定“新建”对话框中的“表”选项，单击“新建文件”按钮，弹出“创建”对话框，如图 11.13 所示。

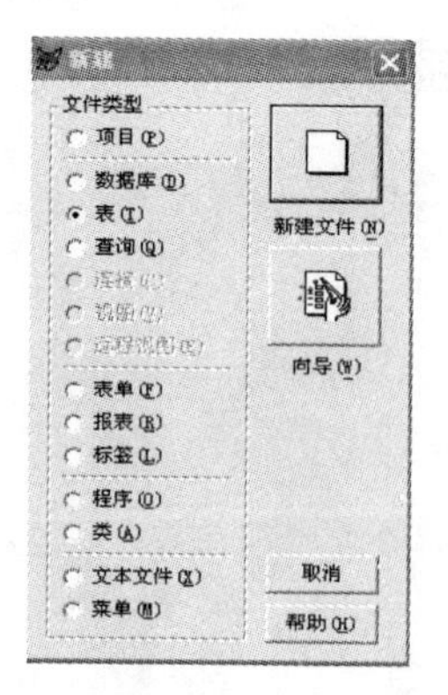

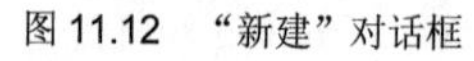
图 11.12　“新建”对话框

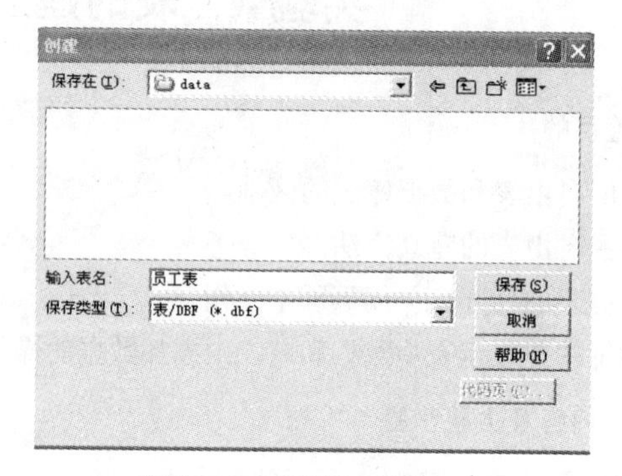

图 11.13　“创建”对话框

3）从“保存在”列表框中选定文件保存的位置（假设选定 d:\工资管理系统\data 为存储位置，注意不要存储在 C 盘位置，因为实验机房中主机的 C 盘没有写的权限），并在“输入表名”文本框中输入员工表，然后单击“保存”按钮，便出现“表设计器”窗口，如图 11.14 所示。

说明：也可在命令窗口中执行命令 CTEATE d:\工资管理系统\data\员工表，便可实现以上三步操作，同时出现如图 11.14 所示的“表设计器”窗口。

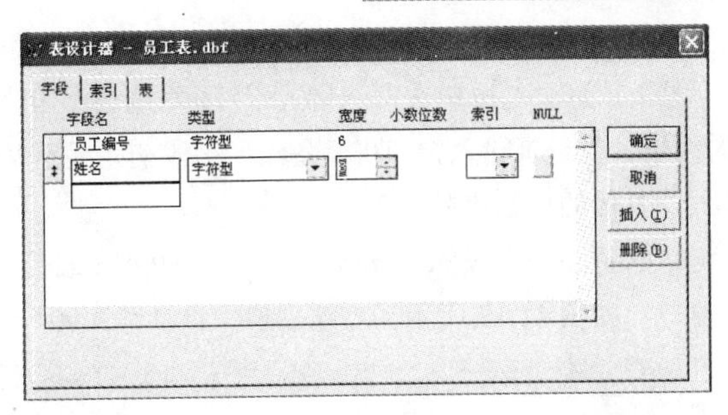

图 11.14　员工表.DBF 的“表设计器”对话框

4）按照表 11.2 所设定的结构，依次输入各字段的字段名、类型、宽度、小数位数等属性值（注意字段默认的类型是字符型，如果要设定为其他类型，比如，“婚否”字段应定义为逻辑型，则要从类型列表框中选取）。表结构建立完后，单击“确定”按钮，便弹出图 11.15 所示的对话框，询问“现在输入数据记录吗?”。选择“是”按钮，将出现员工表记录编辑窗口，此时，进入建表的第二步：输入表记录内容。

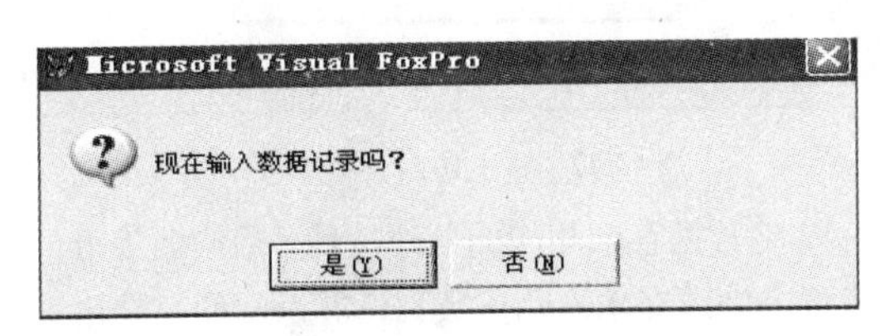

图 11.15　输入记录询问对话框

（2）输入记录。

在表记录输入窗口（见图 11.16）中，用户可以逐条输入记录内容。其中，各字段的排列次序及字段名右侧文本区宽度都与表结构的定义相符。

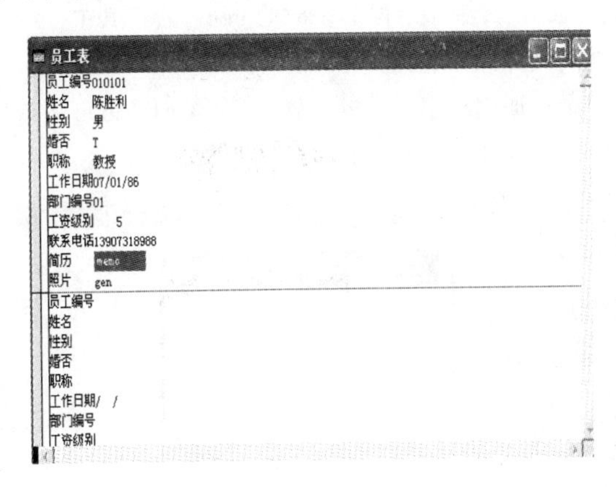

图 11.16　记录输入窗口

数据输入要点：

1）通过记录输入窗口逐个输入每条记录的字段值。当录入一条记录的最后一个字段值时，Visual FoxPro 会自动提供下一个记录的输入位置。

2）逻辑型字段只能接受 T，Y，F，N 这 4 个字母之一（大小写不严格区分）。T 与 Y 同义，例如，键入 Y，屏幕显示 T；同样，F 与 N 同义，例如，键入 N，屏幕显示 F。

3）日期型数据必须与日期格式相符，系统默认按美国日期格式 mm/dd/yy 输入。在记录编辑窗口中，给日期型字段输入数据时，分隔符“/”系统自动提供，只要输入“月日年”对应数字就行了。如果用户设置了日期的显示格式，而输入日期数据与格式不符，系统会发出错误提示，需要重新输入。

4）备注型字段数据的编辑。在记录输入窗口中，备注型字段初始显示“memo”标志，其值须通过一个专门的编辑窗口输入，具体的操作步骤如下：

①将光标移到第一个记录的备注型字段的 memo 处，按 Ctrl+PgDn 或用鼠标双击字段的 memo 标志，进入备注型字段编辑窗口，如图 11.17 所示，在该窗口中输入“2000 年至今任本校校长”。

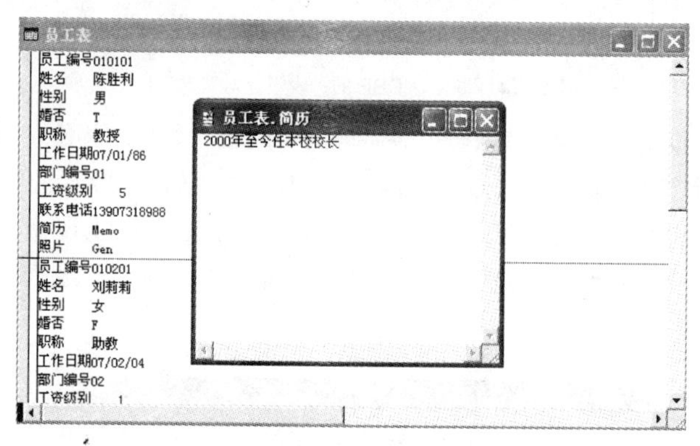

图 11.17　备注型字段的编辑窗口

②编辑完成后，按 Ctrl+W 将数据存入相应的备注文件（后缀名为.fpt）之中，并返回到记录输入窗口。（若按 Ctrl+Q 或 Esc 键，则放弃本次输入数据，并返回到记录输入窗口。）

注意：在备注型字段输入数据后，该字段的 memo 标志变成 Memo。由此，通过观察 memo 标志的第一个字母是大写还是小写，可以判断出该备注型字段是否已经输入了内容。

5）通用型字段数据的编辑。通用型字段内容的显示与备注型字段类似，不同的是通用型字段在编辑窗口中的标识是 Gen 或 gen，其中该字段为空时为 gen，若在其中已经存入对象，则变为 Gen。

给通用型字段输入数据的具体操作步骤如下：

①将光标移到第一个记录的通用型字段的 gen 处，按下 Ctrl+PgDn 键或用鼠标双击字段的 gen 标志，进入通用型字段编辑窗口，如图 11.18 所示。

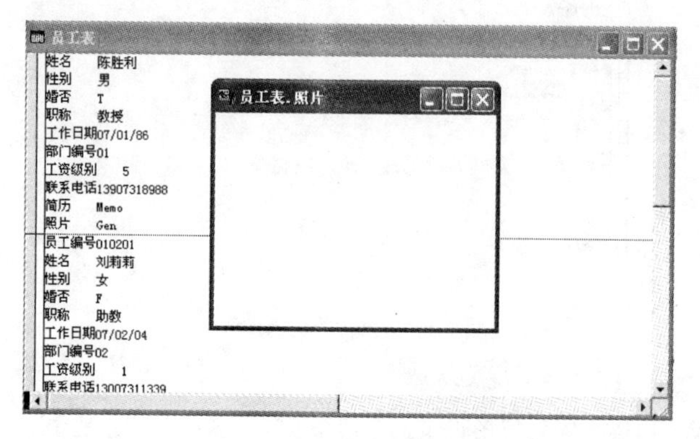

图 11.18　通用型字段的编辑窗口

②选择“编辑”菜单中“插入对象”命令，弹出“插入对象”对话框，如图 11.19 所示。

③选定“新建”按钮，从“对象类型”列表框中选择“画笔图片”，再单击“确定”按钮，则启动了画笔图片，如图 11.20 所示，然后用户直接在图 11.20 的窗口中使用画笔绘制图像。

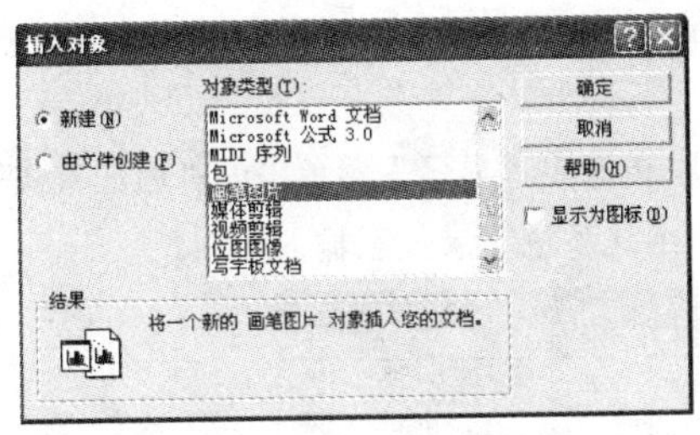

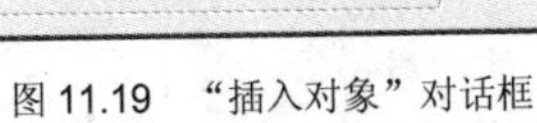
图 11.19 “插入对象”对话框

图 11.20 在通用型字段编辑窗口中启动画笔图片窗口

编辑完成后，按 Ctrl+W 将数据存入相应的备注文件之中，并返回到记录输入窗口。若按 Ctrl+Q 或 Esc 键，则放弃本次的操作并返回到记录输入窗口。

（3）所有记录输入完毕后，从键盘上按 Ctrl+W 组合键存盘退出，返回到 Visual FoxPro 主窗口。

【上机题 2】打开员工表.DBF，分别查看其结构与记录，包括“简历”字段和“照片”字段。

【上机步骤】本题考查的知识点是表的打开与显示。操作步骤如下：

（1）打开表。刚建立的表是自动打开的，如果要打开以前所建立的表，有两种方式：

1）菜单方式。选择“文件”菜单下的“打开”命令或单击工具栏中的“打开”按钮，在文件类型列表框中选择“表（.dbf)”，然后选定要打开的员工表，如图 11.21 所示，再单击“确定”按钮。

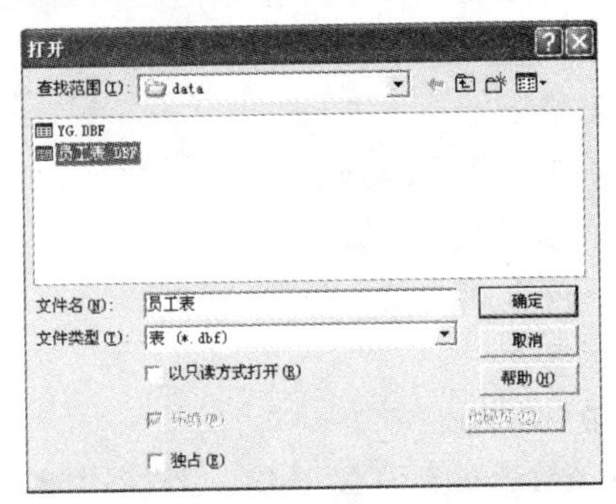

图 11.21 “打开”对话框

2）命令方式。在命令窗口键入如下命令：

USE D:\工资管理系统\data\员工表

（2）查看表结构。

1）菜单方式。选择“显示”菜单中的“表设计器”命令，出现表设计器窗口，拖动垂直滚动条可显示其他字段行，然后选定“取消”按钮，关闭表设计器。

2）命令方式。在命令窗口中键入 LIST STRUCTURE 命令或 DISPLAY STRUCTURE 命令显示表结构。

（3）查看记录。

1）菜单方式。选择“显示”菜单中的“浏览”命令，便出现如表 11.1 所示的员工表窗口，用户可查看到各记录数据，双击某记录的 memo 区或 gen 区，即显示该记录的“简历”字段或“照片”字段值。

2）命令方式。在命令窗口中键入 BROWSE 或 LIST 或 DISPLAY ALL 命令都可显示表中全部记录。

【上机题 3】打开员工表.DBF，利用菜单操作方式在该表的的末尾添加一条新记录。

【上机步骤】本题考查的知识点是在表尾添加记录。操作步骤如下：

（1）在主窗口的“文件”菜单中选定“打开”命令，弹出“打开”对话框，然后选择员工表，如图 11.21 所示，再单击“确定”按钮。

（2）选择主窗口“显示”菜单中的“浏览”命令，再选定“显示”菜单中的“追加方式”命令，则在表的末尾添加一个空记录，如图 11.22 所示，然后给这条空记录任意输入数据。

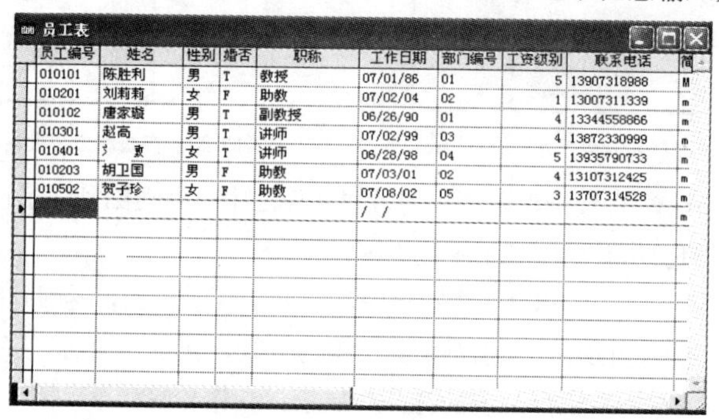

图 11.22　添加空记录窗口

三、实验习题

1．打开表文件员工表.DBF，写出满足下列操作要求的命令或命令序列：

（1）显示第 4 个记录。

（2）显示第 2 个到第 5 个记录。

（3）显示所有工资级别大于 3 的男员工的记录。

（4）显示在 1995 年以前参加工作的员工的记录。

（5）显示员工编号的最后一位为“1”的全部员工记录。

（6）显示所有未婚的员工记录。

（7）显示第 1 个记录的简历字段的内容。

2．打开 d:\工资管理系统\工资管理系统.PJX，在项目管理器中建立三个自由表：工资表、部门表和用户表。其中，工资表的表结构和记录分别如表 11.3、表 11.4 所示，部门表的表结构和记录分别如表 11.5、表 11.6 所示，用户表的表结构和记录分别如表 11.7、表 11.8 所示。

表 11.3　工资表结构

字段名	类型	宽度	小数位
员工编号	字符型	6	
基本工资	数值型	8	2
职称津贴	数值型	7	2
水电费	数值型	8	2
应发工资	数值型	7	2
代扣税	数值型	7	2
实发工资	数值型	8	2

表 11.4　工资表记录

员工编号	基本工资	职称津贴	水电费	应发工资	代扣税	实发工资
010101	1800	2000	180			
010201	649	500	80			
010102	1400	1500	240			
010301	1050	1000	170			
010401	1100	1000	105			
010203	800	500	60			
010502	760	500	30			

表 11.5 部门表结构

字段名	类型	宽度	小数位
部门编号	字符型	2	
部门名称	字符型	10	

表 11.6 部门表记录

部门编号	部门名称
01	校办
02	人事处
03	会计系
04	信管系
05	财经系
06	教务处

表 11.7 用户表结构

字段名	类型	宽度	小数位
操作员编号	字符型	2	
操作员姓名	字符型	8	
登录名称	字符型	20	
登录密码	字符型	10	
操作权限	数值型	1	

表 11.8 用户表记录

操作员编号	操作员姓名	登录名称	登录密码	操作权限
01	曾小萍	管理员	12345678	0
02	邓文波	普通用户		1

四、习题要点提示

1．用 USE 命令打开表文件。

（1）描述第 4 个记录可以使用范围子句，也可使用 RECNO()函数充当条件子句来实现。

（2）在没有学习记录指针移动之前，可使用 RECNO()函数充当条件子句来实现。

（3）要用 AND 连接两个子条件。

（4）描述“1995 年以前”这个条件，可以使用 YEAR(工作日期)<=1995，也可使用工作日期<={^1995/01/01}表达式充当条件来实现。

（5）使用 RIGHT 函数充当条件来实现。

（6）在员工表中“婚否”字段的类型为逻辑型，可以直接使用“FOR NOT 婚否”来描述未婚的条件。

（7）注意显示范围是“第 1 条记录”，要显示某字段的信息，必须明确写出该字段的字段名。

2．在项目管理器中建立自由表的方法是：从项目管理器中选择“数据”标签，选定自由表，然后单击“新建…”按钮。

实验 5　表 的 维 护

一、实验目的

（1）熟练掌握浏览和修改表记录。

（2）理解表的记录指针与当前记录的意义。

（3）掌握表记录的添加、删除、复制以及表结构复制等操作方法。

（4）掌握数组与表之间的数据传递。

二、实验内容及上机步骤

【上机题 1】打开实验 4 建立的员工表.DBF，分别以浏览方式和编辑方式查看和修改表记录。

【上机步骤】本题考查的知识点是表记录的两种显示方法。操作步骤如下：

(1)浏览方式查看和修改记录。选定“显示”菜单的“浏览”命令，或者在命令窗口中键入 BROWSE 命令，然后在浏览窗口中直接修改记录，如图 11.23 所示。

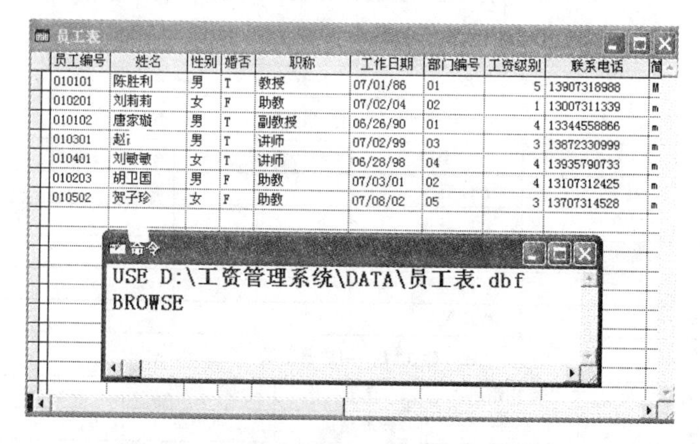

图 11.23　使用 BROWSE 命令打开员工表的浏览窗口

(2)编辑方式查看和修改记录。选定“显示”菜单的“编辑”命令，或者在命令窗口中键入 CHANGE 命令，然后在编辑窗口中直接修改记录，如图 11.24 所示。

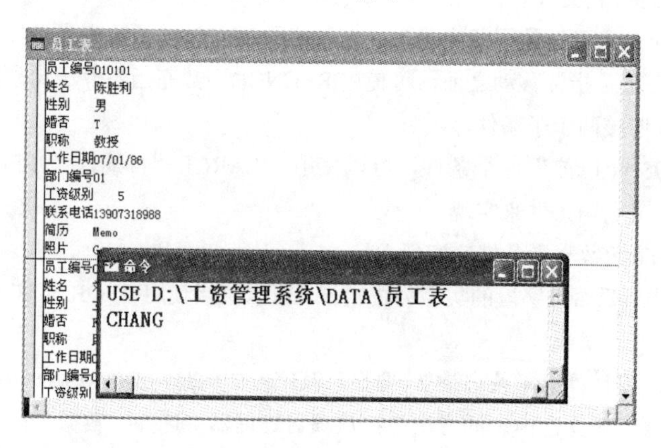

图 11.24　使用 CHANG 命令打开员工表的编辑窗口

【上机题 2】使用菜单操作和命令两种方式来实现记录指针的移动。

【上机步骤】本题考查的知识点是记录指针的移动。操作步骤如下：

（1）菜单操作方式。

1）打开表文件员工表.DBF，以浏览窗口方式显示表记录。在“表”菜单中单击“转到记录”命令，将弹出其子菜单项，如图 11.25 所示。

2）在子菜单中分别选择“第一个”“最后一个”“下一个”“上一个”“记录号...”或“定位...”，观察记录指针在浏览窗口中的移动。

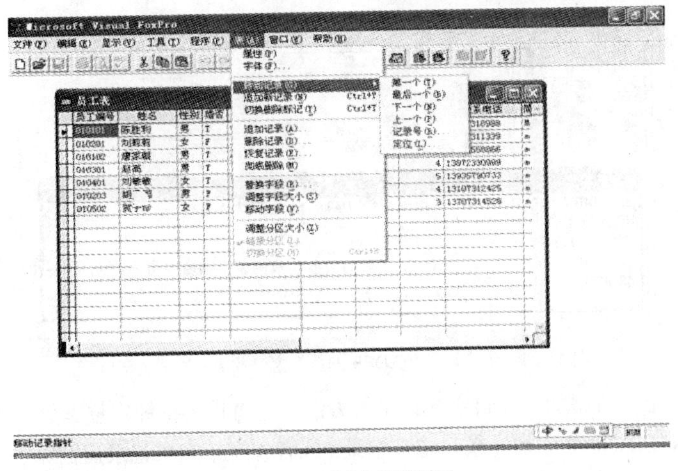
图 11.25　“表”菜单显示

3）若选择了“记录号…”，则出现如图 11.26 所示的“转到记录”对话框，在记录号列表框中输入一个记录号或通过微调按钮设置记录号，然后单击“确定”按钮，则当前记录就是该记录号所对应的记录。

若选择了“定位…”，则出现如图 11.27 所示的“定位记录”对话框，在作用范围列表框中选定要操作记录的范围，在 For 或 While 文本框中输入条件表达式，然后单击“定位”按钮，则当前记录就为指定范围内且满足所给条件的第一个记录。

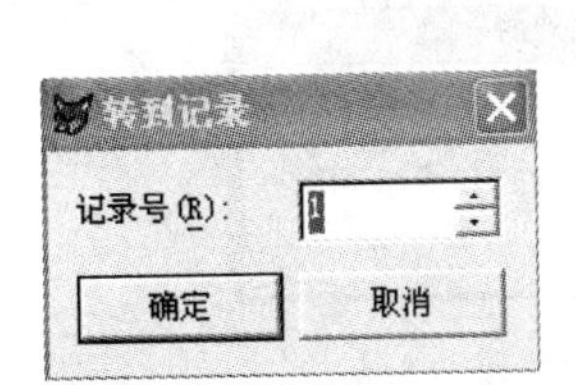

图 11.26　“转到记录”对话框

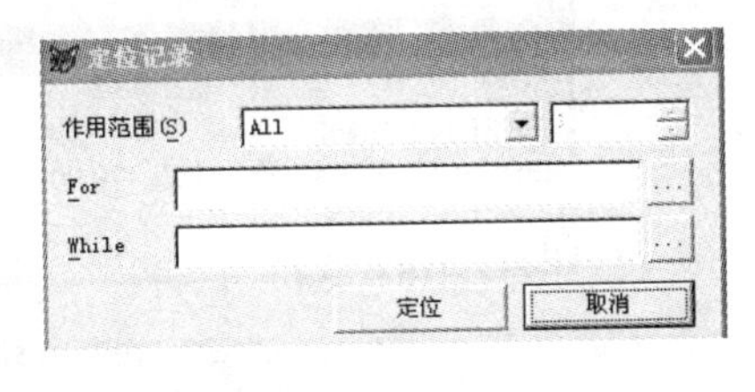

图 11.27　“定位记录”对话框

（2）命令方式。

在命令窗口中输入下列命令：

```
USE D:\工资管理系统\data\员工表       && 打开表
? RECNO()                            && 屏幕显示:1。打开表，当前记录为第一个记录
GO BOTTOM                            && 指向表的最后一个记录
? RECNO()                            && 若表中总共有 7 个记录，则屏幕显示:7
SKIP -2                              && 记录指针朝文件头方向移动 2 个记录
? RECNO()                            && 屏幕显示:5
USE                                  && 关闭表
```

【上机题 3】将员工表.DBF 完全复制生成新文件 YG.DBF，且将该文件保存在与员工表.DBF 相同的目录（D:\工资管理系统\data）下。然后打开表文件 YG.DBF，在 YG.DBF 表中的第三个记录后及表尾添加一条记录，记录内容可由读者任意定义。

【上机步骤】本题考查的知识点是表的复制、记录的添加与字段内容的替换。操作步骤如下：

（1）首先在命令窗口中输入环境设置命令，将当前路径设置为 D:\工资管理系统\data，接着打开员工表.DBF，原样复制生成新文件 YG.DBF，然后打开新文件 YG.DBF，如图 11.28 所示。

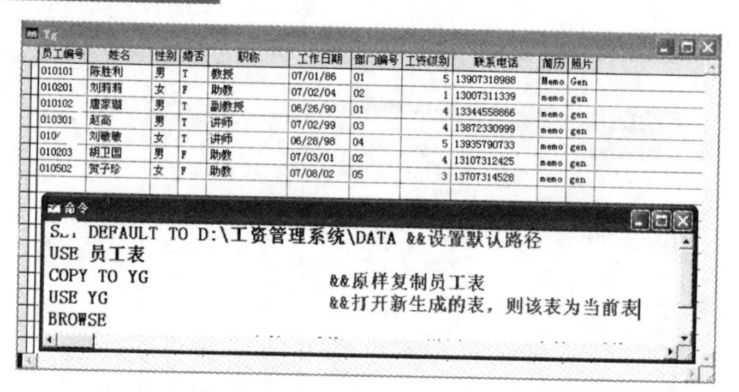

图 11.28 生成新表 YG.DBF 的命令窗口及新表的浏览窗口

（2）在第三个记录后添加一条自定义记录的方法：先将记录指针定位到第三个记录，然后执行不带任何选项的 INSERT 命令添加一条自定义记录；或者先在第三条记录后面添加一条空记录，然后使用 REPLACE 命令将空记录的内容进行替换（假设只替换“员工编号”和“姓名”字段的内容），如图 11.29 所示（用命令方式实现）。

员工编号	姓名	性别	婚否	职称	工作日期	部门编号	工资级别	联系电话	简
010101	陈胜利	男	T	教授	07/01/86	01	5	13907318988	M
010201	刘莉莉	女	F	助教	07/02/04	02	1	13007311339	m
010102	唐家璇	男	T	副教授	06/26/90	01	4	13344558866	m
010000	李				/ /				m
010301	赵高	男	T	讲师	07/02/99	03	4	13872330999	m
010401	刘敏敏	女	T	讲师	06/28/98	04	5	13935790733	m
010203	胡卫国	男	F	助教	07/03/01	02	4	13107312425	m
010502	贺子珍	女	F	助教	07/08/02	05	3	13707314528	m

```
GO 3
INSERT BLANK
REPLACE 员工编号 WITH "010000",姓名 WITH "李明"
```

图 11.29 在表中添加记录窗口

（3）在表尾添加空记录并自行添加数据。

方法 1：在命令窗口执行 APPEND 命令，进入记录编辑窗口，然后任意输入记录的内容。

方法 2：选择“表”菜单中的“追加新记录”命令，然后在浏览窗口中的空记录处输入数据，如图 11.30 所示（只添加了“员工编号”和“工作日期”字段的数据）。

员工编号	姓名	性别	婚否	职称	工作日期	部门编号	工资级别	联系电话	简
010101	陈胜利	男	T	教授	07/01/86	01	5	13907318988	M
010201	刘莉莉	女	F	助教	07/02/04	02	1	13007311339	m
010102	唐家璇	男	T	副教授	06/26/90	01	4	13344558866	m
010000	李..				/ /				m
010301	赵高	男	T	讲师	07/02/99	03	4	13872330999	m
010401	刘敏敏	女	T	讲师	06/28/98	04	5	13935790733	m
010203	胡卫国	男	F	助教	07/03/01	02	4	13107312425	m
010502	贺子珍	女	F	助教	07/08/02	05	3	13707314528	m
020000					07/01/1997				m

图 11.30 在表尾添加记录窗口

方法 3：在命令窗口执行以下命令序列：

APPEND BLANK

REPLACE 员工编号 WITH '020000',工作日期 WITH {^1997-07-01}

【上机题 4】将添加的表尾记录彻底删除。

命令方式：执行了 APPEND 命令后，在表尾添加的新记录即当前记录。因此，可以直接使用逻辑删除和物理删除命令将该记录真正删除，如图 11.31 所示。

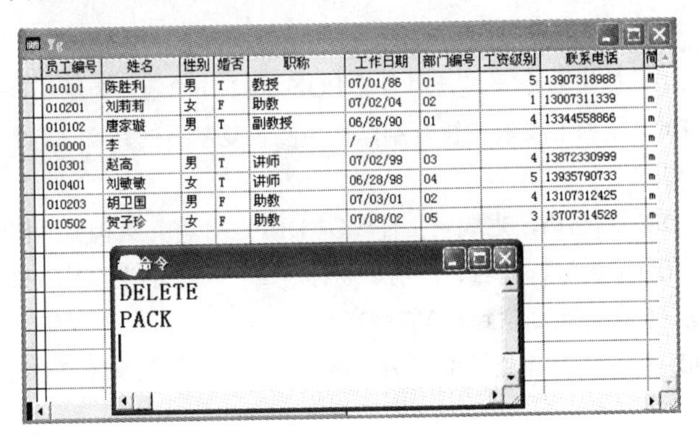

员工编号	姓名	性别	婚否	职称	工作日期	部门编号	工资级别	联系电话	简
010101	陈胜利	男	T	教授	07/01/86	01	5	13907318988	M
010201	刘莉莉	女	F	助教	07/02/04	02	1	13007311339	m
010102	唐家璇	男	T	副教授	06/26/90	01	4	13344558866	m
010000	李				/ /				m
010301	赵高	男	T	讲师	07/02/99	03	4	13872330999	m
010401	刘敏敏	女	T	讲师	06/28/98	04	5	13935790733	m
010203	胡卫国	男	F	助教	07/03/01	02	4	13107312425	m
010502	贺子珍	女	F	助教	07/08/02	05	3	13707314528	m

图 11.31 删除表尾记录窗口

菜单操作方式：

（1）选择“表”菜单中的“删除记录…”命令，出现“删除”对话框，如图 11.32 所示。

（2）在“作用范围”下拉列表框中输入 9，单击“删除”按钮，则在该记录上加上了删除标记“▌”（或者直接在该记录号的左边单击，使出现删除标记“▌”），然后选择“表”菜单中的“彻底删除”命令，弹出一个对话框，询问“从 d:\工资管理系统\yg.dbf 移去已删除记录？”，单击“是”按钮，则该记录从表中真正删除。

【上机题 5】将上机题 3 中生成的表 YG.DBF 以菜单操作方式修改结构，操作要求如下：

（1）将职称的宽度由 10 改为 8。

（2）将字段名“员工编号”改为“员工代码”，宽度由 6 改为 8。

（3）在“婚否”字段之后添加一个字段“出生日期(D)”。

（4）删除名为“工作日期”的字段。

【上机步骤】本题考查的知识点是表结构的修改。操作步骤如下：

（1）选定“文件”菜单的“打开”命令，或者单击工具栏中的“打开”按钮，将表 YG.DBF 打开。表打开之后，选定“显示”菜单中的“表设计器”命令，出现“表设计器-yg.dbf”对话框，如图 11.33 所示。在该对话框中，选定“职称”字段，将其宽度由 10 改为 8。

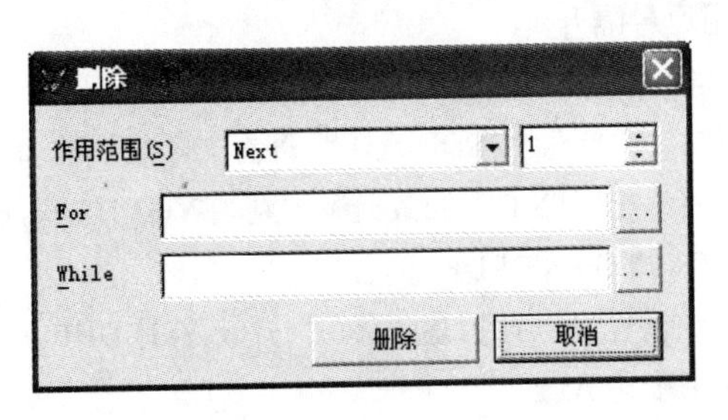

图 11.32 “删除”对话框

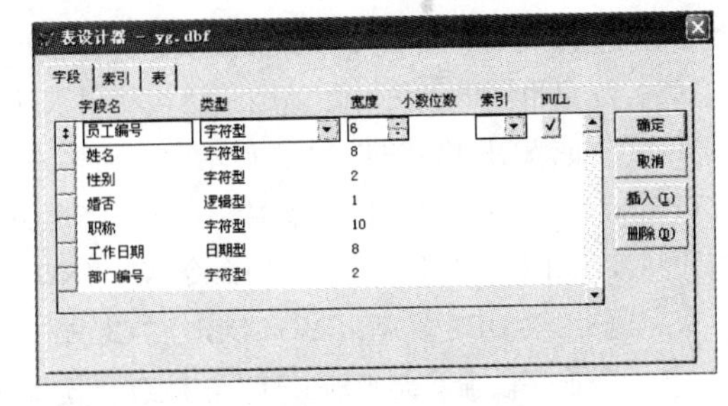

图 11.33 “表设计器”对话框

（2）在图 11.33 中，选定“员工编号”字段，将其字段名改为“员工代码”，宽度由 6 改为 8。

（3）在图 11.33 中，选定“职称”字段，单击“插入”按钮（新字段将插入在当前字段之前），然后在“字段名”文本框中输入出生日期，在类型下拉列表框中选定日期型，宽度默认为 8。

（4）在图 11.33 中，选定“工作日期”字段行，然后单击“删除”按钮，即删除了该字段。

（5）单击“确定”按钮（或按 Ctrl+W），将出现信息提示窗口，询问“结构更改为永久性更改？”，单击“是”按钮确认上述修改，并关闭表设计器。

三、实验习题

1．打开员工表.DBF，使用命令方式分别实现 BOF()和 EOF()函数为逻辑真值的情况。

2．针对员工表.DBF，按如下要求进行复制操作（假设复制后的新文件与员工表文件要在相同的目录中），写出命令序列。

（1）复制员工表.DBF 的结构，生成表文件 YG1.DBF，并将其结构显示出来。

（2）复制一个仅有员工编号、姓名、性别、职称等 4 个字段的表结构 YG2.DBF。

（3）将第 2 个到第 5 个记录复制到表 YG3.DBF 中。

（4）将员工表.DBF 按系统数据格式复制为文本文件，并查看该文本文件，再将 YG.TXT 中的数据添加到 YG3.DBF 中去。

3．从员工表.DBF 复制出 YG4.DBF，然后针对 YG4.DBF，按以下操作要求写出命令或命令序列。

（1）将 YG4.DBF 中的“工资级别”字段值用“工资级别＋1”进行替换。

（2）在第 2 个记录之后插入一个空记录，并自行确定一些数据填入该空记录中。

（3）将第 3 个记录与第 5 个记录分别加上删除标记。

（4）撤销第 5 个记录上的删除标记并将第 3 个记录从表中真正删除。

四、习题要点提示

1．首先要理解两个函数的含义。BOF()函数用来检测记录指针是否指向文件头；EOF()函数用来检测记录指针是否指向文件尾。

刚打开员工表.DBF 时，记录指针默认指向第一个记录，即当前记录为第一个记录。使用 SKIP -1 命令将记录指针往文件头方向移动一个记录，此时记录指针指向文件头，则 BOF()为逻辑值.T.；使用 GO BOTTOM 命令将记录指针指向表中最后一个记录，然后使用 SKIP 命令将记录指针往文件尾方向移动一个记录，此时记录指针指向文件尾，则 EOF()为逻辑值.T.。

2．先使用设置默认路径命令，将当前路径设置为 D:\工资管理系统\data，再用命令或命令序列实现各小题：

（1）仅复制结构，要带关键词 STRUCTURE，显示新文件的表结构，必须先打开新表文件。

（2）书写多个字段名时，字段名与字段名之间用逗号隔开。

（3）注意范围的表达，且该题是结构和记录同时复制。

（4）生成 SDF 格式的文本文件用命令动词 COPY，并要带上 SDF 选项；查看文本文件的命令为 TYPE YG.TXT（该文件的扩展名一定不能省略）；要将 YG.TXT 中的数据添加到表 YG3.DBF，必须首先将 YG3.DBF 打开，然后使用命令 APPEND FROM YG.TXT SDF 实现。

3．从员工表.DBF 复制出 YG4.DBF 用 COPY 命令实现，然后用 USE 命令打开表 YG4.DBF。

（1）替换字段命令是 REPLACE，注意要使用范围子句 ALL。

（2）自行添加数据，可以使用命令 REPLACE 进行添加，也可直接在浏览窗口输入。

（3）实现对第 3 个和第 5 个记录操作，要使用范围子句 RECORD <N>，或者使用条件子句 FOR RECNO()=N，或者使用记录指针定位命令。

（4）撤销第 5 个记录上的删除标记后，直接使用 PACK 命令将第 3 个记录从表中真正删除，不需要再把记录指针定位到第 3 个记录。因为 PACK 命令只将作删除标记的记录真正删除。

实验 6　索引与排序、查询与统计

一、实验目的

（1）了解索引的分类，索引与排序的区别。

（2）熟练掌握索引与排序的创建方法。

（3）掌握直接查询与索引查询数据的方法。

（4）掌握数据表的统计、计算命令的使用方法。

（5）学会各种索引的引用方法。

二、实验内容及上机步骤

【上机题 1】打开员工表.dbf，以“职称”字段为关键字段进行排序（降序），并将生成的新表文件“员工职称排序表”保存在“D:\工资管理系统\”目录下，假设 Visual FoxPro 默认的工作目录指向“D:\工资管理系统”文件夹。

【上机步骤】本题考查的知识点是排序的创建与排序的特点，操作步骤如下：

（1）在命令窗口中执行如下命令：

```
USE data\员工表
SORT TO 员工职称排序表  ON  职称/ D
```

（2）查看结果，必须先打开排序生成的新表，才能显示排序后的结果。分别执行如下命令：

```
USE 员工职称排序表
LIST
```

按职称排序的结果如图 11.34 所示。

记录号	员工编号	姓名	性别	婚否	职称	工作日期	部门编号	工资级别	联系电话	简历	照片
1	010201	刘莉莉	女	.F.	助教	2004-7-2	02	1	13007311339	memo	gen
2	010203	胡卫国	男	.F.	助教	2001-7-3	02	4		memo	gen
3	010502	贺子珍	女	.F.	助教	2002-7-8	05	3		memo	gen
4	010101	陈胜利	男	.T.	教授	1986-7-1	01	5	13907318988	Memo	Gen
5	010301	赵高	男	.T.	讲师	1999-7-2	03	3	13872330999	memo	gen
6	010401	刘敏敏	女	.T.	讲师	1998-6-28	04	4	13935790733	memo	gen
7	010102	唐家璇	男	.T.	副教授	1990-6-26	01	4	13344558866	memo	Gen

图 11.34　员工表按职称值降序排序的结果

注意：职称的降序并不是按职称由高到低排列，是按“职称”字段值的字符大小排列。如本题中“职称”字段值的排列顺序应为:助教>教授>讲师>副教授。

【上机题 2】用命令方式创建单索引文件，以员工表中的部门编号字段为关键字段建立一个普通索引。

【上机步骤】本题考查的知识点是索引的类型与索引文件的创建，操作步骤如下：

（1）打开员工表，查看记录的排序。在命令窗口中执行如下命令：

USE　data\员工表

LIST

索引前，原表中的数据如图 11.35 所示。

记录号	员工编号	姓名	性别	婚否	职称	工作日期	部门编号	工资级别	联系电话	简历	照片
1	010101	陈胜利	男	.T.	教授	07/01/86	01	5	13907318988	Memo	Gen
2	010201	刘莉莉	女	.F.	助教	07/02/04	02	1	13007311339	memo	gen
3	010102	唐家璇	男	.T.	副教授	06/26/90	01	4	13344558866	memo	gen
4	010301	赵高	男	.T.	讲师	07/02/99	03	3	13872330999	memo	gen
5	010401	刘敏敏	女	.T.	讲师	06/28/98	04	4	13935790733	memo	gen
6	010203	胡卫国	男	.F.	助教	07/03/01	02	4	.NULL.	memo	gen
7	010502	贺子珍	女	.F.	助教	07/08/02	05	3	.NULL.	memo	gen

图 11.35　原表的排序结果

（2）创建一个单索引文件“部门编号.idx”，同时该索引自动打开，执行如下命令：

INDEX　ON 部门编号 TO 部门编号

LIST

索引后的结果如图 11.36 所示。

记录号	员工编号	姓名	性别	婚否	职称	工作日期	部门编号	工资级别	联系电话	简历	照片
1	010101	陈胜利	男	.T.	教授	07/01/86	01	5	13907318988	Memo	Gen
3	010102	唐家璇	男	.T.	副教授	06/26/90	01	4	13344558866	memo	gen
2	010201	刘莉莉	女	.F.	助教	07/02/04	02	1	13007311339	memo	gen
6	010203	胡卫国	男	.F.	助教	07/03/01	02	4	.NULL.	memo	gen
4	010301	赵高	男	.T.	讲师	07/02/99	03	3	13872330999	memo	gen
5	010401	刘敏敏	女	.T.	讲师	06/28/98	04	4	13935790733	memo	gen
7	010502	贺子珍	女	.F.	助教	07/08/02	05	3	.NULL.	memo	gen

图 11.36　按部门编号索引后的结果

注意观察索引后，记录的排列顺序，索引改变了表中记录的逻辑顺序。

（3）假设对同一个表建立了多个索引文件，那么只有最后建立的索引能自动打开。如果用户希望打开以前所建的索引，例如，打开按部门编号建立的索引，应输入如下命令：

SET ORDER TO 部门编号

LIST

注意: “SET ORDER TO 部门编号”命令中的“部门编号”是索引名，此命令是打开已存在的索引，按部门编号索引排列。

【上机题 3】分别用直接查询与索引查询两种方式，查询出所有部门编号为“02”且未婚的员工。

【上机步骤】本题考查的知识点是数据的查询。操作步骤如下：

（1）直接查询方式，执行如下命令：

```
   USE   data\员工表
LOCATE FOR 部门编号='02' and 婚否=.f.
display  ┐
         ├ 重复执行这两条命令，直到出现“已定位到范围末尾”。
continue ┘
```

（2）索引查询方式，执行如下命令：

```
   USE   data\员工表
index on 部门编号='02' and 婚否=.f. tag   bmff
seek .t.   &&查询 02 部门的未婚员工记录的表达式值应为真
?found()  ┐
display   ├ 重复这三条命令，直到?FOUND()返回值为.F.。
skip      ┘
```

【上机题 4】计算工资表中所有人的基本工资总额、平均基本工资、基本工资的最大值及最小值，并统计员工表中部门编号为“01”的部门人数。

【上机步骤】本题考查的知识点是对数据表的统计与计算命令，操作步骤如下：

（1）打开工资表：

USE　data\工资表

（2）求基本工资总额，用如下命令：

sum　基本工资　to 总基本工资

?总基本工资

（3）求基本工资的平均值，用如下命令实现：

avg　基本工资　to 平均基本工资

?平均基本工资

（4）求基本工资的最大值，用如下命令实现：

max 基本工资 to 基本工资最大值

?基本工资最大值

（5）求基本工资的最小值，用如下命令实现：

min 基本工资　to 基本工资最小值

?基本工资最小值

（6）统计员工表中部门编号为“01”的人数，用如下命令实现：

count　for 部门编号='01' to 某部门人数

? 某部门人数

【上机题 5】先建一个表文件，表名为“图书表.DBF”，包含字段：书编号、书名、出版单位、作者、价格，其中只有“价格”为数值型，其余均为字符型。针对图书表，如图 11.37 所示，按“出版单位”字段进行分类汇总各出版社的总书价。

书编号	书名	出版单位	作者	价格
dep01_s001_01	电磁波工程	电子工业出版社	顾华	21
dep04_b001_01	计算机基础	清华大学出版社	洪涛	16
dep04_b001_02	计算机应用	电子工业出版社	李群	19.8
dep04_p001_01	C语言程序设计	清华大学出版社	钟军	18.8
dep04_p001_02	C语言程序设计	南京大学出版社	李力	17.7
dep04_s001_01	SQL Server数据库开发技术	北方交通出版社	成虎	21.5
dep04_s002_01	JAVA语言程序设计	东南大学出版社	王平	22.5
dep04_s003_01	单片机原理	东南大学出版社	肖红	16.8
dep04_s004_01	软件开发技术	南京大学出版社	刘雨	15
dep04_s005_01	网页设计	地质出版社	张凯芝	12

图 11.37　图书表中所有记录

【上机步骤】本题考查的知识点是分类求和运算的方法，操作步骤如下：

（1）建立图书表（参考实验 4 中的上机题 1 的操作步骤）。

（2）以“出版单位”字段为关键字段创建索引，命令如下：

INDEX ON 出版单位　TO 出版单位.idx　&&这是分类求和前必做的工作

（3）作分类汇总操作,生成新表,表名为“各出版社书总价”，命令如下：

TOTAL TO 各出版社书总价.dbf ON 出版单位

（4）打开汇总后生成的新表，命令如下：

USE 各出版社书总价.dbf

（5）显示汇总结果，结果如图 11.38 所示。

BROWSE FIELDS 出版单位，价格

出版单位	价格
北方交通出版社	21.50
地质出版社	12.00
电子工业出版社	40.80
东南大学出版社	39.30
南京大学出版社	32.70
清华大学出版社	34.80

图 11.38 分类汇总后的结果

三、实验习题

1．打开工资表，以部门编号字段为关键字段进行排序（升序），并将生成的新表文件“员工部门排序表.dbf”保存在 Visual FoxPro 默认的工作目录“D:\工资管理系统\”中。

2．针对员工表，创建结构复合索引文件，要求按“工作日期”字段降序方式建立一个普通索引。

3．分别用直接查询与索引查询两种方式，查询出所有 2000 年（包括 2000 年）以后参加工作且未婚的员工。

4．针对员工表，以“部门编号”为第一关键字段，“工资级别”为第二关键字段降序方式建立一个结构复合索引文件。

5．针对“图书表.dbf”，计算所有书的总价格、平均价格、最高价格、最低价格，并统计清华出版社在图书表中的书的数量。

四、习题要点提示

1．排序的命令动词为 SORT，要显示排序的结果必须先打开新表。

2．创建结构复合索引文件的语法格式为：

index on <索引关键字段表达式> TAG <标识名> [ASCENDING | DESCENDING]

3．此题可参照上机题 3 解答，只是索引表达式不同，表达 2000 年以来这个条件要用 YEAR() 函数。

4．当索引表达式包括多个字段时，应转换为同一类型的表达式，通常转换为字符型表达式；实现工资级别降序可用“10000-工资级别”表达，数值型转换为字符型要用到 STR()函数。

5．此题可参照上机题 4 解答，分别要用到 SUM，AVERAGE，MAX，MIN，COUNT 命令。

实验 7 查询与视图设计

一、实验目的

（1）掌握使用查询设计器与查询向导创建各种不同类型的查询。

（2）掌握使用视图设计器与视图向导创建视图。

（3）比较查询与视图的异同之处。

（4）学会使用查询与视图的相关设置。

二、实验内容及上机步骤

【上机题 1】用查询设计器创建查询，统计员工表中各部门的男员工人数，只输出人数大于 1 人的部门编号与人数。

【上机步骤】本题考查的知识点是查询设计器的使用，包括函数表达式、分组、筛选条件等选项的使用。操作步骤如下：

（1）进入查询设计窗口，选择“文件”菜单下的“新建”命令，弹出“新建”对话框，选择“查询”，然后单击“新建文件”按钮，即进入了查询设计窗口，如图 11.39 所示。

（2）添加查询所需的数据表，本例中添加员工表，如图 11.40 所示。

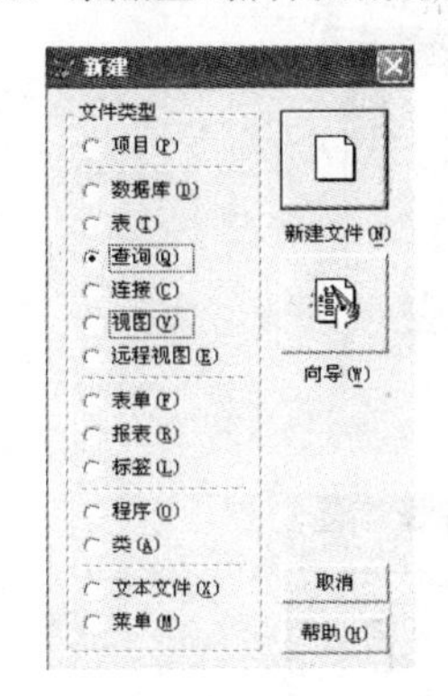

图 11.39　“新建”对话框

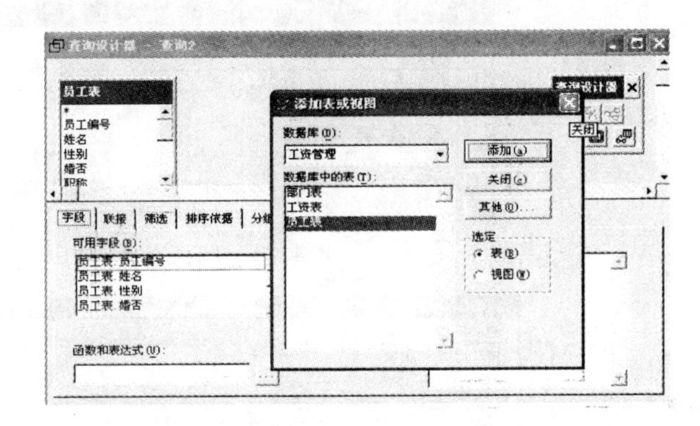

图 11.40　“查询设计器”窗口

（3）单击“字段”选项卡，选择输出的字段或表达式，如图 11.41 所示。在“可用字段”列表框中双击选择“员工表.部门编号”，在“函数和表达式”文本框中输入“count(*)”，然后单击“添加”按钮，将表达式送到“选定字段”列表框中。

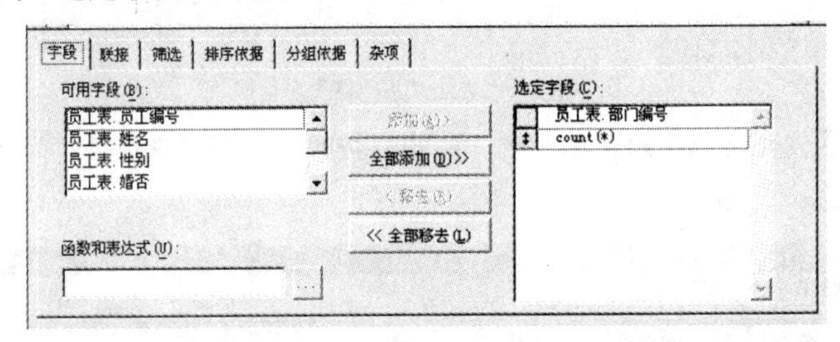

图 11.41　“字段”对话框

（4）在“筛选”对话框设置筛选条件，本例中的筛选条件是“性别为男”，操作方法是：从“字段名”列表框中选择“员工表.性别”，“条件”列表框中选择“=”，在“实例”文本框中输入“男”，如图 11.42 所示。

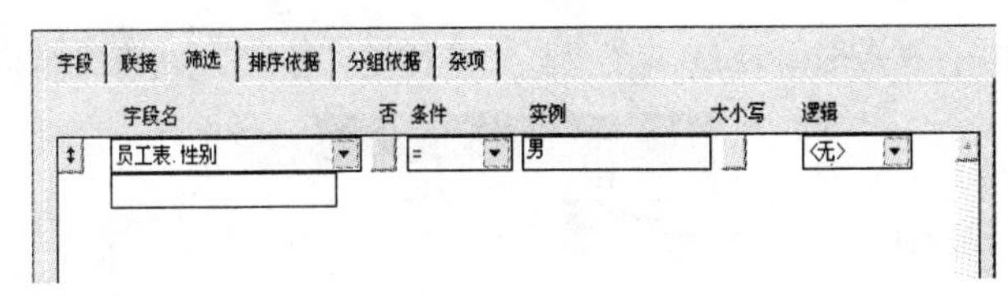

图 11.42　“筛选”对话框

（5）在“分组依据”对话框中，选定“员工表.部门编号”为分组字段，如图 11.43 所示。

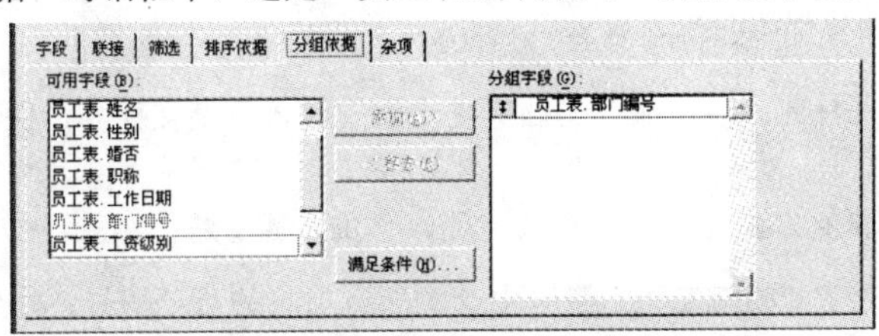

图 11.43　“分组依据”对话框

（6）在“分组依据”对话框中选定满足条件按钮，弹出“满足条件”对话框，从“字段名”下拉列表中选择表达式，如图 11.44 所示，弹出“表达式生成器”窗口（见图 11.45），在“表达式”文本框中输入“count(*)>1”。

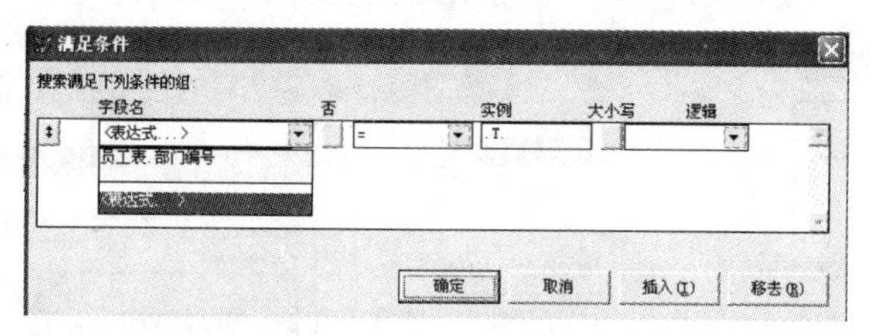

图 11.44 “满足条件”对话框

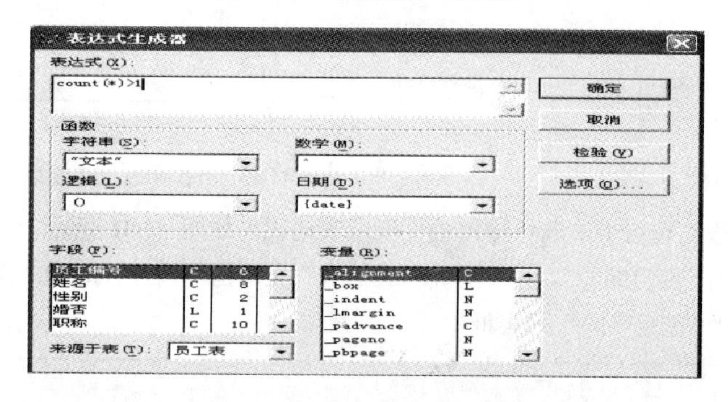

图 11.45 “表达式生成器”对话框

（7）单击“表达式生成器”对话框中的“确定”按钮，返回“满足条件”对话框，如图 11.46 所示，然后单击“确定”按钮。

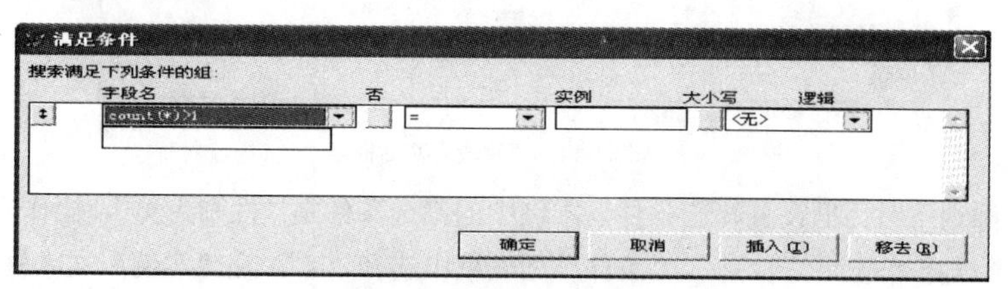

图 11.46 输入了满足条件后的对话框

（8）查询设计完毕，从 Visual FoxPro 工具栏中选择运行按钮 ! ，查看结果，如图 11.47 所示。

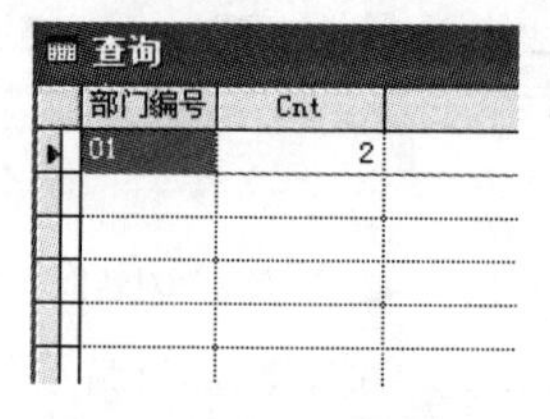
查询

部门编号	Cnt
01	2

图 11.47 查询男员工人数大于 1 人的部门与人数

（9）从键盘按下 Ctrl+W，在“保存文档”文本框中输入查询文件名，保存查询。

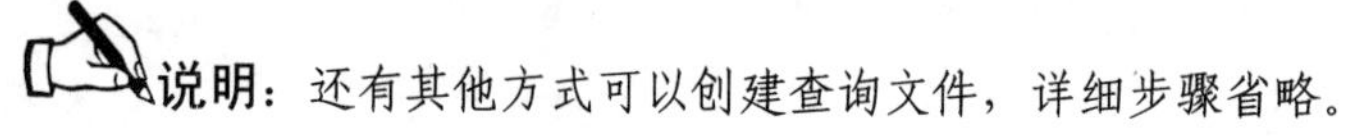
说明：还有其他方式可以创建查询文件，详细步骤省略。

【上机题 2】从员工表、部门表和工资表中查询所有员工的员工编号、姓名、部门编号、部门名称、基本工资，并按基本工资值降序排列，且能修改“基本工资”字段，只输出所有记录的 50%。

【上机步骤】本题考查的知识点是视图设计器的使用，包括函数表达式、分组、筛选条件、杂项等选项的使用。操作步骤如下：

（1）右击“数据库设计器”窗口的空白处，弹出快捷菜单，如图 11.48 所示，然后选定“新建本地视图”命令。也可单击数据库设计器工具栏中的“新建本地视图”按钮，或从“数据库”菜单中选择“新建本地视图”命令，再继续第（2）步。

（2）在“新建本地视图”对话框中选择“新建视图”按钮，即进入“视图设计器”，如图 11.49 所示。

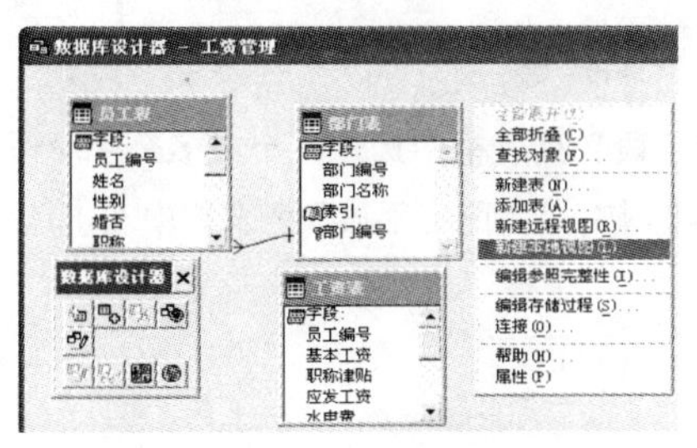

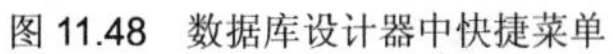
图 11.48　数据库设计器中快捷菜单

图 11.49　选择建立视图的方式

（3）在“添加表或视图”对话框中选择要添加的三个数据表员工表、部门表与工资表，添加完成后，单击“关闭”按钮，此时添加的三个表已加入到“视图设计器”中。然后在“联接条件”对话框中设置联接类型，如图 11.50 所示。

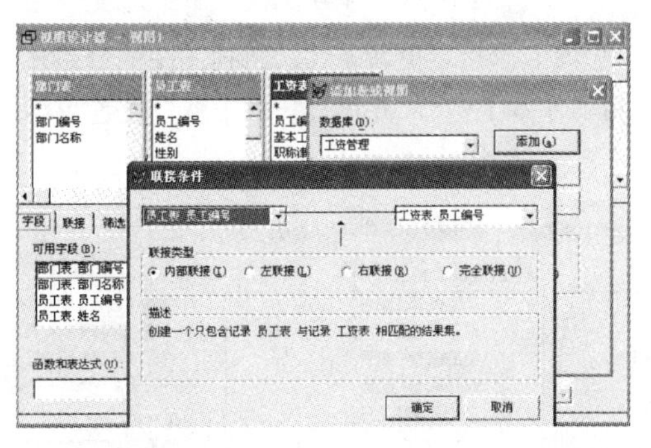

图 11.50　“添加表或视图”对话框

（4）单击“字段”选项卡，在可用字段列表框中选择需要输出的列，在本例中选择员工编号、姓名、部门编号、部门名称、基本工资，如图 11.51 所示。

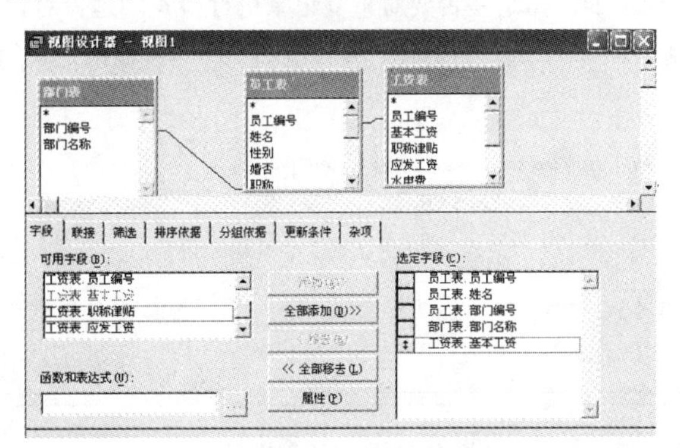

图 11.51　“字段”对话框

（5）单击“联接”选项卡，为多个表或视图设置联接条件。如果在步骤（1）中，已为三个表创建了联接，那么这一步就可以省略。如果步骤（1）中没有创建联接，则选定“联接”选项卡，在联接对话框中为三表创建联接，如图 11.52 所示。

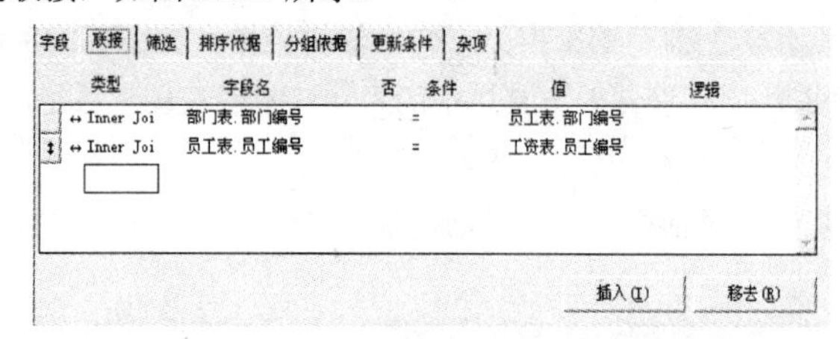

图 11.52 “联接”对话框

（6）选定“排序依据”选项卡，从“选定字段”列表框中选定一个或多个字段作为排序的关键字段，并从排序选项按钮中选择排序的方式。本例中，从“选定字段”列表框中双击选定“基本工资”字段，排序选项选择“降序”，如图 11.53 所示。

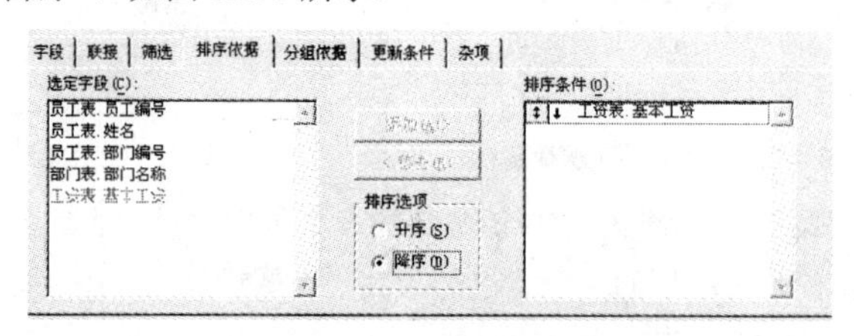

图 11.53 “排序依据”对话框

（7）单击“更新条件”选项卡，指定更新条件，将视图中的修改传送到数据源表中。本例中选择关键字段为“员工编号”和“基本工资”，并将“基本工资”设置为可修改字段，选定“发送 SQL 更新”复选框，如图 11.54 所示。

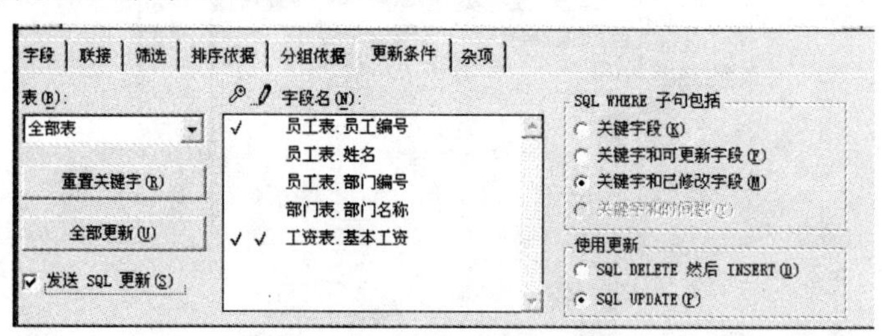

图 11.54 “更新条件”对话框

（8）单击“杂项”选项卡，指定是否要对重复记录进行检索，是否对记录（返回记录的最大数目或最大百分比）作限制。本例中，选择百分比，然后输入 50（即按输出记录的 50%输出），如图 11.55 所示。

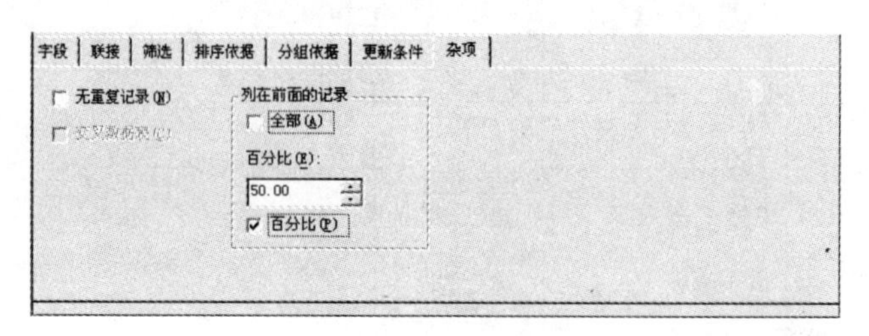

图 11.55 “杂项”对话框

（9）查看结果，从 Visual FoxPro 工具栏中选择运行按钮!，查询结果如图 11.56 所示。

视图1

员工编号	姓名	部门编号	部门名称	基本工资
010101	陈胜利	01	校办	1800.00
010102	唐家璇	01	校办	1400.00
010401	刘敏敏	04	信管系	1100.00
010301	赵高	03	会计系	1050.00

图 11.56　查询结果

（10）保存该视图。选择 Visual FoxPro 工具栏中的保存按钮，或从键盘按下 Ctrl+W 键，弹出“保存”对话框，在“视图名称”文本框中输入视图名，单击“确定”按钮，如图 11.57 所示。

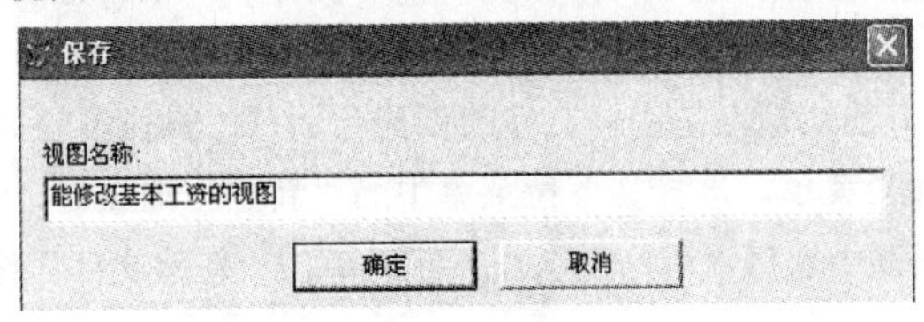

图 11.57　视图的保存

三、实验习题

1．用查询设计器设计查询，输出各部门的男员工的人数，用条形图显示查询结果。

2．用查询设计器设计查询，从员工表与工资表中联合查询所有职称为“讲师”的员工编号、姓名、职称津贴、水电费，并按水电费的值升序排列。

3．用视图设计器创建视图，输出所有职称为“副教授”的员工的姓名、员工编号、基本工资、职称津贴，并能修改职称津贴。

四、习题要点提示

1．查询默认的去向是浏览，还可以是临时表、表、屏幕、标签、报表、图形等其他形式输出。

（1）输出各部门的男员工的人数要按部门编号进行分组，并要使用 COUNT()函数计数。

（2）在查询设计器工具栏中，有一个查询去向按钮，或者从“查询”菜单中选择“查询去向”命令，然后在“查询去向”对话框中选择图形。

2．此题可参照上机题 1 进行设计，注意要进行两表联接。

3．此题可参照上机题 2 进行设计。

实验 8　顺序结构程序设计

一、实验目的

（1）掌握算法的概念，了解算法的描述以及结构化程序设计的基本方法。

（2）掌握 Visual FoxPro 程序设计的语言特点、基本输入/输出命令的使用。

（3）熟练掌握程序文件的建立、运行与调试的方法。

（4）熟悉顺序结构程序的分析、设计与代码编写。

二、实验内容及上机步骤

【上机题 1】使用菜单方式建立程序文件 p10-1.prg，保存在 D 盘并运行程序。程序代码如图 11.58 所示。

图 11.58 程序窗口

【上机步骤】本题考查的知识点是程序文件的创建与运行。操作步骤如下：

（1）鼠标单击“文件”菜单，选择其下拉菜单中的“新建”选项。

（2）在“新建”对话框中选择“程序”选项，然后单击“新建文件”按钮（或直接双击“程序”选项）。

（3）在弹出的程序编辑窗口中输入程序代码，如图 11.58 所示。

注意：不能直接在命令窗口输入程序代码。

（4）从键盘按下 Ctrl+W 键或者单击工具栏中的保存按钮，弹出“另存为”对话框，选定保存位置为 D 盘，在“保存文档为”文本框中输入程序文件名 p10-1，单击“保存”按钮，如图 11.59 所示。

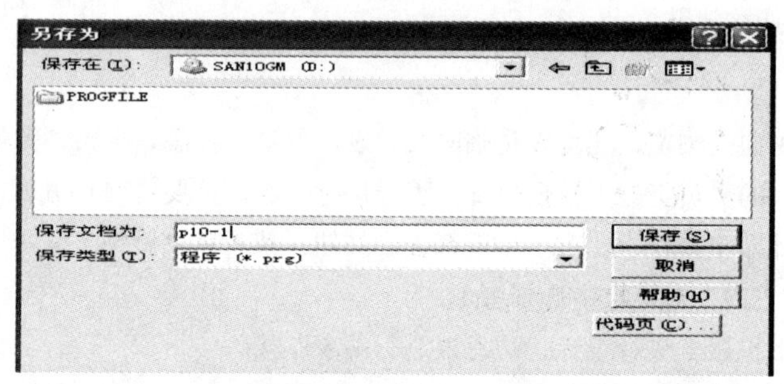

图 11.59 程序另存为对话框

（5）选择“程序”菜单下的“运行”命令，在“运行”对话框中选定要运行的程序文件，单击“运行”按钮，即在主窗口显示程序运行结果。

【上机题 2】用命令方式创建程序文件 p10-2.prg，保存在 D 盘并运行程序。程序代码如下：

```
SET TALK OFF
CLEAR
USE 员工表
INDEX ON 姓名 TAG sy
ACCEPT '请输入要查找的员工姓名' TO 姓名
SEEK m->姓名
DISP
```

【上机步骤】本题考查的知识是建立一个简单的顺序结构程序文件，实现对员工表的索引查询操作。操作步骤如下：

（1）在 Visual FoxPro 命令窗口中，输入如下命令：

MODIFY COMMAND p10-2

（2）在程序编辑窗口输入上机题 2 中所提供的程序代码。

（3）按下 Ctrl+W 存盘退出。（参照上机题 1 的步骤（4））

（4）在命令窗口输入 DO p10-2 命令，运行程序。

【上机题 3】创建一个程序文件 p10-3.prg，程序功能如下：针对员工表，按员工编号查找指定员工的信息，然后使用定位输入/输出语句修改该员工的姓名、工作日期、职称等内容。运行程序，注意观察与 EDIT/BROWSE 等命令在记录修改过程中的区别。

【上机步骤】本题考查的知识点是用定位输入/输出语句实现对所查找到的记录进行修改操作。操作步骤可参考上机题 1，程序代码如下：

```
SET TALK OFF
CLEAR
USE d:\工资管理系统\data\员工表
ACCEPT  '请输入要查找的员工编号'  TO  bh
  LOCATE FOR 员工编号=bh
IF EOF（）
   RETURN
ENDIF
@ 4,5 SAY '员工编号' + bh
@ 6,5 SAY '员工姓名' GET 姓名
@ 8,5 SAY '工作日期' GET 工作日期
@ 10,5 SAY '职称' GET 职称
READ
USE
SET TALK ON
RETURN
```

【上机题 4】编写一个顺序结构程序，计算方程 a*x*x+b*x+c=0 的两个根（不考虑虚根的情况，即注意使输入的 a，b，c 值满足 b*b-4*a*c>=0 的情况）。

【上机步骤】本题考查的知识点是顺序结构程序文件的分析、设计、编码与运行。操作步骤参考上机题 1，参考程序如下：

```
SET TALK OFF
CLEAR
SET TALK OFF
INPUT '请输入 a：' TO a
INPUT '请输入 b：' TO b
INPUT '请输入 c：' TO c
da=SQRT(b*b-4*a*c)
x1=(-b+da)/(2*a)
x2=(-b-da)(2*a)
```

```
?x1
?x2
SET TALK ON
RETURN
```

三、实验习题

1．建立程序文件的方法有哪些？

2．编程实现如下功能：输入三角型的三边，求面积。

3．用定位输入/输出命令输出如下图形：

```
*
**
***
****
*****
```

4．设圆半径 r=1.5，圆柱高 h=3，求圆周长、圆面积、圆球体积及圆柱体积。要求分行输出，并保留两位小数。

四、习题要点提示

1．建立程序文件的方法有多种，如在项目管理器中创建、菜单方式创建、命令方式创建等。

2．用 INPUT 命令只能从键盘输入一个数值型数据给一个指定变量，因此，输入三个连长值要用到 3 次 INPUT 命令。求三角形面积可用“海伦公式”来求：area=SQRT(s*(s-a)*(s-b)*(s-c))。

3．用多条@…SAY…命令实现。

4．用数学公式求圆周长、面积等。要保留 2 位小数，可使用 ROUND()函数或 STR()函数。

实验 9　分支结构程序设计

一、实验目的

（1）掌握分支结构程序的特点，学会正确使用逻辑运算符、逻辑表达式、比较表达式。

（2）熟练掌握单分支、双分支、多分支程序的设计方法。

（3）进一步掌握程序设计调试的方法与技巧，能对操作过程中的程序所出现的错误进行处理。

二、实验内容及上机步骤

【上机题 1】在 D 盘建立程序文件 P11-1.prg，保存并运行该程序。程序代码如下：

```
*文件名：p11-1.prg
CLEAR
SET TALK OFF
USE d:\工资管理系统\data\员工表
name=SPACE(8)
@ 4,5 SAY '请输入员工姓名：' GET name
READ
```

```
LOCATE FOR 姓名=name
IF NOT FOUND（）
    @ 12，5 SAY '对不起，找不到此人！'
    CANCLE
ENDIF
DISPLAY
SET TALK ON
USE
RETURN
```

【上机步骤】本题考查的知识点是了解单分支选择结构的特点和使用。操作步骤参考实验 8 中的上机题 1。

【上机题 2】编写一个程序，文件名为 p11-2.prg，要求输入三个数，对这三个数按从小到大的顺序输出。

【上机步骤】本题考查的知识点是单分支结构程序文件的设计方法。操作步骤参考实验 8 中的上机题 1，参考程序代码如下：

```
*文件名：p11-2.prg
CLEAR
SET TALK OF
INPUT '请输入 a：' TO a
INPUT '请输入 b：' TO b
INPUT '请输入 c：' TO c
IF a>b
  t=a
  a=b
  b=t
ENDIF
IF a>c
  t=a
  a=c
  c=t
ENDIF
IF b>c
  t=b
  b=c
  c=t
ENDIF
? '三个数从小到大依次为：'，a,b,c
SET TALK ON
RETURN
```

【上机题 3】编写一个程序，文件名为 p11-3.prg，计算分段函数的值：

$$f(x)=\begin{cases}x^3-1 & x>0\\1 & x=0\\x^2+1 & x<0\end{cases}$$

运行程序，分别求 x=0，0.5,1,5,−3 时 $f(x)$ 的值。

【上机步骤】本题考查的知识点是双分支选择语句及 IF 语句的嵌套使用。操作步骤参考实验 8 中的上机题 1，参考程序代码如下：

```
*文件名：p11-3.prg
CLEAR
SET TALK OFF
INPUT '输入 x：' TO x
IF x>0
fx=x^3-1
  ELSE
IF x=0
   Fx=1
ELSE
   Fx=x^2+1
ENDIF
  ENDIF
? 'f(',x, ')= ',fx
SET TALK ON
RETURN
```

说明：程序保存后，运行程序。每次输入一个数值，自己用笔计算结果，然后观察与程序运行的结果是否相符。

【上机题 4】编写一个判断任意某年是否为闰年的程序，文件名为 p11-4.prg。判断某年是闰年的方法为：年份能被 4 整除但不能被 100 整除，或者能被 400 整除。运行程序时，分别用 1800，1958，2000，2004 等年份进行测试，检查程序的正确性。

【上机步骤】本题考查的知识点是双分支选择语句及 IF 语句的嵌套使用。操作步骤参考实验 8 中的上机题 1，参考程序代码如下：

```
*文件名：p11-4.prg
CLEAR
SET TALK OFF
INPUT '年份：' TO ye
flag=.F.
IF MOD(YE,400)=0
      flag=.T.
ELSE
      IF   MOD(ye,4)=0 AND MOD(ye,25)!=0
```

```
flag=.T.
ENDIF
    ENDIF
IF flag
?ye, '年是闰年'
ELSE
?ye, '年不是闰年'
ENDIF
SET TALK ON
RETURN
```

说明：程序保存后，运行程序。每次输入一个年份测试，验证程序的正确性。

【上机题 5】编写程序，文件名为 p11-5.prg。要求输入某学生某门课程的成绩，按成绩大小归类到 A，B，C，D，E 等 5 个等级之一，并打印成绩所属级别。

成绩分类标准如下：

E 级：0～60（不含 60）

D 级：60～70（不含 70）

C 级: 70～80（不含 80）

B 级: 80～90（不含 90）

A 级: 90～100

【上机步骤】本题考查的知识点是多分支选择语句的使用。操作步骤参考实验 8 中的上机题 1，程序代码如下：

```
*p11-5.prg
CLEAR
SET TALK OFF
INPUT '学生成绩：' TO grade
DO CASE
   CASE grade>=90
     ? 'A'
   CASE grade>=80
     ? 'B'
   CASE   grade>=70
     ? 'C'
   CASE   grade>=60
     ? 'D'
   OTHERWISE
     ? 'E'
ENDCASE
SET TALK ON
RETURN
```

说明：程序保存后，运行程序，分别用 96，86，75，63，60，54 等 6 个数据测试程序每个分支的正确性（注意每次运行程序时，只能输入一个数值）。

三、实验习题

1．给出一个不多于 5 位的正整数，请求出它是几位数？并分别打印出每一位的数字。

2．输入 4 个整数，要求按由大到小的顺序输出。

3．编制一个程序，判定输入整数的奇偶性。

4．编程实现计算应发奖金，奖金根据利润提成得到。假设利润用变量 *i* 表示，*i*<=10 万元时，奖金可提 10%；100 000＜*i*≤200 000 时，低于 10 万元的部分按 10%提成，高于 100 000 元的部分，可提成 7.5%；200 000＜*i*≤400 000 时，低于 20 万的部分仍按上述办法提成(下同)，高于 20 万元的部分按 5%提成；400 000＜*i*≤600 000 时，高于 40 万元的部分按 3%提成；600 000＜*i*≤1 000 000 时，高于 60 万元的部分按 1.5%提成；*i*＞1 000 000 时，超过 100 万元的部分按 1%提成。从键盘输入当月利润，求应发奖金总数。

四、习题要点提示

1．首先条件为判定是否是个不多于 5 位的整数，如果小于 99 999 即为满足条件的数。判断位数可以使用 CASE 语句。打印出每位的数字，则可使用 MOD()函数和 INT()函数。

2．假设输入四个数分别给变量 *a,b,c,d*，首先将 *a* 与 *b,c,d* 比较，如果 *a* 小于其他三个数，则相互交换。然后将 *b* 与 *c,d* 比较，如果 *b* 小于 *c* 或 *d*，则相互交换。最后，将 *c* 与 *d* 比较，如果 *c* 小于 *d*，则交换它们。

3．判断一个数的奇偶性，只需要判断其是否能被 2 整除即可。

4．利用 DO CASE 多分支语句，分为低于 10 万，低于 20 万，低于 40 万，低于 60 万，低于 100 万，以及 OTHERWISE 这样 6 种情况。

实验 10　循环结构程序设计

一、实验目的

（1）掌握三种循环语句的应用。

（2）熟练掌握循环程序设计的基本方法。

（3）进一步掌握程序设计调试的方法与技巧，能对操作过程中的程序所出现的错误进行处理。

二、实验内容及上机步骤

【上机题 1】编写程序文件，文件名为 p12-1.prg，程序功能为：对员工表查找是“教授”的员工，并将其工资级别增加指定的数值（从键盘输入）。

【上机步骤】本题考查的知识点是 SCAN 循环语句。操作步骤参考实验 8 中的上机题 1，程序代码如下：

```
CLEAR
USE 员工表
   SCAN FOR 职称
? 姓名,工资级别
```

```
INPUT "请输入增加级别" TO jb
REPLACE 工资级别 WITH 工资级别+jb
? 姓名,工资级别
ENDSCAN
USE
```

【上机题 2】编写程序，文件名为 p12-2.prg，要求程序计算出 500 以内的所有素数之和并输出结果。

【上机步骤】本题考查的知识点是 FOR 循环语句的嵌套使用。参考程序代码如下：

```
SET TALK OFF
CLEAR
sum1=0
FOR i=2 TO 500
Prime=.T.
FOR j=2 TO i－1
IF MOD(i，j)=0
  Prime=.F.
   EXIT
ENDIF
ENDFOR
IF prime
  sum1=sum1＋i
ENDIF
ENDFOR
? "500 以内素数之和为：",sum1
RETU
```

【上机题 3】编写程序，文件名为 p12-3.prg，程序功能为：求指定自然数的阶乘。

【上机步骤】本题考查的知识点是循环结构程序设计方法。参考程序代码如下：

```
CLEAR
INPUT '输入一个自然数' TO n
fac＝1
FOR i＝1 TO n
  fac＝fac*i
ENDFOR
? n, '的阶乘是：',fac
RETU
```

【上机题 4】编写程序，文件名为 p12-4.prg，程序功能为：对员工表，分别按不同年龄段统计职称为“副教授”的员工人数。

【上机步骤】本题考查的知识点是 SCAN 循环语句与多分支语句的应用。参考程序代码如下：

```
CLEAR
```

```
num35＝0
num45＝0
num60＝0
USE d:\工资管理系统\data\员工表
SCAN FOR 职称＝'副教授'
old＝（DATE()-出生日期）/365
DO CASE
 CASE old<35
   num35=num35+1
 CASE old<45
      num45= num45+1
      OTHERWISE
      num60= Num60+1
      ENDCASE
      ENDSCAN
      ? '35 岁以下的副教授人数为：'+STR(num35,2)
      ? '45 岁以下的副教授人数为：'+STR(num45,2)
      ? '60 岁以下的副教授人数为：'+STR(num60,2)
```

【上机题 5】编写程序，文件名为 p12-5.prg，程序功能为打印由“*”组成的图形，图形如下：

```
   *
  ***
 *****
*******
 *****
  ***
   *
```

【上机步骤】输入以下程序并运行：

```
CLEAR
num_count＝1
row＝3
col＝40
FOR i＝1 TO 9
      @row，col SAY REPLICATE('*',num_count)
      row＝row+1
      IF row-2<6
         col＝col-1
         num_count＝num_count+2
ELSE
         num_count＝num_count-2
```

```
ENDIF
ENDFOR
```

三、实验习题

1．一球从 100m 高度自由落下，每次落地后反跳回原高度的一半，再落下。求它在第 10 次落地时，共经过多少米？第 10 次反弹多高？

2．两个羽毛球队进行比赛，各出 3 人。甲队为 A，B，C 共 3 人，乙队为 X，Y，Z 共 3 人，已抽签决定比赛名单。有人向队员打听比赛的名单，A 说他不和 X 比，C 说他不和 X，Z 比，请编程序找出 3 对赛手的名单。

3．编写密码程序。为使电文保密，往往按一定规律将其转换成密码，收报人再按约定的规律将其译回原文。例如，可以按以下规律将电文变成密码：将字母 A 变成字母 E，a 变成 e，即变成其后的第 4 个字母，W 变成 A，X 变成 B，Y 变成 C，Z 变成 D。字母按上述规律转换，非字母字符不变。如“China！”转换为“Glmre！”。输入一行字符，要求输出其相应的密码。

四、习题要点提示

1．此题用一个 FOR 循环就可解决。每次在循环体内把高度先用一个变量保存，然后把高度除 2。循环做 10 次，变量当中所保存的即为总路程，而此时的高度正是所求的高度。

2．可按照百钱买百鸡的算法来做这道题。用一个三重循环。假设是以甲队为参照，那么每个队员所对应的比赛队员都只能是 X，Y，Z 中的其中之一。并且加上约束条件，例如 A≠C。

3．此题用一个循环即可。把一段字符逐个输入进行判断，在循环体内先判断该字符是否为 26 个英文字母之一，如果是，再判断其大小写，接着使用内部转换函数，先把字符转换成 ASCII 码，然后将其 ASCII 码加 4，并请注意，当原字符为“W”～“Z”（或是“w”～“z”）时要转换为“A”～“D”（或“a”～“d”）。

实验 11　表 单 设 计

一、实验目的

（1）理解对象的属性、事件和方法等基本概念。

（2）掌握使用表单向导创建表单的方法。

（3）学会使用表单设计器建立表单。

（4）掌握数据环境的设置方法。

（5）掌握一些表单控件的使用，并能对其进行属性的设置及手写一些事件代码。

二、实验内容及上机步骤

【上机题 1】利用表单向导创建一个查询员工基本情况及工资数据的表单。

【上机步骤】本题考查的知识点是掌握用“表单向导”的方法创建一个一对多的表单。

操作步骤如下：

（1）选择“文件”菜单中的“新建”选项，指定文件类型为表单，单击“向导”按钮，弹出“向导选取”对话框，如图 11.60 所示，选中“一对多表单向导”，然后单击“确定”，弹出“一对多表单向导”—“步骤 1—从父表中选定字段”对话框，如图 11.61 所示。

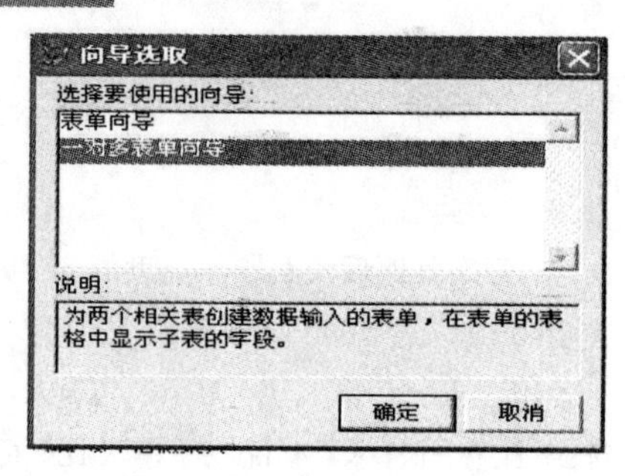

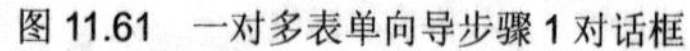

图 11.60 “向导选取”对话框

（2）在该对话框中，指定员工表作为父表，并从可用字段列表框中选择所有字段到选定字段列表框中，然后单击“下一步”，弹出“步骤 2—从子表中选定字段”对话框，如图 11.62 所示。

图 11.61 一对多表单向导步骤 1 对话框

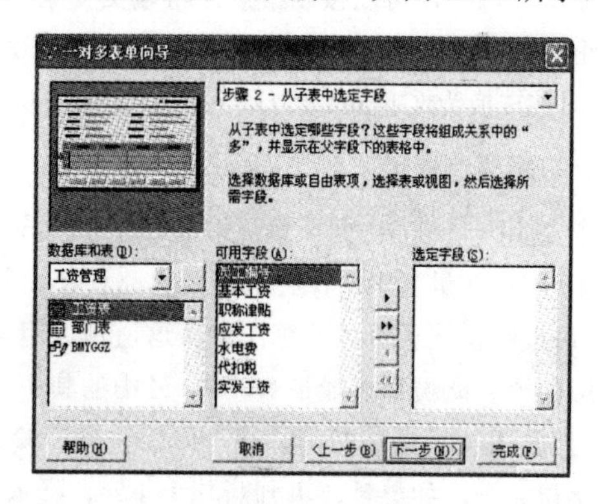

图 11.62 一对多表单向导步骤 2 对话框

（3）在该对话框中，指定工资表作为子表，并选择其所有字段，单击“下一步”，弹出“步骤 3—建立表之间的关系”对话框，如图 11.63 所示。

（4）在该对话框中，指定两个表间的关联关系。本例中，表单向导程序已经指定默认的关联关系为员工表.员工编号---工资表.员工编号，这正是要建立的关联关系，直接单击“下一步”，弹出“步骤 4—选择表单样式”对话框，如图 11.64 所示。

说明：如果系统没有指定默认的关联关系，则用户需要在这一步指定。

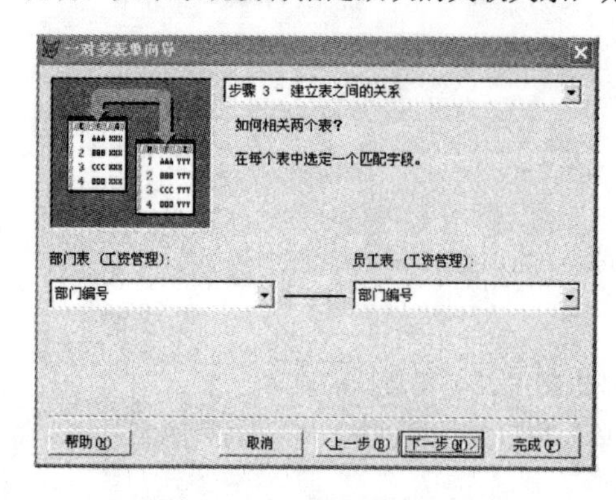

图 11.63 一对多表单向导步骤 3 对话框

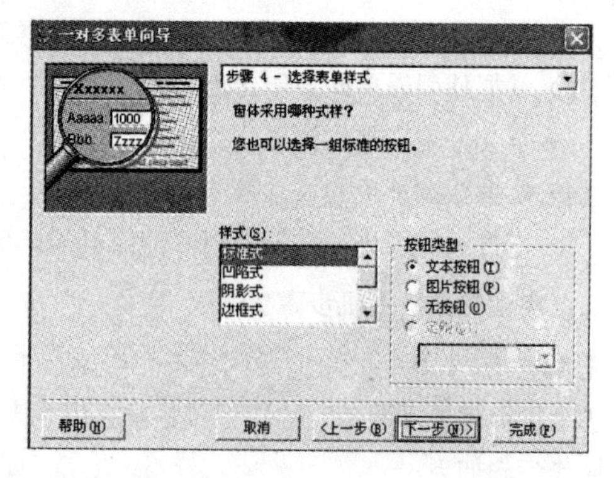

图 11.64 一对多表单向导步骤 4 对话框

（5）在该对话框中，选择表单样式。可供选择的样式有标准式、凹陷式、阴影式、边框式等 4 种，选择标准式，按钮类型选择文本按钮，单击“下一步”，弹出“步骤 5—选择排序”对话框，如图 11.65 所示。

（6）在该对话框中，指定排序次序。本上机题对排序没有明确要求，不需要指定排序字段，可直接单击“下一步”，弹出“步骤 6—完成”对话框，如图 11.66 所示。

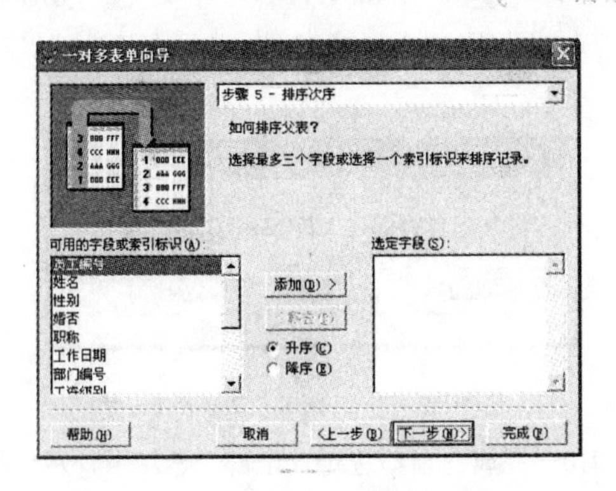

图 11.65　一对多表单向导步骤 5 对话框

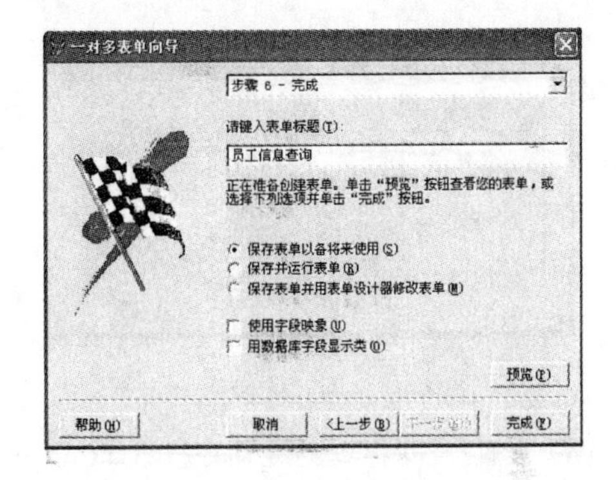

图 11.66　一对多表单向导步骤 6 对话框

（7）在该对话框中，输入表单的标题并保存表单。在“请键入表单标题”文本框中输入“员工信息查询”，选择“保存并运行表单”选项，单击“完成”按钮，弹出“另存为”对话框，如图 11.67 所示。

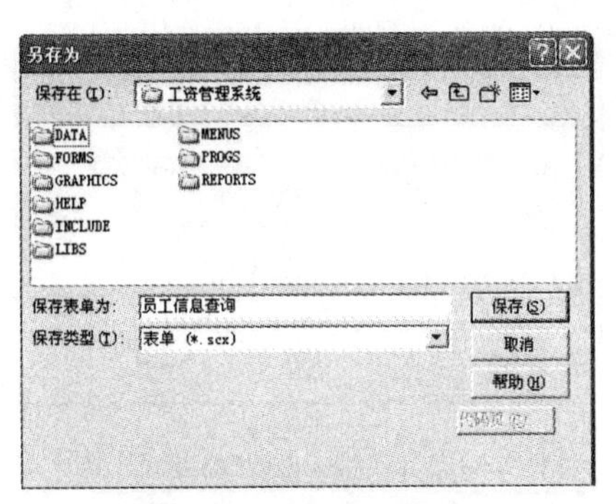

图 11.67　表单保存对话框

（8）在该对话框中，在“保存表单为”文本框中输入“员工信息查询”，选定 FORMS 文件夹为保存位置，然后单击“保存”按钮。

【上机题 2】利用表单设计器创建一个浏览部门表记录的表单。

【上机步骤】本题考查的知识点是表单设计器、属性窗口、表单控件工具栏和数据环境等的使用，操作步骤如下：

（1）启动表单设计器。在“项目管理器”的“文档”选项卡中，选择“表单”项，单击“新建”按钮，弹出“新建表单”对话框，单击“新建表单”按钮，则出现一个标题为 Form1 的表单设计器窗口。

（2）设置数据环境。在表单设计器中，右击表单，选择快捷菜单中的“数据环境”命令，在“添加表和视图”对话框中选择“部门表”，单击“添加”按钮。数据环境窗口中将显示一个部门表，如图 11.68 所示。

（3）添加控件。在数据环境设计器窗口中选择部门表的部门编号，拖到表单（Form1）中。以同样方法将部门表的部门名称添加到表单中。然后在表单控件工具栏中选定“命令按钮”控件，再单击表单，表单上会出现一个名字为 Command1 的命令按钮。以同样方法再添加两个命令按钮 Command2 和 Command3，如图 11.69 所示。

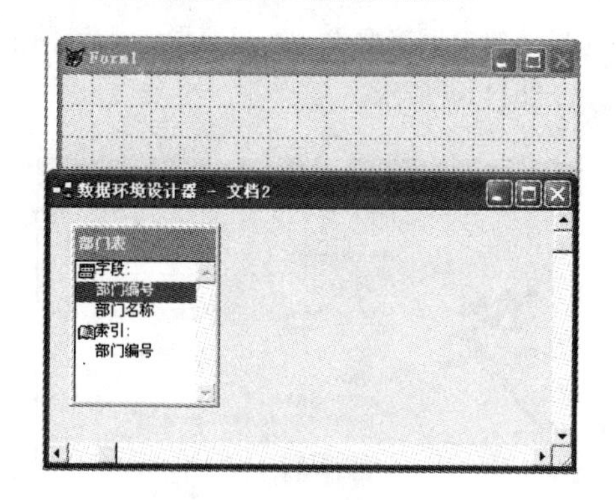

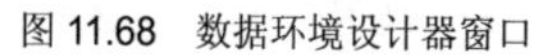
图 11.68　数据环境设计器窗口

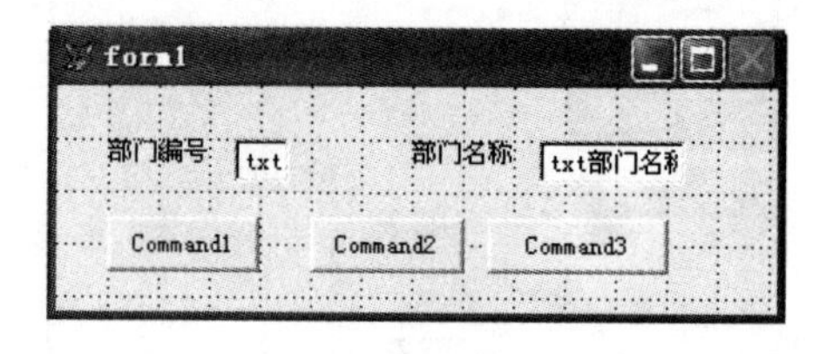

图 11.69　“部门信息”表单设计界面

（4）设置控件属性。选定命令按钮（Command1），在属性窗口选定“全部”选项卡，从属性列表中找到 Caption 属性，在属性设置框中输入“上一条”（注意不能输入引号），按 Enter 键。以同样方法设置第二个命令按钮（Command2）的 Caption 属性为“下一条”，第三个命令按钮（Command3）的 Caption 属性为“关闭”。然后，选定 Form1 表单，设置 Form1 表单的 Caption 属性为“部门信息查询”，如图 11.70 所示。

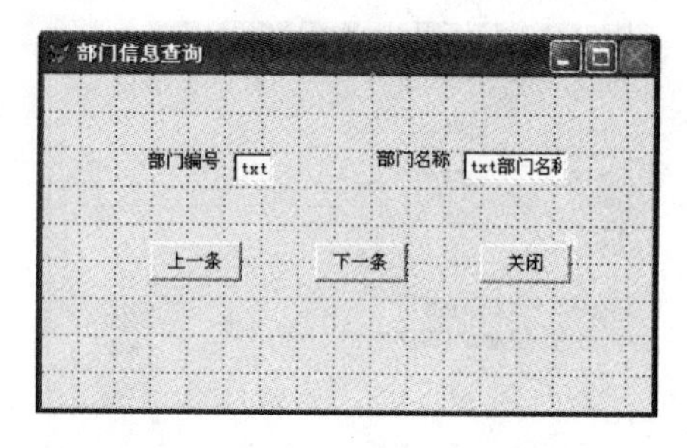

图 11.70　“部门信息查询”表单设计界面

（5）手工编写事件代码。

1）双击“上一条”命令按钮(Command1)，打开代码编辑窗口，如图 11.71 所示。对象组合框中显示为“Command1”，在过程组合框中选择 Click，然后在编辑框中编写事件代码，代码如下：

```
SKIP -1
IF BOF()
    GO 1
ENDIF
Thisform.Refresh
```

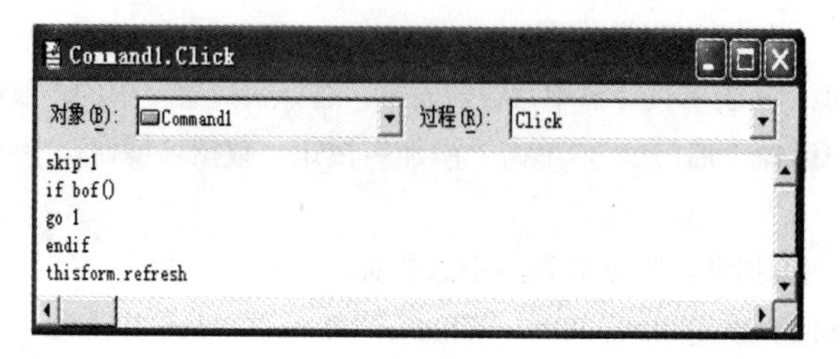

图 11.71　“上一条”命令按钮的 Click 事件代码编辑窗口

2）双击“下一条”命令按钮，编写命令按钮（Command2）的 Click 事件代码，代码如下：

```
SKIP
IF EOF()
    GO BOTTOM
ENDIF
Thisform.Refresh
```

3）双击“关闭”命令按钮，编写命令按钮（Command3）的 Click 事件代码，代码如下：

```
Thisform.Release
```

（6）选择“显示”菜单中的“Tab 键次序”，双击“上一条”命令按钮（Command1）的 Tab 键次序盒，将其设为 Tab 键次序中的第一个控件。按图 11.72 所示顺序，依次单击其他控件，设置 Tab 键次序。

（7）保存和运行表单：选择“文件”菜单中的“保存”命令，弹出“另存为”对话框。在“保存表单为”文本框中输入表单文件名（假设输入 bmxxcx），单击“保存”按钮。再单击工具栏中的运行按钮 ! （或从“表单”菜单中选择“执行表单”项），运行表单，显示如图 11.73 所示的窗口。此时，若单击“关闭”按钮，可以关闭表单。

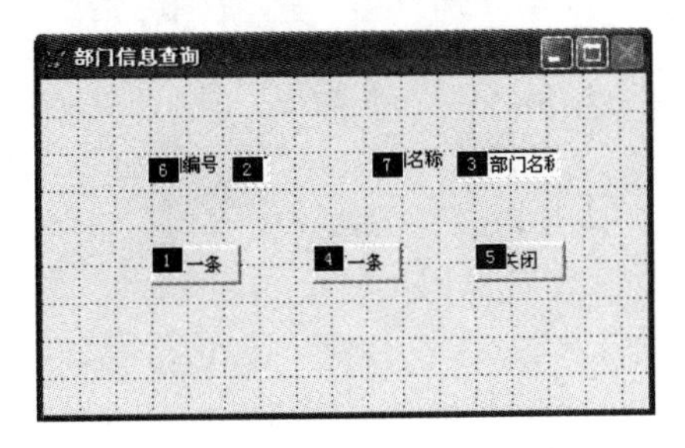

图 11.72　设置“部门信息”表单 Tab 键次序

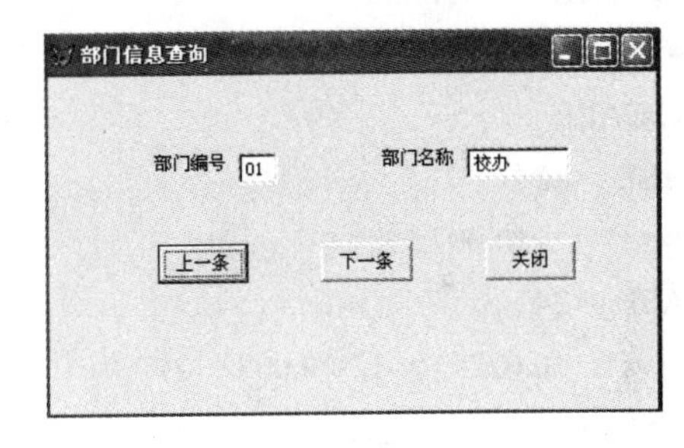

图 11.73　“部门信息查询”表单运行界面

【上机题 3】利用表单设计器设计一个“银行存款.SCX”表单，如图 11.74 所示。要求根据用户输入的存款额和存期（月），计算到期后应得的本息和。已知银行利率如下：一年定期存款，利率为 2.25%；二年定期存款，利率为 2.7%；三年定期存款，利率为 3.24%；五年定期存款，利率为 3.6%；活期存款利率为 0.72%。

【上机步骤】本题考查的知识点是使用表单设计器创建表单，掌握文本框、标签、命令按钮等控件的使用，操作步骤如下：

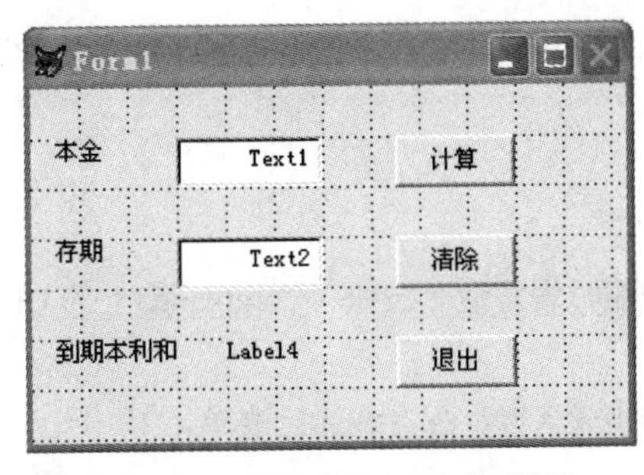

图 11.74　“银行存款”表单设计界面

（1）参考上机题 2 的操作步骤（1），启动表单设计器。

（2）在表单上添加 4 个标签(默认名字分别为 Label1～Label2)、2 个文本框(默认名字为 Text1,Text2)、3 个命令按钮(默认名字为 Command1～Command3)，然后设置各控件的属性，如表 11.9

所示。

表 11.9 “银行存款.SCX”表单各控件属性设置

对　象	属性名	属性值	说　明
Label1	Caption	本金	标题文本
Label2	Caption	存期	标题文本
Label3	Caption	到期本利和	标题文本
Label4	Caption	（无）	用于运行时显示结果
	AutoSize	.T.	自动调整标签大小
Text1	Value	0	指定文本框初值
Text2	Value	0	指定文本框初值
Command1	Caption	计算	标题文本
Command2	Caption	清除	标题文本
Command3	Caption	退出	标题文本

（3）双击“计算”命令按钮，在代码窗口中，编写命令按钮（Command1）的 Click 事件代码，代码如下：

```
x=Thisform.Text1.Value
y=Thisform.Text2.Value
DO CASE
CASE y<12
  z=x*(1+y*0.0072/12)
CASE y<24
  z=x*(1+0.0225+(y-12)*0.0072/12)
CASE y<36
  z=x*(1+2*0.027+(y-24)*0.0072/12)
CASE   y<60
  z=x*(1+3*0.0324+(y-36)*0.0072/12)
CASE y>=60
  z=x*(1+5*0.036+(y-60)*0.0072/12)
ENDCASE
Thisform.Label4.Caption=STR(z,9,2)
```

（4）双击“清除”命令按钮，编写命令按钮（Command2）的 Click 事件代码，代码如下：

```
Thisform.Text1.Value=0
Thisform.Text2.Value=0
Thisform.Label4.Caption=""
```

（5）双击“退出”命令按钮，编写命令按钮（Command3）的 Click 事件代码，代码如下：

```
Thisform.Release
```

（6）参考上机题 2 的操作步骤（7），保存和运行表单。

三、实验习题

1．利用表单向导建立一个录入工资数据的表单。

2．创建一个查询工资表的表单，如图 11.75 所示。

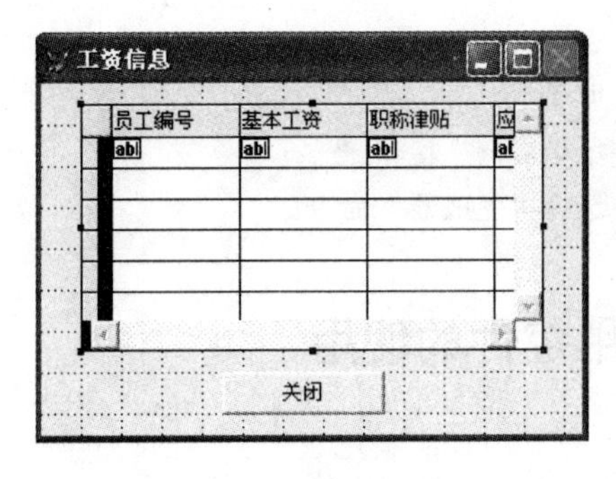

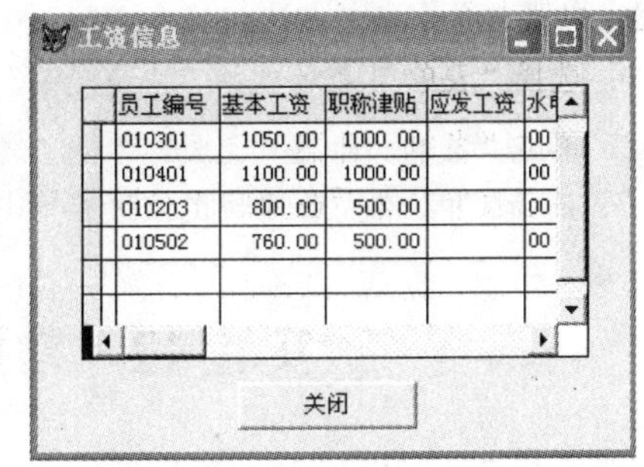

图 11.75　“查询工资信息”表单设计和运行界面

3．创建如图 11.76 所示表单，要求表单具有如下功能：用户在文本框中输入半径，单击“计算”按钮，能计算并显示圆面积和球体积。

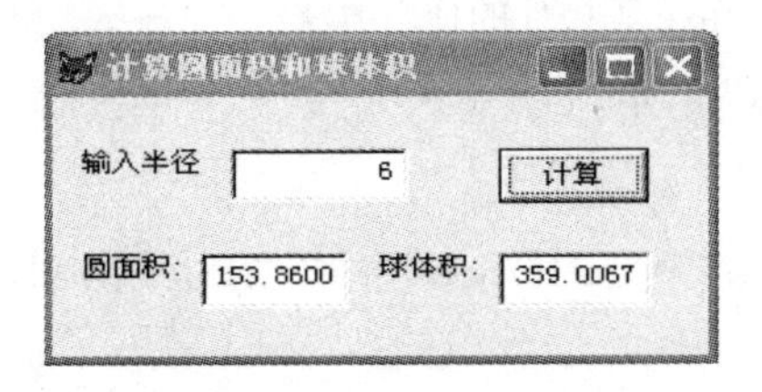

图 11.76　“计算圆面积和球体积”表单运行界面

4．利用快速表单建立一个员工信息录入的表单。

四、习题要点提示

1．可以从“工具”菜单中选择“向导”命令，再选定“表单”，弹出“向导选取”对话框。也可以参考上机题 1 的操作步骤（1）打开“向导选取”对话框。在“向导选取”对话框中，选择“表单向导”创建基于一个表的表单，然后根据表单向导的提示依次操作。

2．使用表单设计器创建表单一般都有五个步骤：

（1）启动表单设计器。

（2）设置数据环境。

（3）添加控件，并设置控件属性。

（4）编写事件代码。

（5）保存和运行表单。

设计查询工资表表单时，可从数据环境设计器窗口中拖动表的标题栏到表单上，表单上会出现一个表格控件；表单运行时，将显示整个表的数据。

设置属性有两种方法：

1）在“属性”窗口中设置。若属性值为字符型，注意不能输入双引号。

2）在代码窗口中输入命令：<对象引用>.<属性名>=<属性值>

例如，Thisform.Caption=“工资信息”。

手写事件代码时，在代码编辑窗口中引用表单方法的格式为：Thisform.<方法名>，例如，Thisform.Refresh。

3．设计计算圆面积和球体积的表单时，要注意：若使输入的半径和计算的结果都成为数值型，应将文本框的 Value 初值设为 0，或将输入的半径转换为数值型，计算结果转换成字符型再显示。

4．建立快速表单有三种方法：

方法 1：选择“表单”菜单中的“快速表单”命令。

方法 2：单击“表单设计器”工具栏中的“表单生成器”按钮。

方法 3：右击表单，然后在弹出的快捷菜单中选择“生成器”命令。

实验 12　常用控件的使用

一、实验目的

（1）熟练掌握标签、文本框、编辑框、组合框、列表框、命令按钮、命令按钮组、选项按钮组、复选框、计时器等常用控件的使用方法。

（2）理解微调、表格、Active 等控件的使用方法。

（3）全面掌握 Visual FoxPro 控件和表单设计。

二、实验内容及上机步骤

【上机题 1】设计如图 11.77 所示的员工数据维护表单，用户可以浏览、增加、修改、删除员工表记录。

图 11.77　员工数据维护表单

【上机步骤】本题考查的知识点是常用控件（如标签、文本框、选项按钮组、复选框、微调控件、组合框等）的使用方法。操作步骤如下：

（1）新建表单，打开表单设计器。

（2）设置数据环境。将部门表和员工表添加到数据环境设计器中，右击员工表，选择快捷菜单中的“属性”命令，将员工表的 Exclusive 属性设置为.T.，指定以独占方式打开员工表，这样可以物理删除记录。然后从数据环境设计器窗口中，将员工表的“员工编号”、“姓名”、“婚否”、“职称”、“工作日期”、“联系电话”、“简历”、“照片”等字段依次拖到表单上。

（3）在表单上添加 4 个标签（Label1～Label4）、一个选项按钮组（OptionGroup1）、一个组合框（Combo1）、一个命令组（Commandgroup1），一个命令按钮（Command1）、一个线条控件（Line1）。

（4）按表 11.10 所示，设置各控件的属性。

表 11.10 员工数据维护表单中各控件属性设置

对 象	属性名	属性值	说 明
Label1	Caption	员工基本情况	标题文本
	Fontsize	16	字号
	Fontname	隶书	字体
Label2	Caption	性别	标题文本
Label3	Caption	部门编号	标题文本
Label4	Caption	工资级别	标题文本
OptionGroup1	Value	男	默认选男
	Controlsource	员工表.性别	绑定数据
Option1	Caption	男	标题文本
Option2	Caption	女	标题文本
Combo1	RowSourceType	6-字段	设置选项数据源的类型
	RowSource	部门表.部门编号	设置选项数据源
	ControlSource	员工表.部门编号	绑定数据
Commandgroup1	ButtonCouunt	7	按钮数目
Command1	Caption	首记录	标题文本
Command2	Caption	末记录	标题文本
Command3	Caption	上一条	标题文本
Command4	Caption	下一条	标题文本
Command5	Caption	增加	标题文本
Command6	Caption	删除	标题文本
Command7	Caption	退出	标题文本

（5）双击命令组控件，编写命令按钮组（CommandGroup1）的 Click 事件代码，代码如下：

```
DO CASE
    CASE Thisform.CommandGroup1.Value=1          &&移到第一条记录
      GO TOP
    CASE Thisform.CommandGroup1.Value=2          &&移到最后一条记录
      GO BOTTOM
    CASE Thisform.CommandGroup1.Value =3         &&移到上一条记录
        IF RECNO()>1
            SKIP -1
        ELSE
            GO TOP
        ENDIF
    CASE Thisform.CommandGroup1.Value=4          &&移到下一条记录
        IF RECNO()<RECCOUNT()
            SKIP
        ELSE
            GO BOTTOM
        ENDIF
    CASE Thisform.CommandGroup1.Value=5          &&增加一条记录
          APPEND BLANK
    CASE Thisform.CommandGroup1.Value=6          &&删除一条记录
          DELETE
          PACK
    CASE Thisform.CommandGroup1.Value=7          &&释放表单
```

```
        Thisform.Release
ENDCASE
Thisform.Refresh                                    &&刷新表单
```

（6）保存和运行表单。

【上机题 2】设计如图 11.78 所示的表单，要求按部门查询各部门工资信息，并可以统计各部门指定工资项目之和。

【上机步骤】本题考查的知识点是使用文本框、命令按钮、选项按钮组、组合框、表格等控件，实现数据库表的查询和统计操作。操作步骤如下：

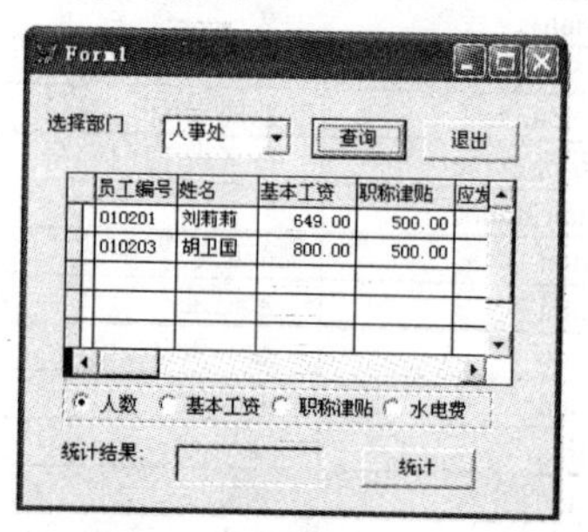

图 11.78 “工资查询和统计”表单

（1）创建一个包含“部门编号”、“部门名称”、“员工编号”、“姓名”、“基本工资”、“职称津贴”、“应发工资”、“水电费”、“实发工资”等字段的“部门工资”视图。

（2）新建表单，打开表单设计器。设置数据环境，添加部门表和“部门工资”视图。

（3）向表单中添加 2 个标签（Label1，Label2）、1 个组合框（Combo1）、1 个文本框（Text1）、1 个选项按钮组(OptionGroup1)、1 个表格(Grid1)、3 个命令按钮(Command1，Command2，Command3)控件。

（4）右击表格控件（Grid1），选择快捷菜单的“表格生成器”命令，使用表格生成器生成一个包含员工编号、姓名、基本工资、职称津贴、应发工资、水电费、实发工资等字段的表格。

（5）设置各控件属性，如表 11.11 所示。

表 11.11 “工资查询和统计”表单各控件属性设置

对　象	属性名	属性值	说　明
Label1	Caption	选择部门	标题文本
Label2	Caption	统计结果	标题文本
Text1	Readonly	.T.	只读
Combo1	RowSourceType	6-字段	设置选项数据源的类型
	RowSource	部门表.部门编号	设置选项数据源
OptionGroup1	Value	1	默认统计人数
	ButtonCount	4	按钮数目
Option1	Caption	人数	标题文本
Option2	Caption	基本工资	标题文本
Option3	Caption	职称津贴	标题文本
Option4	Caption	水电费	标题文本
Command1	Caption	查询	标题文本
Command2	Caption	退出	标题文本
Command3	Caption	统计	标题文本
Grid1	RecordSourceType	1-别名	设置选项数据源的类型
	RecordSource	部门工资	设置选项数据源

（6）双击表单空白处，打开表单（Form1）代码窗口，从过程列表框中选定 Init，为表单编写 Init 事件代码，代码如下：

```
SET TALK OFF
PUBLIC x
```

（7）双击“查询”命令按钮（Command1），为该按钮编写 Click 事件代码，代码如下：

```
x=部门表.部门编号
SET FILTER TO 部门工资.部门编号=x
Thisform.Grid1.Refresh
```

（8）双击“退出”命令按钮（Command2），为该按钮编写 Click 事件代码，代码如下：

```
SET FILTER TO
Thisform.Release
```

（9）双击“统计”命令按钮（Command3），为该按钮编写 Click 事件代码，代码如下：

```
SELECT 部门工资
DO CASE
CASE Thisform.OptionGroup1.Value=1
    COUNT TO Thisform.Text1.Value
CASE  Thisform.OptionGroup1.Value=2
    SUM 基本工资 TO Thisform.Text1.Value
CASE Thisform.OptionGroup1.Value=3
    SUM 职称津贴  TO Thisform.Text1.Value
CASE Thisform.OptionGroup1.Value=4
    SUM 水电费 TO Thisform.Text1.Value
ENDCASE
Thisform.Refresh
```

（10）保存并运行表单。

【上机题 3】设计如图 11.79 所示的记事本表单，实现对选定文字的复制、移动等操作。

【上机步骤】本题考查的知识点是编辑框、文本框及命令按钮等表单控件的使用方法。操作步骤如下：

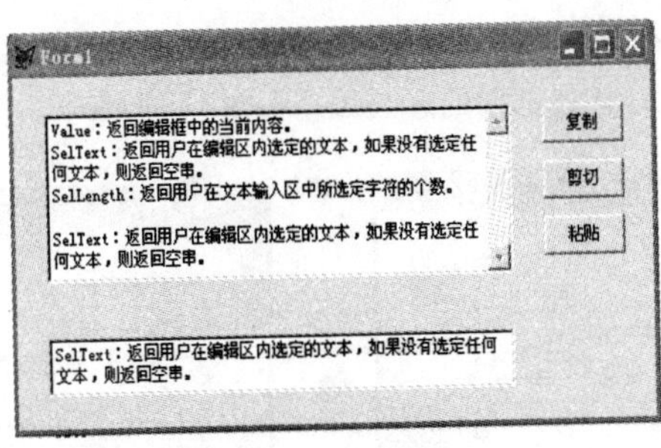

图 11.79　“记事本”表单

（1）新建表单，打开表单设计器。

（2）在表单上添加 1 个编辑框（Edit1）、3 个命令按钮（Command1，Command2，Command3）和一个文本框（Text1）控件，文本框用于显示选定的文字。

（3）设置 3 个命令按钮的 Caption 属性，如表 11.12 所示。

表 11.12　3 个命令按钮的属性设置

对　象	属性名	属性值	说　明
Command1	Caption	复制	标题文本
Command2	Caption	剪切	标题文本
Command3	Caption	粘贴	标题文本

（4）双击“复制”命令按钮(Command1)，为该按钮编写 Click 事件代码，代码如下：

```
IF Thisform.Edit1.Sellength<>0
    x=Thisform.Edit1.Seltext
    Thisform.Text1.Value=x
ELSE
    Messagebox("未选定文本")
ENDIF
```

（5）双击“剪切”命令按钮(Command2)，为该按钮编写 Click 事件代码，代码如下：

```
IF Thisform.Edit1.Sellength<>0
    x=Thisform.Edit1.Seltext
    Thisform.Text1.Value=x
Thisform.Edit1.Seltext= “”
ELSE
    Messagebox("未选定文本")
ENDIF
```

（6）双击“粘贴”命令按钮(Command3)，为该按钮编写 Click 事件代码，代码如下：

```
Thisform.Edit1.Seltext=x
```

（7）保存和运行表单。

三、实验习题

1．设计一个用户登录的表单，如图 11.80 所示。表单功能如下：当用户输入用户名和口令，并按“确认”按钮后，系统进行身份认证，即在用户表查找所输入的登录名称和登录密码。若能找到匹配记录，则显示“欢迎使用”字幕并关闭表单；否则显示“用户名或口令不对，请重新输入”字幕；单击“退出”命令按钮，则关闭表单。

2．设计一个按部门统计各部门人数的表单，要求只有选定“性别”复选框时，才可以统计各部门的男人和女人的人数，否则统计各部门的总人数，如图 11.81 所示。

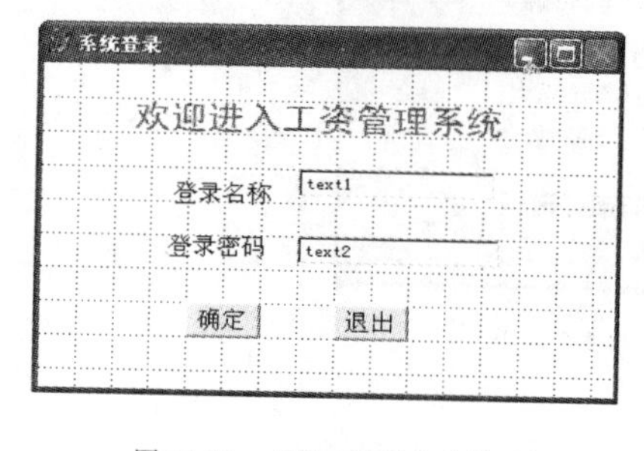

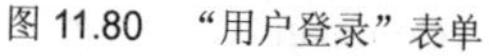
图 11.80　“用户登录”表单

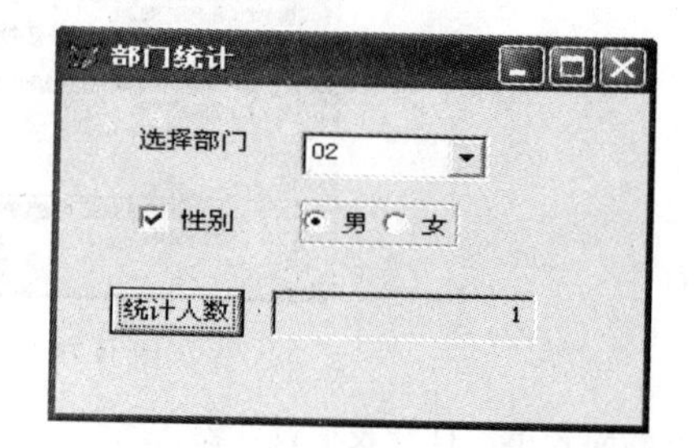

图 11.81　“部门统计”表单

3．设计按职称进行员工信息查询的表单，如图 11.82 所示。

4．设计如图 11.83 所示的“用户注册”表单，要求用户输入信息后单击“确定”按钮，则在右边列表框中显示该用户的信息。单击“退出”按钮，则关闭表单。

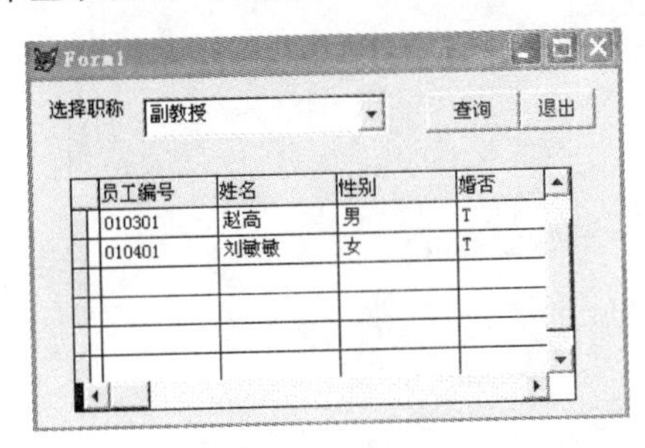

图 11.82　“职称查询”表单

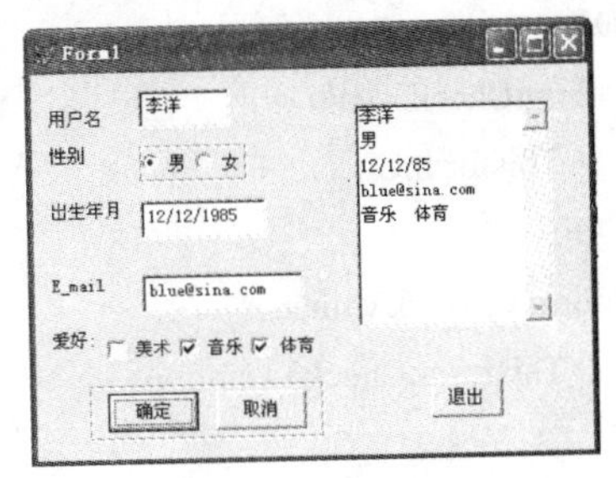

图 11.83　“用户注册”表单

5．设计一个电子时钟表单，能自动显示当前时间，并能从左到右自动移动，如图 11.84 所示。

图 11.84　“电子时钟”表单

四、习题要点提示

1．设计用户登录表单时，要注意：

（1）在数据环境中添加用户表。

（2）第二个文本框（Text2）的 Password 属性须设为“*”。

（3）“确定”命令按钮（Command1）的 Click 事件代码应完成以下功能：在用户表中查找用户表.用户名=Text1.Text AND 用户表.密码=Text2.Text 的记录。若找到，用 Messagebox(“欢迎使用”)函数显示“欢迎使用”信息，并关闭表单。若未找到，则用 Messagebox（）函数显示“用户名或口令不对，请重新输入”信息。

2．设计部门统计表单时，数据环境应设为员工表和部门表，组合框的 RowSource 设为部门表.部门编号。选项按钮组的 Value 设为“（无）”，“统计人数”命令按钮的事件代码中，需判断复选框的 Value 属性取值，若 Value 属性为 1，则统计所选部门的指定性别人数，否则只统计所选部门总人数。

3．职称查询表单中，“确定”命令按钮（Command1）的 Click 事件代码应完成以下功能：对员工表用命令 SET FILTER TO 员工表.职称=Thisform.Combo1.Value 进行记录过滤，并刷新表单。

4．“用户注册”表单中，出生年月文本框（Text2）的 Value 属性应设为{}，且命令按钮组（CommandGroup1）的 Click 代码如下：

```
s=""
IF This.Value=1                          &&若选择“确定”按钮，则将输入内容显示在列表框中
Thisform.List1.Additem(Thisform.Text1.Value)            &&将用户名加入到列表框中
Thisform.List1.Additem(Thisform.Optiongroup1.Value)     &&将选定的姓名加入列表框中
Thisform.List1.Additem(DTOC(Thisform.Text2.Value))      &&日期型转换为字符型再加入列表框中
Thisform.List1.Additem(Thisform.Text3.Value)
```

```
IF Thisform.Check1.Value=1
    s=Thisform.Check1.Caption+"  "
  ENDIF
IF Thisform.Check2.Value=1
    s=s+Thisform.Check2.Caption+"  "
  ENDIF
IF Thisform.Check3.Value=1
    s=s+Thisform.Check3.Caption
ENDIF
Thisform.List1.Additem(S)
    ELSE                    &&若选择“取消”按钮，则清除列表框和各文本框中所有内容
    Thisform.List1.Clear
    Thisform.Text1.Value=""
    Thisform.Text2.Value=""
    Thisform.Text3.Value=""
    Thisform.Text1.Setfocus
  ENDIF
```

5．电子时钟表单必须使用 Timer 计时器控件。设置 Timer 控件的 Interval 属性为 500，Enabled 属性为.T.，在编写其 Timer 事件代码时，将系统时间显示在标签中，并编写一段代码实现标签的移动。

实验 13 菜单设计

一、实验目的

（1）理解菜单在数据库应用系统中的应用。

（2）掌握菜单设计器的使用和系统菜单项的引用。

（3）掌握下拉式菜单和弹出式菜单的制作。

二、实验内容及上机步骤

【上机题 1】利用菜单设计器建立“工资管理系统”菜单。

操作要求：

（1）主菜单的菜单项包括数据录入、数据维护、统计报表、退出。

（2）“数据维护”菜单包括“浏览记录”、“修改记录”和“按字段修改”三个子菜单项。设置“修改记录”的快捷键为“CTRL+X”。

（3）“统计报表”菜单包括“员工情况一览表”（报表文件名为 YGYLB.FRX）和“员工基本工资汇总表”报表（报表文件名为 GZHZ.FRX）两个子菜单项。子菜单项的功能为预览相应的报表文件。（预览报表文件的命令格式为：REPORT FORM <报表文件名> PREVIEW）。

（4）单击“退出”菜单命令，可退出“工资管理系统”菜单，并自动恢复 VFP 的系统菜单。

【上机步骤】本题考查的知识点是“下拉式菜单”的制作。操作步骤如下：

（1）从系统“文件”菜单中选择“新建”命令，弹出“新建”窗口，选择“菜单”，然后单击“新

建文件”按钮，将弹出“新建菜单”对话框，选择“菜单”按钮，打开“菜单设计器”窗口。

（2）设置主菜单的菜单项。在“菜单设计器”窗口中填入如图 11.85 所示的 4 个菜单项，并设置“结果”栏的选项。

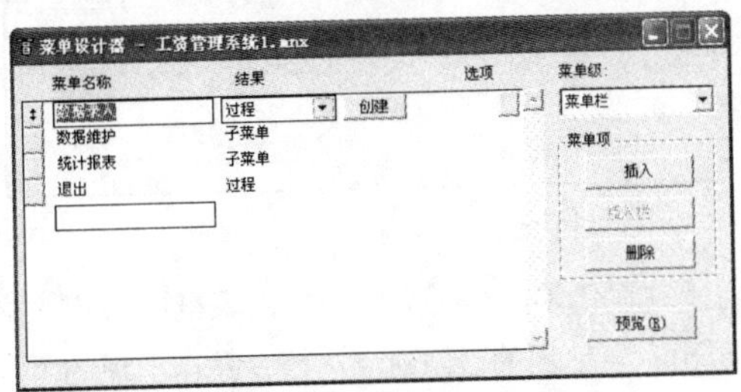

图 11.85　“工资管理系统”菜单栏

（3）设置“数据维护”子菜单。单击“数据维护”行中的“创建”按钮，为“数据维护”设置其子菜单项，如图 11.86 所示。

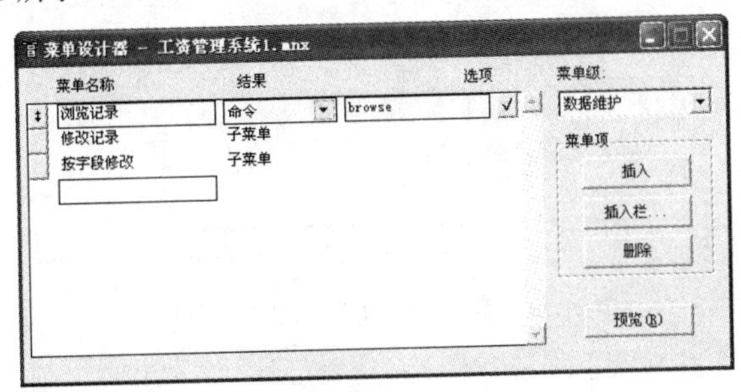

图 11.86　“数据维护”子菜单页

（4）设置“修改记录”的快捷键为“Ctrl+X”。选定“浏览记录”行中的“选项”按钮，出现“提示选项”对话框，如图 11.87 所示，单击“键标签”文本框，然后按下键盘上的“Ctrl+X”组合键，单击“确定”按钮后返回“菜单设计器”窗口。

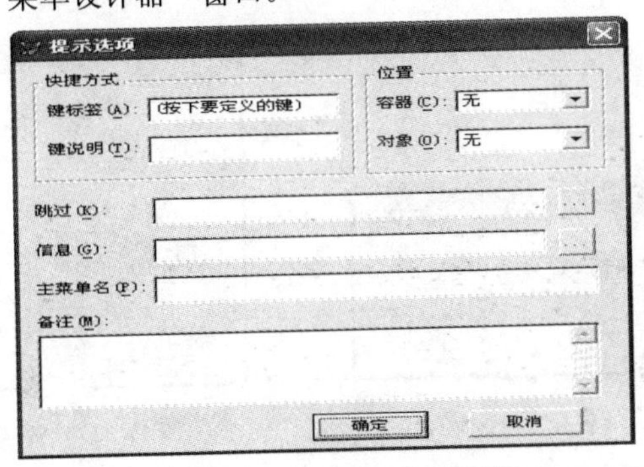

图 11.87　“提示选项”对话框

（5）为“统计报表”菜单建立子菜单。从菜单级列表框中选择“菜单栏”，回到“工资管理系统菜单栏”窗口，然后建立“统计报表”的子菜单项。选定“统计报表”行，单击“创建”按钮，出现“统计报表”子菜单页窗口，在“菜单名称”栏下输入“员工情况一览表”，结果栏选“命令”，在其右边的文本框中输入命令“REPORT FORM YGYLB.FRX PREVIEW”。用同样的方法建立“员工基本工资汇总表”子菜单行，菜单项的命令为“REPORT FORM GZHZ.FRX PREVIEW”，如图 11.88 所示。

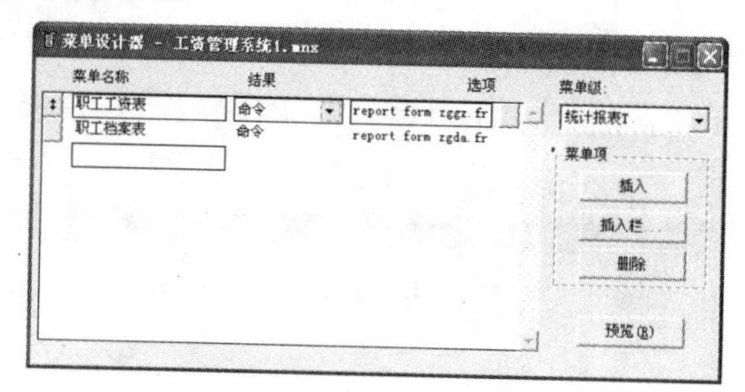

图 11.88 “统计报表”子菜单页

（6）为“退出”菜单定义过程代码。在“菜单级”列表框中选定“菜单栏”，返回到“工资管理系统菜单栏”窗口，选定“退出”菜单项的“创建”按钮，并在出现的“过程”编辑窗口中键入代码，如图 11.89 所示。

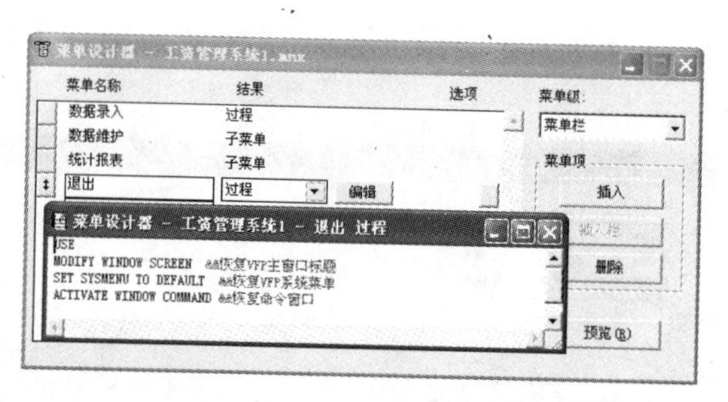

图 11.89 “退出”菜单的“过程”代码设置

（7）保存菜单定义，生成菜单程序。选定系统主菜单中的“菜单”项，选择“生成”命令，弹出如图 11.90 所示的对话框，选择“是”按钮，出现“另存为”对话框，在“保存在”下拉列表框中选择保存菜单文件的文件夹为“D:\工资管理系统\menus”，在“保存文件为”文本框中输入文件名“XSCJ”，“保存类型”下拉列表框中选择“菜单（*.mnx），如图 11.91 所示。在“另存为”对话框中单击“保存”按钮，弹出“生成”对话框如图 11.92 所示，单击“生成”按钮，生成菜单程序 XSCJ.MPR。

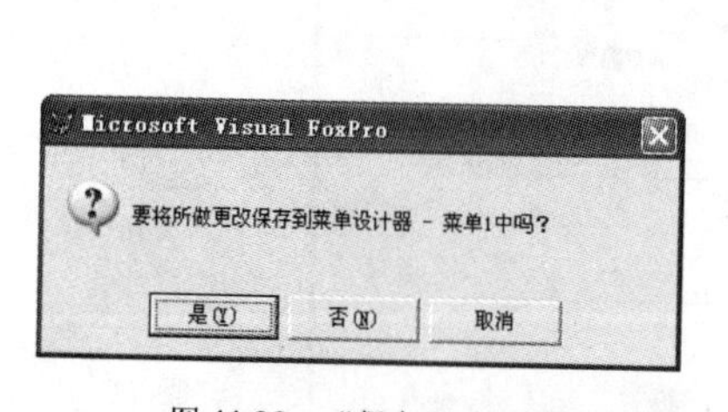

图 11.90 “保存”对话框

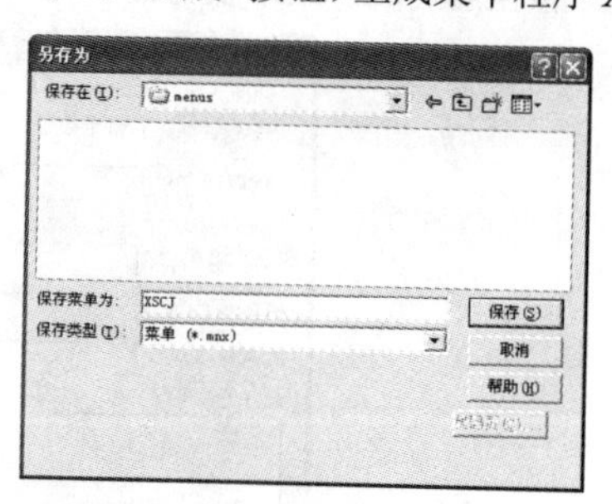

图 11.91 “另存为”对话框

图 11.92 “生成”对话框

（8）运行菜单程序。选定系统主菜单中的“程序”菜单中的“运行”命令，或在命令窗口输入 DO XSCJ.MPR，结果如图 11.93 所示。

图 11.93　“工资管理系统”菜单

【上机题 2】设计一个具有“撤销”、“剪切”、“复制”、“粘贴” 4 个菜单项的弹出式菜单，以便在浏览和维护表时使用。

【上机步骤】本题考查的知识点是弹出式菜单的制作以及系统菜单项的引用。

操作步骤如下：

（1）从系统“文件”菜单中选择“新建”命令，弹出“新建”窗口，选择“菜单”，然后单击“新建文件”按钮，出现“新建菜单”对话框，选择“快捷菜单”按钮，打开“快捷菜单设计器”窗口，如图 11.94 所示。

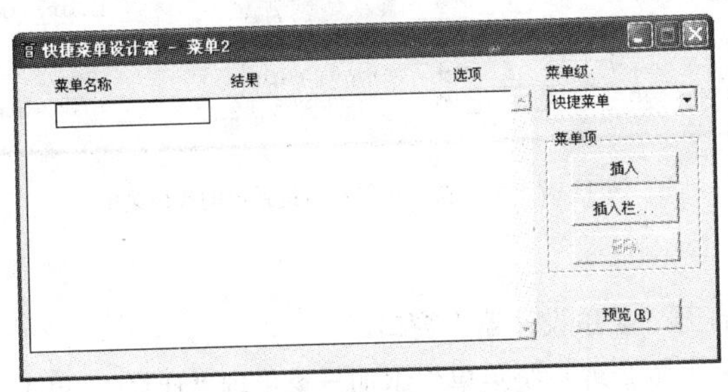

图 11.94　“快捷菜单设计器”窗口

（2）插入系统菜单栏。在“快捷菜单设计器”窗口中单击“插入栏”按钮，出现如图 11.95 所示的“插入系统菜单栏”对话框，选定“粘贴”选项，单击“插入”按钮。类似地，再插入“复制”、“剪切”、“撤销”几个选项，然后单击“关闭”按钮，返回“快捷菜单设计器”窗口，如图 11.96 所示。

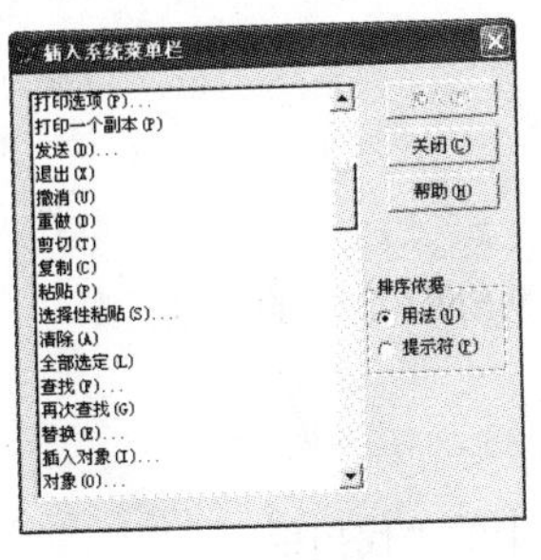

图 11.95　“插入系统菜单栏”对话框

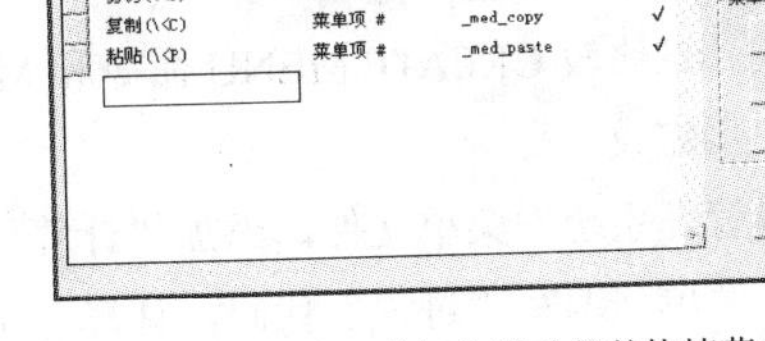

图 11.96　具有“剪切”等功能的快捷菜单设计器

（3）生成菜单程序。选定“菜单”菜单的“生成”命令，保存菜单文件，在“另存为”对话框中输入菜单文件名为 TCCD.Mnx，然后单击“保存”按钮，出现“生成菜单”对话框，再单击“生成”按钮，生成菜单程序 TCCD.Mpr。

（4）编程调用弹出式菜单。在命令窗口中输入如下命令：

```
modify command CDDY
```

在打开的程序窗口输入如下代码：

```
clear all
```

```
push key clear                              &&清除以前设置过的功能键
on key label rightmouse do TCCD.Mpr         &&设置鼠标右键为功能键
use 员工表
browse
push key clear
```

注意：（1）如果菜单文件和表文件不是放在 Visual FoxPro 的默认目录下，要在文件名前加上文件所在的驱动器盘符和文件夹名，如：use D:\工资管理系统\data\员工表。

（2）引用快捷方式菜单时，必须使用.Mpr 作为扩展名。

程序运行后，在浏览窗口按鼠标右键，弹出快捷菜单如图 11.97 所示。

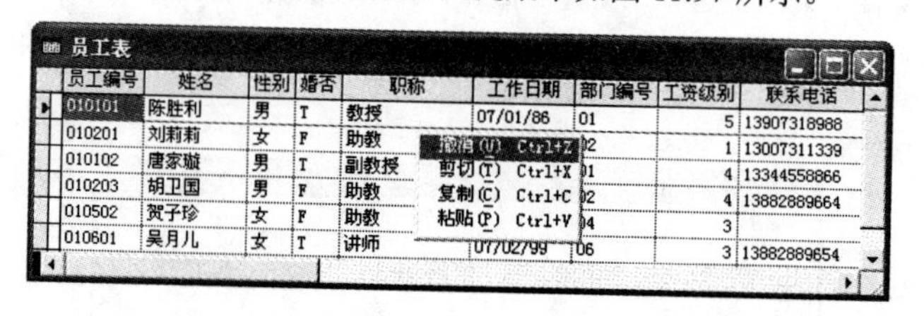

图 11.97　浏览窗口按鼠标右键弹出的快捷菜单

三、实验习题

（1）试用多种方式打开“菜单设计器”窗口。

（2）给上机题 1 的“工资管理系统菜单”添加一菜单项“计算”，单击“计算”菜单项应完成下列操作：计算“工资表”中的“代扣税”。计算方法是：“应发工资”在 1600 元以下不扣，1600 元以上扣 5%。

（3）设计“工资管理系统”顶层表单。将上机题 1 中的“工资管理系统”菜单和上机题 2 中的快捷菜单附加到表单上。

四、习题要点提示

（1）打开“菜单设计器”窗口的方法有三种：

1）使用“文件”菜单中的“新建”。

2）使用项目管理器中“其他”选项卡。

3）用命令方式。试比较 CREATE MENU 命令和 MODIFY MENU 命令的区别。

（2）本题分三步完成：

1）打开“工资管理系统”菜单文件，添加“计算”菜单项。

2）为“计算”菜单项编写“过程”代码，计算“工资表”中的“代扣税”。

3）保存并生成菜单程序文件，运行菜单，单击“计算”后退出菜单。然后，打开“工资表”，检查“代扣税”栏的变化。

（3）本题分四步完成：

1）修改“工资管理系统”菜单，利用“显示”菜单下的“常规选项”命令将其设置为顶层表单，然后重新“生成”菜单。

2）创建标题表单，其 ShowWindow 属性为：“2—作为顶层表单”。在表单的 Init 事件代码中输入如下代码：

DO xscj.mpr with this,.T.

3）附加快捷菜单到标题表单：在表单的“属性”窗口中，选择“方法程序”选项卡，双击“RightClick Event”，在代码窗口中键入命令 DO TCCD.Mpr 即可。

4）运行标题表单，测试效果，如图 11.98 所示。

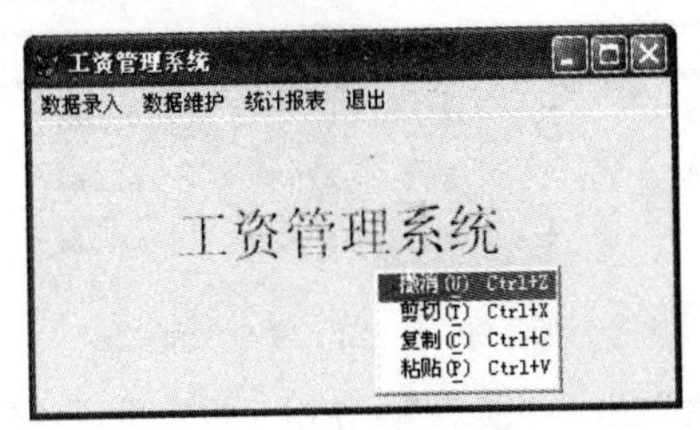

图 11.98　实验习题 3 效果图

实验 14　报表和标签设计

一、实验目的

（1）熟悉报表设计器和报表工具栏的使用。

（2）掌握报表设计器中各种控件的用法。

（3）掌握各种报表布局的设计和制作。

（4）掌握标签的设计方法。

二、实验内容及上机步骤

【上机题 1】利用报表向导建立一个简单报表。

操作要求：

（1）要求选择“员工表”中除“联系电话”、“简历”和“照片”外的所有字段。

（2）记录不分组。

（3）报表使用为“简报式”，列数为 1，方向为“纵向”，字段布局为“列”。

（4）排序字段为“部门编号”（升序）。

（5）报表标题为“员工一览表”，报表文件名为 YGYLB.FRX。

【上机步骤】本题考查的知识点是用报表向导制作简单报表。操作步骤如下：

（1）打开“工具”菜单中的“向导”子菜单，选择“报表”，在弹出的“向导选取”对话框中，选择“报表向导”。

（2）进入报表向导后，共有六个步骤，按顺序进行选择操作。

1）字段选取。在“数据库和表”中选择“员工表”，在“可用字段”中，单击箭头键▸，将除“联系电话”“简历”和“照片”外的所有字段移到“选定字段”栏。

2）分组记录。本题不分组，所以“无”分组选项。

3）选择报表样式。在“样式”列表框中选择“简报式”。

4）定义报表布局。列数选“1”，方向选“纵向”，字段布局选“列”。

5）排序记录。选取“部门编号”，将其“添加”到“选定字段”列表框，选择“升序”。

6）完成。在“报表标题”中输入标题“员工一览表”，选择“保存报表已备将来使用”，单击“预览”按钮查看报表效果（见图 11.99）。如效果不满意，可以单击“上一步”，返回前面步骤进行修改；最后，选定“完成”按钮，在“另存为”对话框中输入文件名 YGYLB，单击“确定”按钮。

员工一览表

12/13/05

员工编号	姓名	性别	婚否	职称	工作日期	部门编号	工资级别
010101	陈胜利	男	Y	教授	07/01/86	01	5
010102	唐家坤	男	Y	副教授	06/26/90	01	4
010201	刘莉	女	N	助教	07/02/04	02	1

图 11.99　“员工一览表”预览

【上机题 2】利用“员工表”和“工资表”，使用“报表设计器”建立一个“员工基本工资汇总表”报表。

操作要求：

（1）报表的内容是“员工表”中的“员工编号”、“姓名”、“性别”、“职称”字段和“工资表”中的“基本工资”字段的信息。

（2）增加数据分组，分组表达式是“员工表”中的“职称”，组标题带区的名称是“职称”，组注脚带区的内容是按职称求其平均“基本工资”。

（3）增加标题带区，标题是“员工基本工资汇总表”，并将标题设置为楷体 3 号字。

（4）在页注脚带区设置制表日期为当前的日期。

（5）报表文件保存为 GZHZ.FRX。

【上机步骤】本题考查的知识点是使用“报表设计器”设计报表。操作步骤如下：

（1）首先在“工资管理系统数据库”中创建一视图，视图中包含“员工表”中的“员工编号”、“姓名”、“性别”、“职称”字段和“工资表”中的“基本工资”字段。两表按“员工编号”建立永久关系，并按“职称”升序排序。

（2）选择“文件”菜单中的“新建”选项，弹出“新建”对话框，“文件类型”选择“报表”，单击“新建文件”按钮，弹出报表设计器窗口，如图 11.100 所示。

（3）选择“显示”菜单中的“数据环境”选项，打开数据环境设计器，单击右键，弹出快捷菜单，选择“添加”选项，将新建的视图添加到数据环境中，如图 11.101 所示。

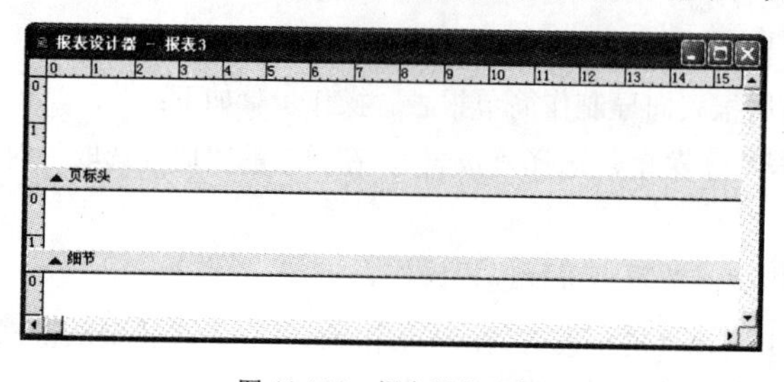

图 11.100　报表设计器窗口

图 11.101　报表的数据环境

（4）拖动“数据环境设计器”中的“员工编号”、“姓名”、“性别”、“基本工资”字段到“报表设计器”的“细节”带区，调整字段的大小。

（5）选择“报表”菜单中的“标题/总结”选项，弹出“标题/总结”对话框，选择标题带区。选择“标签”控件，在标题带区处单击，输入“员工基本工资汇总表”。选择“格式”菜单中的“字体”命令，设置标题的字体为楷体 3 号字。

（6）选择“报表”菜单中的“数据分组”选项，弹出“数据分组”对话框，分组表达式选择视图中的“职称”。现在“报表设计器”中增加了职称的“组标题”和“组注脚”带区。

（7）把“数据环境设计器”中的“职称”和“基本工资”字段拖到“组注脚”带区，双击“基本工资”字段，弹出“报表表达式”对话框，单击“计算”按钮，弹出“计算字段”对话框，“重置”选择“职称”，“计算”选择“平均”，分别选定“确定”按钮关闭“计算字段”对话框和“报表表达式”对话框，返回“报表设计器”窗口。

（8）选定“标签”控件，在“组注脚”带区的“基本工资”字段前插入标签“平均基本工资”。在“页注脚”带区插入标签“制表日期：”。

（9）选定“域控件”，在“页注脚”带区单击，出现“报表表达式”对话框，在“表达式”文本框中输入“DATA( )”函数。

（10）选定“线条”控件，为表添上表格线，并用“布局”工具栏对齐各控件。这时的报表布局如图 11.102 所示。

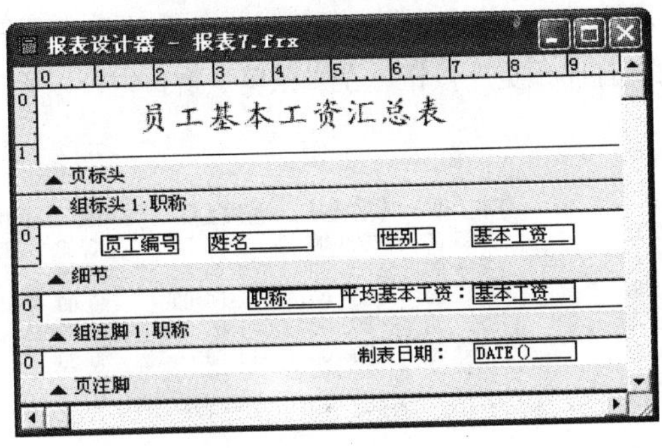

图 11.102　“员工基本工资汇总表”布局

（11）单击“文件”菜单中的“打印预览”，可以查看打印效果，如图 11.103 所示。

员工基本工资汇总表

010102	家璇	男	1400.00
	副教授	平均基本工资：	1400.00
010101	陈胜利	男	1805.00
	教授	平均基本工资：	1805.00
010201	刘莉莉	女	649.00

图 11.103　“员工基本工资汇总表”预览

（12）关闭“报表设计器”窗口，在弹出的“保存”对话框中选择“是”按钮，确定要保存报表，出现“另存为”对话框，输入文件名“GZHZ.FRX”，单击“保存”按钮即可。

三、实验习题

1．试用多种方式打开“报表设计器”窗口。

2．给上机题 2 的“员工基本工资汇总表”添加“总结”带区，在该带区计算“基本工资”总和。

3．利用“快速报表”功能设计“工资表”。

4．为“员工表”中的每个员工设计员工档案卡片。

四、习题要点提示

1．打开“报表设计器”窗口的方法有三种：

（1）使用“文件”菜单中的“新建”。

（2）使用项目管理器中“文档”选项卡。

（3）用命令方式 CREATE REPORT。

2．本题分两步完成：

（1）打开“员工基本工资汇总表”报表，通过选择“报表”菜单中的“标题/总结”选项，添加“总结”带区。

（2）参照上机题 2 步骤（7），在“总结”带区为“基本工资”字段计算总和。

3．本题分四步完成：

（1）首先在“工资管理系统数据库”中创建一视图，视图中包含“员工表”中的“姓名”和“工资表”中的所有字段。

（2）打开“报表设计器”窗口，将新建视图添加到报表的“数据环境”中。

（3）在主菜单栏“报表”菜单中选择“快速报表”，弹出对话框，在对话框中定义报表的“布局”，“标题”、输出“字段”等，然后选择“确定”按钮，选中的选项就出现在“报表设计器”的布局中。

（4）单击工具栏中的“打印预览”按钮，在“预览”窗口中可以看到快速报表的输出结果，如图 11.104 所示。

员工编号	姓名	基本工资	职称津贴	应发工资	水电费	代扣税	实发工资
010101	陈胜利	1805.00	2000.00	3805.00	180.00	255.75	3620.00
010201	刘莉莉	649.00	500.00	1149.00	80.00	17.45	1069.00
010102	唐家璇	1400.00	1500.00	2900.00	240.00	150.00	2660.00
010203	胡卫国	800.00	500.00	1300.00	60.00	25.00	1240.00
010502	贺 [illegible]	760.00	500.00	1260.00	30.00	23.00	1230.00

图 11.104　快速报表“工资表”预览

4．本题可用标签来完成：

（1）在“文件”菜单中选择“新建”命令，从“新建”对话框中选定“标签”并单击“新建文件”按钮，弹出“新建标签”对话框。选择相应标签纸张后，打开“标签设计器”。

（2）将“员工表”添加到标签的“数据环境”中。

（3）设计标签布局，其中照片是“图片/ActiveX 绑定控件”。

（4）单击工具栏中的“打印预览”按钮，在“预览”窗口可以看到标签的输出结果。

习题参考答案

习题一

一、简答题（略）

二、填空题

1. 层次型　网状型　关系型
2. PJX
3. Alt+F4　Quit

习题二

一、简答题（略）

二、填空题

1. 字符（或 C）　字符（或 C）　数值（或 N）　逻辑（或 L）　日期（或 D）
2. 字符型　数值型　日期型　逻辑型
3. DIME A1(6)　DIME A2(3,5)
4. +　-　+

三、计算题

1. （1）6 （2）Y （3）B （4）0 （5）1 （6）11/01/98 （7）120.58 （8）“01/01/97”
2. （1）.F. （2）10/11/90 （3）“123.46ABC”（4）.T.（5）.T.

习题三

一、简答题（略）

二、写出下面的逻辑表达式

1. 年龄>30 .AND. 年龄<50
2. 年龄>40 .AND. 性别=“男”.AND. 职称=“讲师”
3. 性别=“女”.AND. YEAR(工作日期)<1986
4. .NOT.婚否.AND.性别=“女” （或性别=“女”.AND.婚否=.F.)

三、写出下面逻辑表达式的逻辑值

1. .T.　2. .T.　3. .F.　4. .T.

四、选择题

1. A　2. A　3. B　4. A　5. B　6. D　7. D

习题四

一、简答题（略）

二、填空题

1．QPR　2．一个　3．浏览或屏幕　4．主　普通

三、选择题

1．C　2．C　3．B　4．C

习题五

一、简答题（略）

二、选择题

1．C　2．C　3．A　4．C

习题六

一、简答题（略）

二、选择题

1．D　2．A　3．A　4．B　5．C　6．A

三、填空题

1．前　2．下拉组合框　下拉列表框

3．back color　4．CAPTION　编辑框

习题七

一、简答题（略）

二、选择题

1．B　2．D　3．A　4．B　5．A

三、编写程序题（略）

习题八

一、简答题（略）

二、填空题

1．使用命令　使用表单　调用报表

2．MNX　MPR

习题九

一、简答题（略）

二、填空题

1. 属性　　2. 对象　　3. VCX　　4. 封装性　层次性　继承性
5. 需求分析　　概念设计　　实现设计　　物理设计

习题十

一、简答题（略）

二、选择题

1. C　　2. B

参 考 文 献

[1] 杨智辉,周颖.Visual FoxPro 8.0 标准教程[M].北京:海洋出版社,2004.
[2] 屈昕,赵海云,范荣.Visual FoxPro 8.0 数据库开发教程[M].北京:清华大学出版社,2004.
[3] 田瑾.Visual FoxPro 8.0 数据库系统开发教程[M].北京:中国电力出版社,2006.
[4] 李明,顾振山.Visual FoxPro 8.0 实用教程[M].北京:清华大学出版社,2006.
[5] 李波.Visual FoxPro 8.0 实用教程[M].西安:西安电子科技大学出版社,2005.
[6] 陈博,周晓杰.Visual FoxPro 8.0 数据库开发实用教程[M].北京:清华大学出版社,2004.
[7] 郑砚,周青,李华杰.Visual FoxPro 8.0 基础教程[M].北京:清华大学出版社,2004.
[8] 温济川.Visual FoxPro 8.0 数据库程序设计[M].北京:中国电力出版社,2006.
[9] 蒲永华,吴冬梅.数据库应用基础[M].北京:人民邮电出版社,2007.